초등교사를 위한

GSP

The Geometer's Sketchpad

5.0 활용법

3·4학년 수학

| 이종학·류성림·박균철·구정모 지음 |

KM 경문사

머리말

수학교육에서 기술공학을 활용한 기간은 대략 40여 년 정도로, 그리 오래 되지는 않았지만 최근 들어서 다양한 기술공학적 도구들이 수학교육에 활용되고 있습니다. 또한, 이전에 공학을 활용했던 주요한 방법으로 미리 개발된 프로그램에 따라 학생들이 반응하는 학습 환경인 컴퓨터 보조 학습(Computer Assisted Instruction)에서 나아가, 현재의 공학을 기반으로 한 교실 수업에서는 수학 문제 해결적 성격의 컴퓨터 프로그래밍이 중요시되고 있으며, 학생들의 탐구 활동과 역동적 상호 작용이 가능한 사고의 조력자 형태로 공학이 활용되고 있습니다.

이에 따라 본고에서 소개하고자 하는 GSP(Geometer's Sketchpad)는 직접 움직이는 도형을 그리고 탐구할 수 있는 상호작용적 기하 프로그램으로 전통적인 지필 수업에서는 불가능했던 내용들을 아주 쉽게 이해하고 탐구할 수 있도록 도와주며, 도형을 그리고 마우스를 끌면서 학생들이 여러 가지 도형의 성질을 추측하고 탐구할 수 있는 역동적 수학을 위한 공학적 도구입니다. 이 GSP는 교실 수업에서 학생들이 관찰하고, 탐구하면서 문제를 분석하여 가설을 세우고 각각 혼자서 독립적으로 또는 협동학습으로 제시된 문제를 해결해 나가는 과정에 시각적이고 귀납적인 도움을 제공할 수 있으며, 교사들에게는 GSP로 제작한 그림들을 한글 문서로 만든 활동지나 시험지 등에 활용할 수 있고, 다른 프로그램에 삽입하거나 웹에 올릴 수도 있습니다. 물론 최근 들어 여러 기능을 갖춘 다양한 공학적 도구들로 LOGO, GeoGebra, Poly, Tessellmania, Excel, Fathom 등이 소개되고 있지만, GSP는 현재에도 영재교육 등의 형태로 초등교육에서 주로 활용되고 있으며, 계산기나 거북 기하 등과 함께 일반적인 초등 교실에서도 활용 가능성이 높다고 여겨지는 공학적 도구입니다. 이에 본고는 역동적 기하 탐구형 소프트웨어인 GSP에 대한 활용서로서, 교실 수업에서 초등 교사들이 GSP를 쉽게 사용할 수 있도록 교과서에 나오는 다양한 도형들을 모두 구현하고자 하였으며, 학생들이 상호작용적 탐구 활동을 수행하는 것을 가능하게 할 수 있는 공학적 환경을 제공하고자 하였습니다. 더불어, 본고의 GSP 자료들은 교과서에 제시된 수준에서 구현 가능하도록 하였으며, 또한 교과서의 도형들을 효율적으로 구성하기 위해서 3~4학년군과 5~6학년군으로 나누어 편찬하였습니다. 다만, 3~4학년군과 5~6학년군에서 GSP의 매뉴얼은 같은 내용으로 하였습니다.

최근 들어 '체험·탐구 중심의 수학교육'이 강조되는 바, 교실의 수학 수업에서 조작적 교구와 함께 소프트웨어 및 ICT 등의 공학적 도구의 활용이 요구되고 있으며, 또한 활발한 활용이 이루어지고 있습니다. 이에 본고에서는 초등수학 교육에서 활용 가능한 공학적 도구로써 GSP를 손쉽게 다룰 수 있도록 관련된 많은 내용들과 이론들을 좀 더 자세하고 세심하게 다루려고 노력하였습니다. 다만, 지면의 한정과 저자의 능력으로 인해 부족한 부분이 있을 수 있음을 양지하기 바라면서, 끝으로 본서를 출판하는데 도움을 주신 도서출판 경문사의 관계자 여러 분들에게 감사의 말씀을 전하고자 합니다.

2016년 상록 동산에서 저자 일동

차례

GSP(The Geometer's Sketchpad)

GSP(Geometer's Sketchpad)는 펜실베이니아의 Morvian 대학의 Dr. Doris Schattchneider와 Swartmore 대학의 Dr. Eugene Klotz의 주도하에 미국과학재단의 Visual Geometry Project의 부분적인 프로젝트로 기획되었다. 1990년 VGP(Visual Geometry Project)의 연구원인 Nicholas Jackiw는 프로그램의 초기 버전을 공개하고, 여러 교사들의 의견을 수렴하여 대상을 잡아끌어(drag) 점이나 선을 조작할 수 있는 획기적인 동적 기하프로그램인 GSP를 개발하였다.

1992년 미국과학재단의 지원을 받아 KCP(Key Curriculum Press)는 GSP가 학교에서 얼마나 효과적인가를 연구하였고, 교수지침과 교육과정을 바탕으로 변환과 프레젠테이션을 추가한 GSP 2.0을 발표하였다. 특히 이 버전에는 프랙털을 작도할 수 있는 스크립트기능을 추가하였다. 1993년 3월 측정, 변환, 스크립트 도구, 개선된 수학적 기호, 호, 자취, 그래프 메뉴를 갖춘 GSP 3.0이 출시되었다. 이때 개발된 윈도우용 GSP 3.0은 1994년 처음 한국에 소개되었고, 당시 한성과학고등학교의 장훈 선생님의 주도로 수학사랑에서 처음 영문버전 GSP 3.0 연수를 시작하였다. 다음 해 수학사랑에서 GSP 3.0 영문버전을 수입하였고, 그 후 서울사대부속중학교의 송영준 선생님이 GSP3.0을 한글화 하여 1999년 4월 한글판 GSP 3.0을 수학사랑에서 보급하기 시작하였다. 2001년 9월 GSP 4.0 영문판이 발표되었고, 한국에서는 2002년 숭실대학교 벤처중소기업센터에서 GSP 개발자인 Nicholas Jackiw가 가변색, 매개변수 등 매우 획기적인 기능이 보강된 GSP 4.0을 처음 발표하였다. 물론 GSP4.0도 송영준 선생님이 한글화하여 지금껏 수학사랑이 보급하고 있다.

한편 2009년 12월 Nicholas Jackiw와 steven Rassmusen이 태릉에 있는 수학사랑 연구원 오피스텔에서 GSP 5.0을 발표하였고, 지금껏 송영준 선생님이 프로그램을 장훈, 손대원, 김현구, 이성현, 정재훈, 정순진, 이현녀, 박재희, 정선영 선생님이 사용설명서 등을 한글화하였다.

1 특징 및 기능

전통적 수업 방법을 넘어서는 수학교육

- GSP는 학생들이 직접 움직이는 도형을 그리고 탐구할 수 있는 프로그램으로 전통적 수업에서는 불가능했던 내용들을 아주 쉽게 이해할 수 있도록 도와준다.
- 초등학교, 중학교, 고등학교는 물론 대학교까지의 수학 교육 과정을 습득하는데 도움을 주는 매우 강력한 도구이다.

수학의 역동적인 시각화

- 학생들은 GSP로 그림을 그리고 단지 마우스를 끌면서 여러 가지 도형의 성질을 탐구할 수 있다.
- 모든 수학적 성질은 유지되며 유사한 성질과 일반화를 자연스럽게 탐구할 수 있다.
- 학생들은 관찰하고, 탐구하면서 문제를 분석하여 증명을 하기 전에 먼저 가설을 세울 수 있다.

여러 가지 문서에서 활용할 수 있는 GSP

- GSP는 빠르게 반응하는 인터페이스로 사용하기가 쉽게 디자인되었다. 따라서 학생들은 기다림 없이 활동에 열중할 수 있다. 1대의 LCD 프로젝터와 컴퓨터 1대 또는 2대로 구성된 수학교실이나 컴퓨터실에서 GSP를 이

용한 수업을 할 수 있다.

- 학생들이 각각 혼자서 독립적으로 또는 협동학습으로 제시된 문제를 탐구하고 해결할 수 있다. 교사들은 GSP를 사용하여 만든 그림들을 한글 문서로 만든 학생들의 활동지나 시험문제 등에 활용할 수 있고, GSP로 그린 그림이나 측정값을 스프레드시트, 워드프로세서, 다른 그림 프로그램에 삽입하거나 웹에 올릴 수도 있다.

교육과정에 따른 학습효과 극대화

- 초등학교 5학년부터 대학교 학생 모두에게 효과적이다. GSP는 논증기하, 비유클리드기하, 대수, 삼각비, 함수, 미적분 등 교육과정의 전 부분에 대한 역동적 학습 환경을 제공한다.
- GSP의 움직이는 그림들은 학생들의 학습에 구체적이고 명확한 개념을 가지게 할 뿐 아니라 다음 단계의 수학을 배우는 기초를 확립할 수 있게 한다.

역동적 수학을 위한 강력한 도구

- 도구상자의 도구들과 작도 메뉴로 논증기하의 모든 움직이는 그림을 그릴 수 있다.
- 강력한 애니메이션이 제공된다. 예를 들어 삼각함수의 그래프를 점의 애니메이션과 흔적으로 구현할 수 있다.
- 수학의 시각화 중에서 새로운 영역인 가변색이 구현된다. 초등학교에서의 간단한 색칠하기 활동으로부터 높은 학년에서의 변수의 값에 따라 면의 색을 다르게 칠하는 경우도 가능하다.

웹을 통한 포괄적 지원 체제

- GSP 홈페이지에서 GSP5을 다운받아 설치하고, 사용할 수 있도록 포괄적인 지원을 한다. GSP홈페이지에 GSP5 매뉴얼, 학습자료 등이 탑재되어 있고 GSP5를 웹에서 배울 수 있도록 동영상도 제공한다.

2 GSP5 설치하기

(1) 한글 GSP5 평가판 다운 받기

수학사랑(http://www.mathlove.kr/) ▶ 수학소프트웨어 ▶ GSP ▶ GSP5 평가판 다운로드

* 평가모드는 사용시간(20분)과 기능의 제한(프린트, 저장, 복사, 붙이기)이 있으며 그 이외에 기능상에 제한은 없다. 정품 구입은 수학사랑 쇼핑몰(http://shop.mathlove.kr/shop/)에서 구입할 수 있다.

(2) 한글 GSP5 설치하기

평가판 설치파일 InstallSketchpad.exe를 실행하여 화면에 나타나는 지시를 따른다.

3 GSP5 도구 및 메뉴 소개

화살표 도구

화살표 도구는 개체를 끌 때, 개체 선택 및 해제와 그 밖의 화살표 도구의 다른 기능을 위해 사용된다.

개체 끌기: 화살표 도구로 개체 끌기는 동적기하의 특징이다. 개체를 끌어 수학적인 관계나 변화를 살펴볼 수 있고, 가설을 확인해보거나 새로운 성질을 발견할 수 있다.

개체 선택과 해제: GSP의 메뉴에 있는 많은 명령은 선택된 개체에 대하여 실행된다. 어떤 개체에 명령을 실행할 것인지를 GSP에게 알려주기 위하여 개체를 선택하는 것이다. 예를 들면 변환 메뉴나 측정 메뉴에 있는 명령을 사용할 때 그 변환이나 측정을 할 대상인 개체를 먼저 선택해야 하는데, 그 때 주로 화살표 도구를 사용하게 된다.

이동화살표 도구

선택된 개체를 이동시키려면 이동 화살표 도구를 사용한다. 즉, 크기나 모양을 돌리거나 바꾸지 않고, 임의의 방향이나 거리만큼 미끄러트리기만 할 때 사용한다. 이것이 화살표 도구의 기본값이다.

회전 화살표 도구

선택한 개체를 회전시키려면 회전 화살표 도구를 사용한다. 즉, 회전의 중심까지의 거리나 크기, 모양은 변하지 않고 원하는 각만큼 중심 둘레를 회전시킬 때 사용한다.

확대/축소 화살표 도구

선택된 개체를 확대하거나 축소할 때 확대/축소 도구를 사용한다. 즉, 닮음의 중심으로부터 방향과 모양은 변화시키지 않고 크기를 원하는 만큼 늘리거나 줄일 때 사용한다.

점 도구

점 도구를 사용하여 독립된 점이나 경로 위의 점, 교점 등을 그리거나 작도할 수 있다.

스케치의 빈 공간을 클릭하면 독립된 점이 찍힌다.

선분, 원, 다각형의 둘레와 같은 경로 개체를 클릭하면 경로 위의 점을 작도할 수 있다. 점 도구로 경로 위의 점을 작도할 때 마우스를 경로 위에 가져가면 경로가 번쩍이며 굵고 특별한 색으로 바뀐다.

경로 위에 작도된 점은 경로를 따라 어디든 움직일 수 있지만 경로 밖으로는 나갈 수 없다.

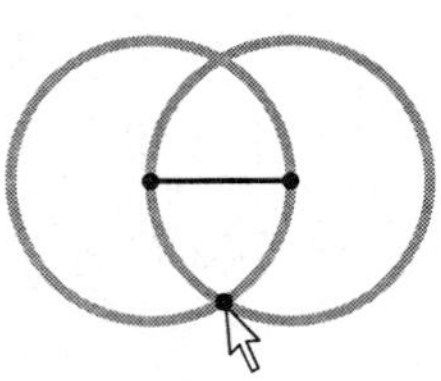

두 경로(예를 들어 선분과 원, 직선과 함수의 그래프처럼) 개체가 만나는 곳을 클릭하면 교점을 작도할 수 있다. 점 도구로 교점을 작도할 곳에 마우스를 가져가면 두 경로가 모두 번쩍이며 두껍고 특별한 색으로 바뀐다.

원 도구

원 도구를 사용하여 두 점(중심과 원주 위의 한 점)에 의해 결정되는 원을 작도할 수 있다. 두 번째 점은 원의 반지름의 크기를 조절하는 원주 위의 점이다.

선 도구

선 도구를 사용하여 선분, 반직선, 직선을 작도할 수 있다. 선 도구는 눈금이 없는 자다. 이것은 측정이 아니라 곧은 선을 그리는데 사용된다.

선분 도구

선분을 작도할 때 선분 도구를 사용한다.

1. 선분 도구가 활성화되어 있지 않다면 도구 모음에서 선분 도구를 선택한다.
2. 선분의 시점이 될 위치를 클릭한다. (빈 공간이나 이미 존재하는 점, 다른 선분이나 원과 같은 경로 개체, 교점 등을 선택할 수도 있다.)
3. 끝점이 될 위치를 클릭한다.

반직선 도구

선분을 작도할 때 선분 도구를 사용한다.

1. 선분 도구가 활성화되어 있지 않다면 도구 모음에서 선분 도구를 선택한다.
2. 선분의 시점이 될 위치를 클릭한다. (빈 공간이나 이미 존재하는 점, 다른 선분이나 원과 같은 경로 개체, 교점 등을 선택할 수도 있다.)
3. 끝점이 될 위치를 클릭한다.

직선 도구

직선을 작도하기 위하여 직선 도구를 사용한다.

1. 직선 도구가 활성화되어 있지 않으면 도구 모음에서 직선 도구를 선택한다.
2. 직선이 지날 첫 번째 점을 클릭한다. (빈 공간이나 이미 존재하는 점, 다른 선분이나 원과 같은 경로 개체, 교점을 선택할 수 도 있다.)
3. 직선이 지날 두 번째 점을 클릭한다.

다각형 도구

다각형 도구를 사용하면 테두리가 없는 내부 다각형, 테두리가 있는 내부 다각형, 테두리만 있는 다각형을 작도할 수 있다.

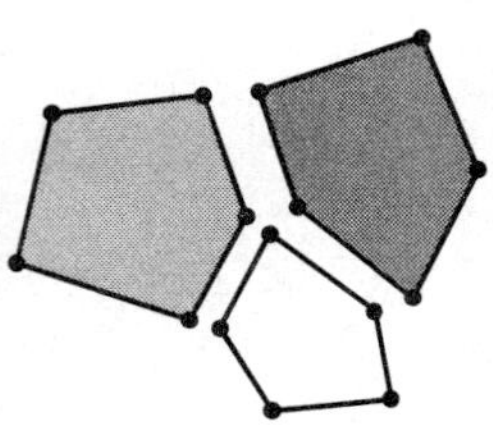

다각형 도구에는 **다각형 내부 도구**, **다각형 내부 및 변 도구**, **다각형 변 도구**의 세 가지 도구가 있다.

이 세 가지 도구는 다음과 같이 사용된다.

1. 세 개 이상의 점을 선택한다. 이미 있는 점을 선택하거나 새로운 점을 작도한다.
2. 처음 선택한 점을 마지막에 다시 선택한다. (마지막에 선택한 점을 더블 클릭해도 된다.) 도구 모음에서 다각형 도구 아이콘을 누르고 잠시 기다리면 다른 다각형 도구를 선택할 수 있는 팝업 메뉴가 나타난다. 그 때 셋 중 하나의 선택이 가능하다.

글 도구

글 도구는 이름표를 만들고 보이거나 숨기고 편집할 때 사용한다. 글상자를 만들거나 편집하고 글상자의 크기를 조절한다.

펜 도구

펜 도구를 이용하여 스케치 화면에 자유롭게 그림을 그릴 수 있고, 각 표시나 선 표시를 할 수 있다.

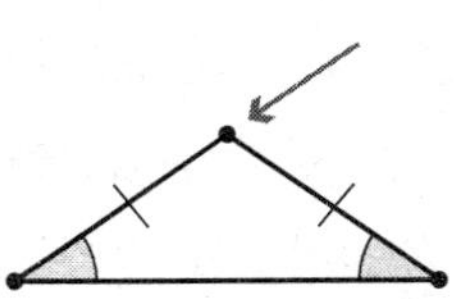

- 각 표시와 선 표시를 이용하여 각을 나타내거나, 같은 길이 표시, 평행선 표시 등을 할 수 있다.
- 스케치 안에 있는 수학적 내용을 설명할 때, 중요한 부분들을 강조하기 위해서 밑줄을 긋거나 보충 설명을 위한 그림도 그릴 수 있다.

정보 도구

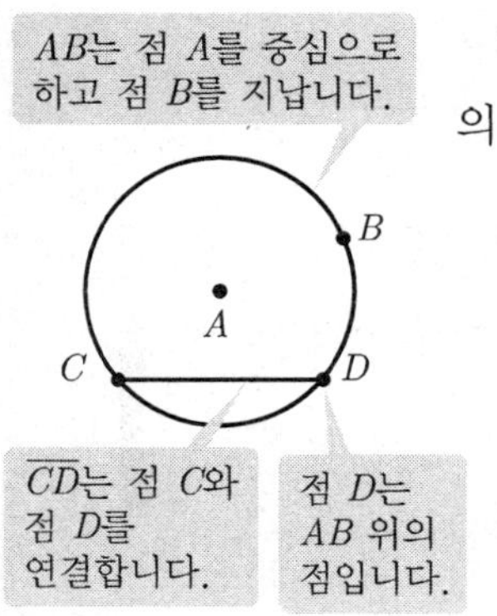

안내 도구를 사용하면 스케치 안 개체의 수학적 정의에 대한 설명과 개체들 사이의 관계를 알려준다.

- 개체를 클릭하면 풍선 도움말이 나타난다.
- 풍선 도움말에 있는 개체의 이름을 클릭하면 그것의 속성 대화상자가 나타난다.
- 풍선 도움말에 있는 다른 개체(상위 개체와 하위 개체)의 이름을 클릭하면 그 개체에 대한 풍선 도움말이 나타난다.

사용자 도구

사용자 도구를 사용하면 사용자 도구를 정의하고 사용할 수 있다. 사용자 도구 아이콘을 누르면 사용자 도구 메뉴가 나타난다.

사용자 도구는 사용자들이 스스로 만들거나 다른 사용자가 만든 것을 가져와서 사용하는 도구를 말한다. 원 도구를 사용하면 중심과 원주 위의 한 점을 클릭하여 원을 그릴 수 있는 것처럼, 사용자 도구를 사용하면 복잡한 과정을 거쳐야 하는 도형을 몇 번의 클릭으로 만들 수 있다. 예를 들어, 주어진 선분의 수직이등분선을 작도하는 사용자 도구라든가, 주어진 세 점을 꼭짓점으로 하는 삼각형의 외접원을 그리는 사용자 도구, 주어진 두 점을 이웃한 꼭짓점으로 하는 정사각형을 그리는 사용자 도구 같은 것을 만들 수 있다.

파일 메뉴

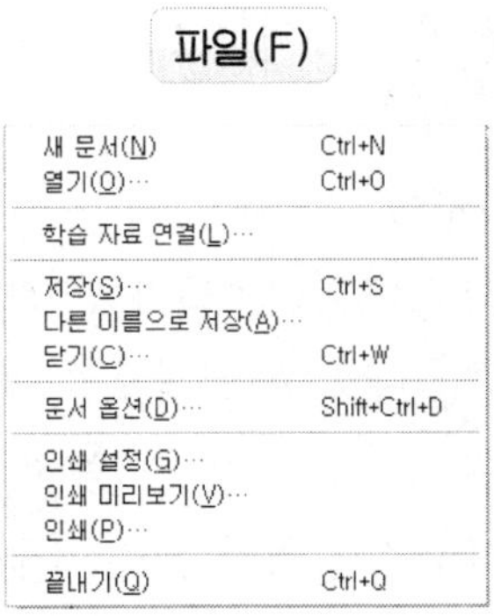

파일 메뉴에는 GSP의 문서를 다루기 위한 명령들이 있다. 다른 대부분의 프로그램에서 볼 수 있는 기본적인 명령들에 대해서는 간단히 살펴보고, GSP의 특별한 기능에 대해서 더 자세히 알아보기로 한다. 기본적인 명령에 익숙하지 않으면 컴퓨터의 사용 설명서를 참고하면 된다.

편집 메뉴

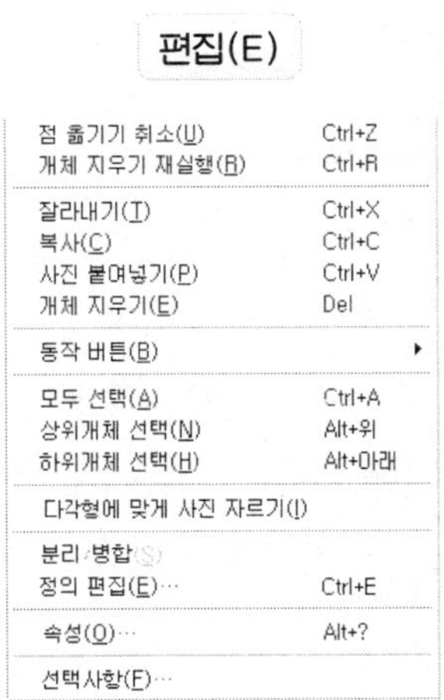

편집 메뉴에는 최근 작업의 취소 또는 재실행, 클립보드를 사용한 작업, 동작버튼 만들기, 개체의 선택, 개체의 속성 또는 GSP의 선택사항과 관련된 명령이 있다.

보기 메뉴

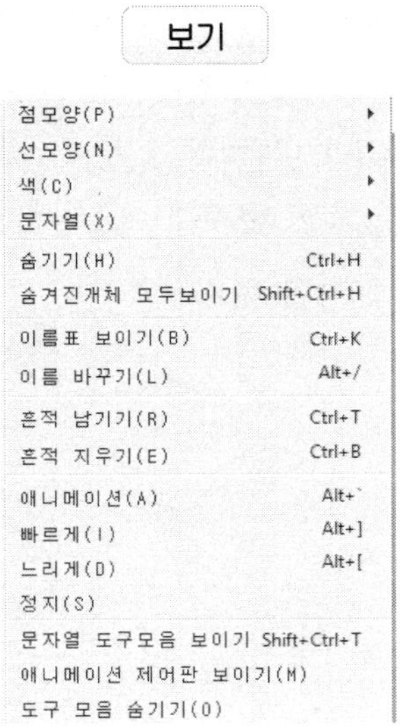

보기 메뉴의 명령으로 스케치에 있는 개체의 모양과 개체를 다룰 도구의 모양을 조절할 수 있다.
이러한 명령으로 스케치의 시각적인 면을 향상시킬 수 있고 수학적인 내용을 구체화하여 의사소통을 효과적으로 할 수 있다. 적당한 선의 두께와 색을 이용하고 불필요한 개체를 숨겨 스케치의 중요한 부분에 주목하도록 할 수 있다. 이름표, 글상자 등은 스케치의 목적이나 숨겨져 있는 수학적인 내용을 설명하는데 도움을 준다. 흔적 남기기와 애니메이션을 사용하여 원리를 시각적으로 보여주는 동적인 스케치를 만들 수 있다.

작도 메뉴

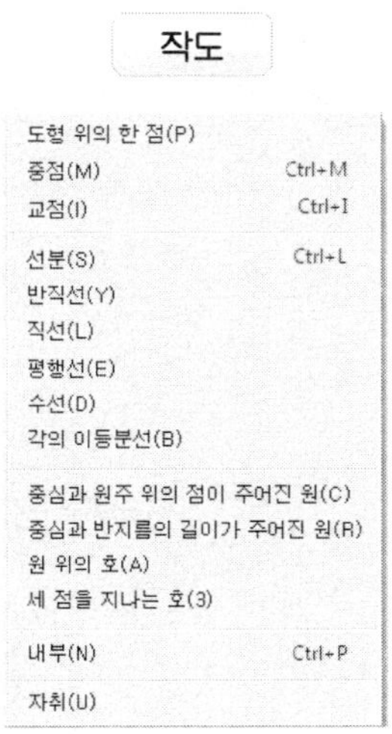

작도 메뉴는 여러 가지 중요한 도형을 작도할 수 있는 명령을 제공한다. 이런 명령들 중 대부분은 GSP의 원 도구와 선 도구를 이용하여 만들 수 있지만, 작도 메뉴에서 제공하는 기능을 사용하면 좀 더 빠르고 간편하게 작도할 수 있다.

명령	실행조건
도형 위의 점	• 하나 또는 두 개 이상의 개체 경로
중점	• 하나 또는 두 개 이상의 선분
교점	• 두 선분, 반직선, 직선, 원, 호 • 하나의 자취 또는 함수의 그래프와 선분, 반직선, 직선, 원, 호 • 두 함수의 그래프 • 하나의 다각형과 반직선 (명령어는 첫 번째 교점이 된다.)
선분, 반직선, 직선	• 두 개 이상의 점
평행선	• 한 점 과 한 개의선분, 반직선, 직선 • 여러 개의 점과 한 개의 선분, 반직선, 직선 • 한 개의 점과 여러 개의 선분, 반직선, 직선
수선	• 한 점과 한 개의 선분, 반직선, 직선 • 여러 개의 점과 한 개의 선분, 반직선, 직선 • 한 점과 여러 개의 선분, 반직선, 직선
각의 이등분선	• 두 번째 선택된 점을 꼭짓점으로 가지는 세 점 • 끝 점이 같은 두 반직선 또는 선분
중심과 원주 위의 점이 주어진 점	• 두 점
중심과 반지름의 길이가 주어진 원	• 한 점과 한 선분 또는 측정값 • 여러 개의 점과 한 선분 또는 거리 측정값 • 한 점과 여러 개의 선분 또는 측정값
원 위의 호	• 한 원과 원 위의 두 점 • 한 개의 중심과 중심에서 떨어진 거리가 같은 두 개의 다른 점
세 점을 지나는 호	• 일직선 위에 있지 않은 세 점
다각형의 내부	• 세 점 또는 그 이상의 점들
원 내부	• 하나 이상의 원
부채꼴 내부	• 하나 이상의 호
활꼴 내부	• 하나 이상의 호
자취	• 경로 위의 한 점과 경로 위의 점에 의존하는 하위 개체 • 하나의 매개변수와 매개변수에 의존하는 하나의 하위개체 • 하나의 독립된 점과, 그 점에 의존하지 않는 경로와 독립된 점에 의존하는 개체

변환 메뉴

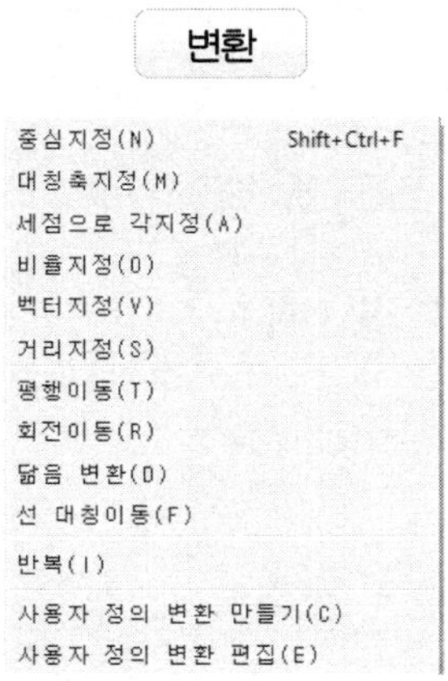

변환 메뉴는 스케치에 있는 도형들을 평행이동, 회전이동, 닮음변환, 선대칭이동 할 수 있다. 이 기본적인 변환을 바탕으로 어떤 기하학적 변환을 적용하면 테셀레이션, 축소 또는 확대 모형, 만화경, 프랙털 등 더 많은 것을 만들 수 있다.

측정 메뉴

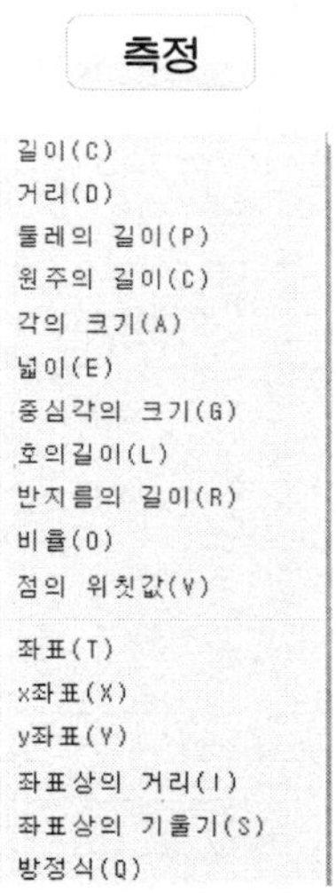

측정 메뉴에 있는 명령들은 선택된 개체에 대한 측정값을 만든다. 메뉴의 위 부분에는 도형에 관계된 양(길이, 각, 비율, 넓이)을 측정하는 명령들이 있고, 메뉴의 아래쪽 부분에는 좌표와 관계된 양(좌표, 방정식, 기울기, 좌표 상의 거리)을 측정하는 명령들이 있다.

측정값을 실행할 때, 명령이 활성화되지 않으면 선택의 실행 조건을 다시 정확히 살펴봐야 한다. (실행조건에 해당하는 개체의 선택이 많거나 적으면 명령이 활성화되지 않는다.)

명령	실행조건
길이	• 하나 이상의 선분
거리	• 두 점, 또는 한 점과 하나의 선 개체(선분, 반직선, 직선)
둘레의 길이	• 하나 이상의 다각형, 부채꼴, 활꼴의 내부
원둘레의 길이	• 하나 이상의 원 또는 원의 내부
각	• 세 점 (두 번째 선택한 점이 각의 꼭짓점)
넓이	• 하나 이상의 도형의 내부 또는 원
중심각의 크기	• 하나 이상의 호, 한 원과 원 위의 두 점이나 세 점
호의 길이	• 하나 이상의 호, 한 원과 원 위의 두 점이나 세 점
반지름의 길이	• 하나 이상의 원, 원의 내부, 호, 호의 내부
비율	• 두 선분 또는 한 직선 위에 있는 세 점
점의 위칫값	• 경로 개체 위의 하나 이상의 점 또는 하나의 경로, 경로 개체 위의 점이 아닌 한 점
좌표	• 하나 이상의 점
x좌표 또는 원 점에서 떨어진 거리	• 하나 이상의 점
y좌표 또는 방향각	• 하나 이상의 점
좌표상의 거리	• 두 점
좌표상의 기울기	• 하나 이상의 선 개체
방정식	• 하나 이상의 직선 또는 원

수 메뉴

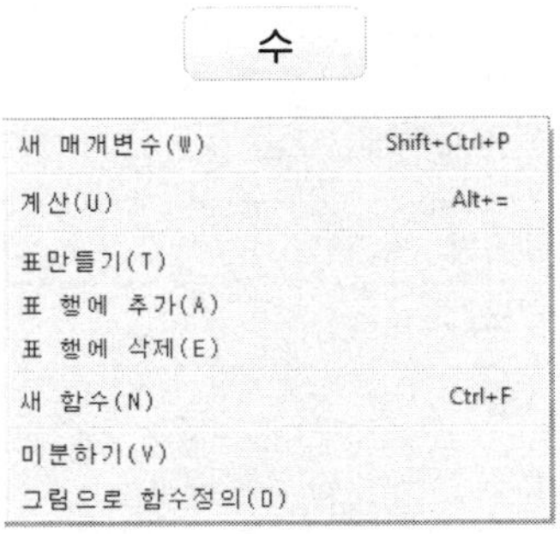

수 메뉴에서는 매개변수를 만들고, 계산식 또는 측정값을 자료로 표 만들기, 그림 등 여러 가지 방법으로 함수를 정의한다. 매개변수를 만들어서 단위를 붙여 다른 값으로 설정할 수 있고, 다시 수정하는 등 함수의 정의역 안에서 움직일 수 있는 값을 만들 수 있다.

측정값들로 새로운 계산식을 만들기 위해 계산기를 사용할 수 있다. 예를 들어, 삼각형의 세 내각의 합을 계산하거나 반지름에 대한 원둘레의 비를 계산하기 위해서 계산기를 사용한다.

끌기 등을 하여 측정값이 바뀌면 표에 들어 있는 값 (매개변수, 측정값, 계산값)도 따라서 바뀐다.

함수식을 입력하여 새로운 함수를 정의한다. 함수식은 GSP에 내장된 함수와 사용자가 정의할 수도 있다.

그래프 메뉴

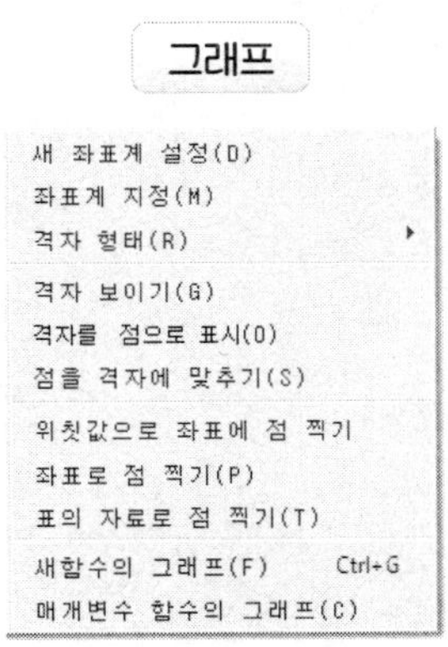

그래프 메뉴로 좌표계를 만들거나, 좌표축 위에서 여러 가지 그래프에 대한 작업을 할 수 있다. 좌표계에 격자를 보이거나 숨기기, 점을 격자에 맞추기, 위치 값으로 좌표축이나 경로 위에 점 찍기, 좌표로 점 찍기, 표의 자료로 점 찍기, 함수의 그래프, 매개함수의 그래프 등을 나타내는 작업을 할 수 있다.

주로 해석기하적이거나 대수적인 성질을 탐구하는 데 사용되는 명령들로 이루어져 있다.

측정 메뉴의 명령들을 사용해서 좌표계 위의 다양한 양(점의 좌표, 좌표상의 거리, 선 개체의 기울기, 원과 직선의 방정식)등을 측정한다.

❖ 본 장의 내용은 수학사랑 사이트(www.mathlove.co.kr)에서 제공하는 GSP 매뉴얼 등에서 발췌한 자료들로 구성되어 있습니다. 좀 더 자세한 내용은 수학사랑(수학소프트웨어의 GSP)을 참고하시기 바랍니다.

평면도형

선분, 반직선, 직선을 알 수 있다. *학습목표*

활동 1 선분 알아보기

선분을 그려봅시다.

방법1 작도 메뉴를 이용하여 선분 그리기

활/용/기/능

· | 화살표 | 작도(C) | 선분(S) | A

Step 01

선분을 그리기 위해서는 두 점이 필요하다. **점 도구**로 두 점을 그린 후, **화살표 도구**로 두 점을 선택한다.

Step 02

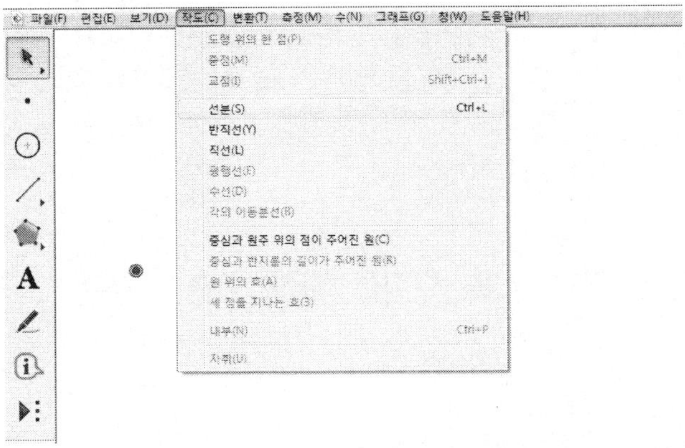

작도(C) **메뉴**를 누르면 선분이 활성화되어 있다.

Step 03

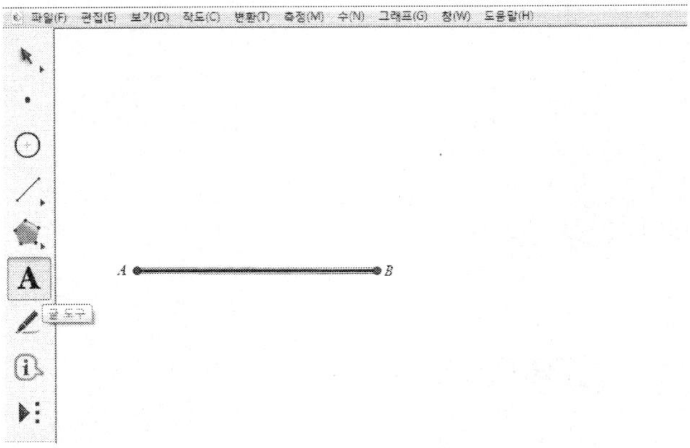

선분(S) 을 클릭한 후,

A **글 도구**를 사용하여 점에 이름을 붙인다.

Step 04

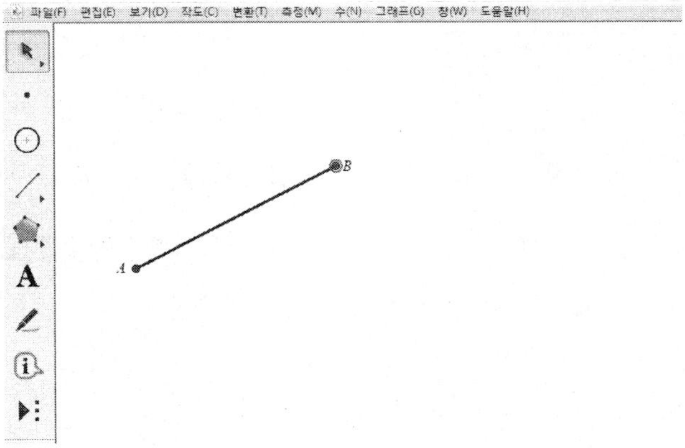

한 점 개체를 끌어서 위치를 변경하면 선분의 길이와 방향이 변한다.

방법 2 선분 도구를 이용하여 선분 그리기

활/용/기/능

Step 01

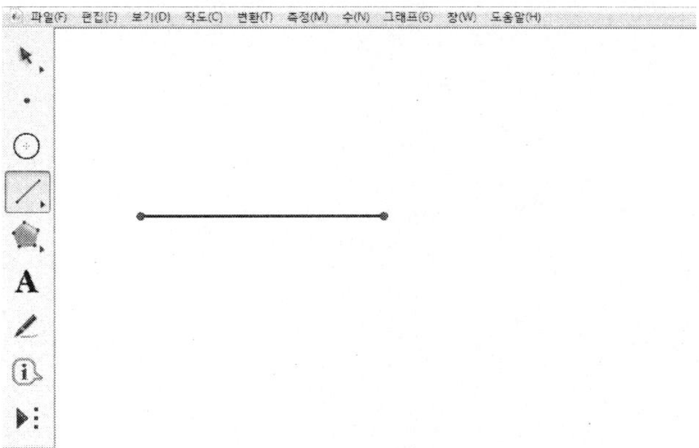

선분 도구로 선분을 그린다.

Step 02

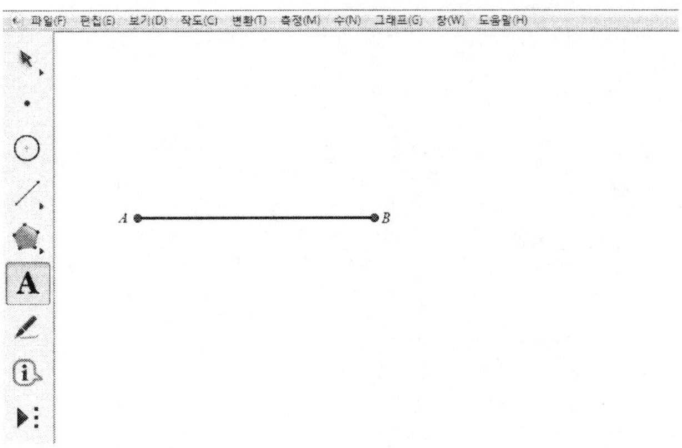

글 도구를 사용하여 점에 이름을 붙인다.

Step 03

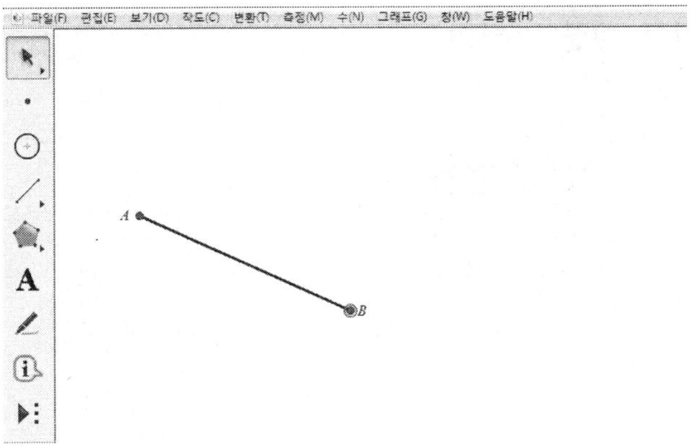

한 점 개체를 끌어서 위치를 변경하면 선분의 길이와 방향이 변한다.

활용Tip

1. Shift를 누르고 선분의 점을 이동시키면 15°씩 회전한다.
2. 화살표 도구를 이용하여 선분의 크기를 조절할 수 있다.
3. 화살표 도구로 이름표를 더블클릭하면 이름을 수정할 수 있다.

선분이 무엇인지 설명해봅시다.

- 두 점을 곧게 이은 선을 **선분**이라고 합니다.
  점 ㄱ과 점 s를 이은 선분을 **선분 ㄱㄴ** 또는 **선분 ㄴㄱ**이라고 합니다.

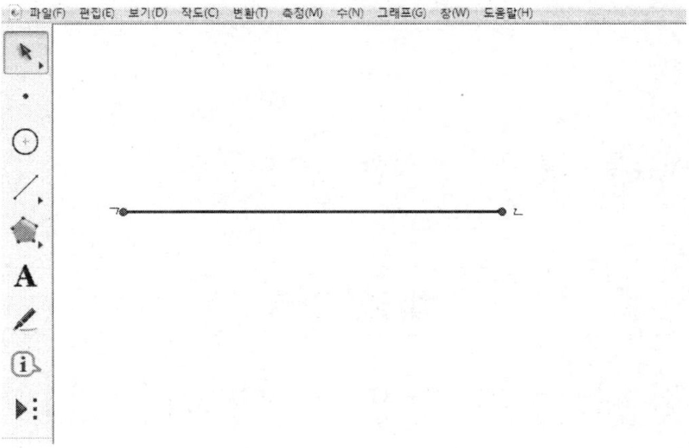

GSP 이해하기

〈점〉

- 점은 평면 기하의 기본적인 대상이며, 직선이나 원과 같은 기하학적 도형은 점으로부터 정의된다. GSP의 기하적 작도 역시 모두 점으로부터 시작된다. GSP에는 세 종류의 점이 있다.

독립된 점은 상위 개체가 없고 어떤 개체에도 종속되지 않는다. 따라서 독립된 점은 스케치 화면 어디든지 움직일 수 있다.

경로 위의 점은 직선이나 원과 같은 경로 위에 작도된 점으로서, 그 경로 위에서는 자유롭게 움직일 수 있지만 경로를 벗어날 수는 없다.

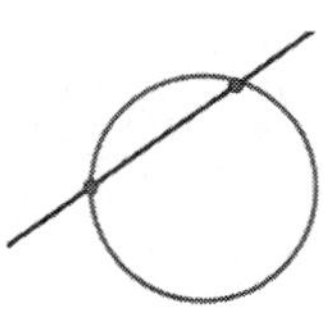

종속된 점은 두 도형의 교점과 같이 그 위치가 전적으로 그 점의 상위개체에 의해 결정되는 점을 말한다. 종속된 점은 홀로 움직일 수 없다. 이 점은 상위개체 중 적어도 하나가 움직여야 움직일 수 있다. 그러므로 두 선분의 교점은 선분이 움직이지 않는다면 움직일 수 없고, 어떤 점을 선대칭이동시켜 얻은 점은 원래의 점 또는 대칭축이 움직이지 않는 한 움직일 수 없다.

활동 2 반직선 알아보기

반직선을 그려봅시다.

방법1 작도 메뉴를 이용하여 반직선 그리기

활/용/기/능

• | 화살표 | 작도(C) | 반직선(Y) | A

Step 01

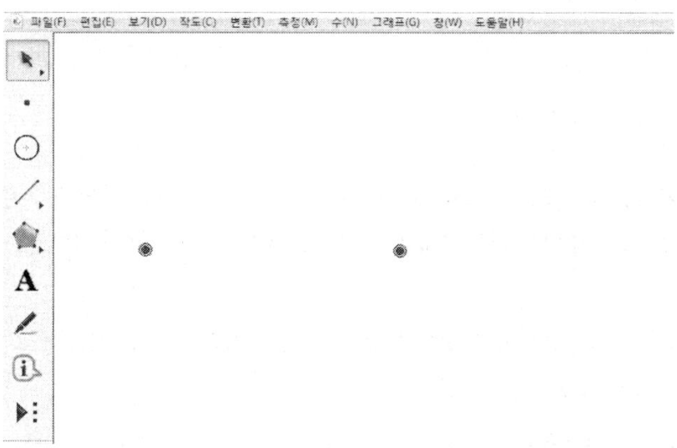

선분을 그리기 위해서는 두 점이 필요하다. **점 도구**로 두 점을 그린 후, **화살표 도구**로 두 점을 선택한다.

Step 02

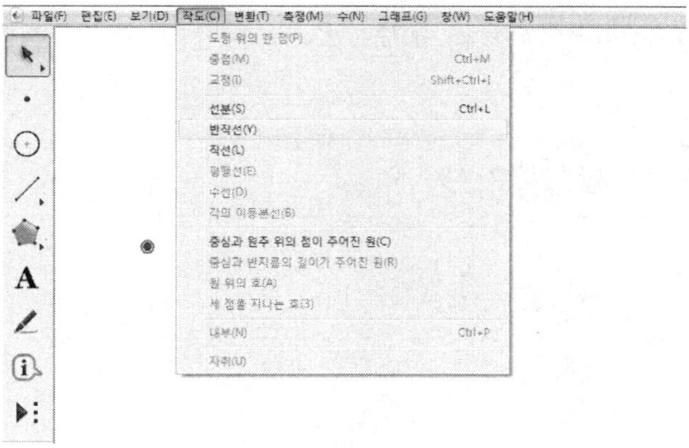

작도(C) **메뉴**를 눌러 활성화된 반직선(Y) 을 클릭한다.

Step 03

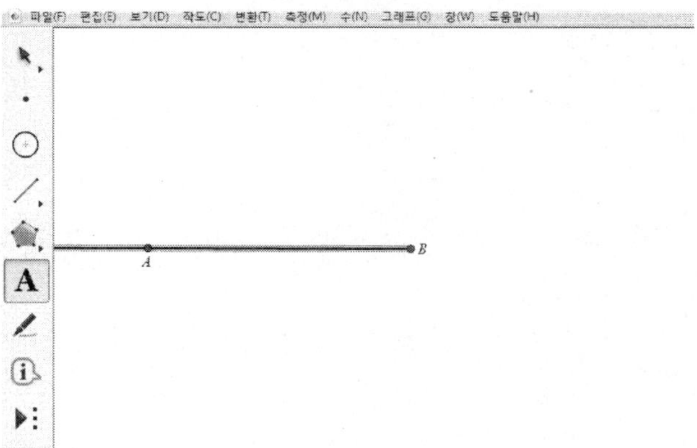

A **글 도구**를 사용하여 점에 이름을 붙인다.

Step 04

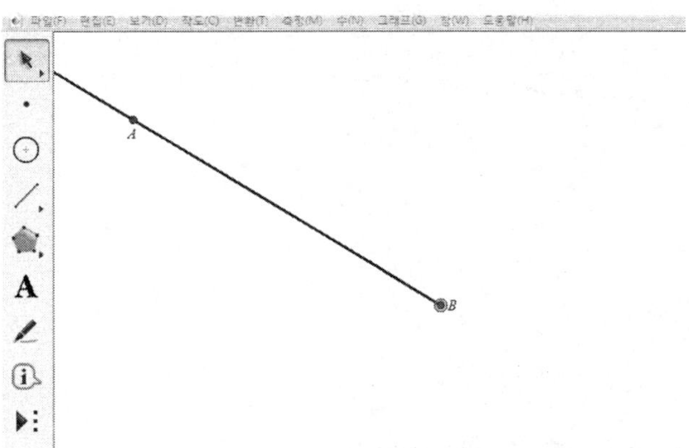

한 점 개체를 끌어서 위치를 변경하면 반직선의 방향이 변한다.

방법 2 반직선 도구를 이용하여 반직선 그리기

활/용/기/능

Step 01

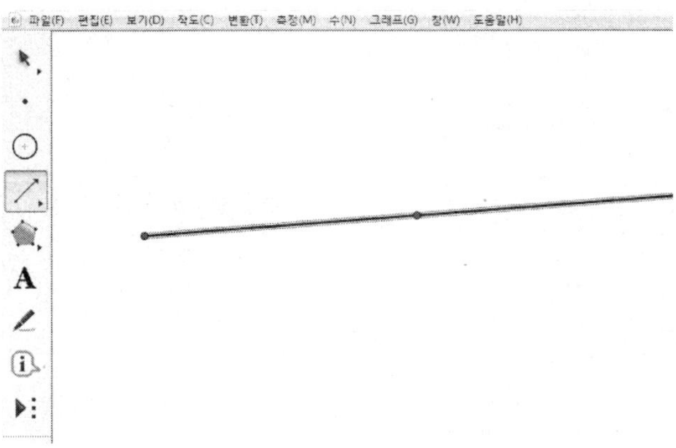

반직선 도구로 선분을 그린다.

Step 02

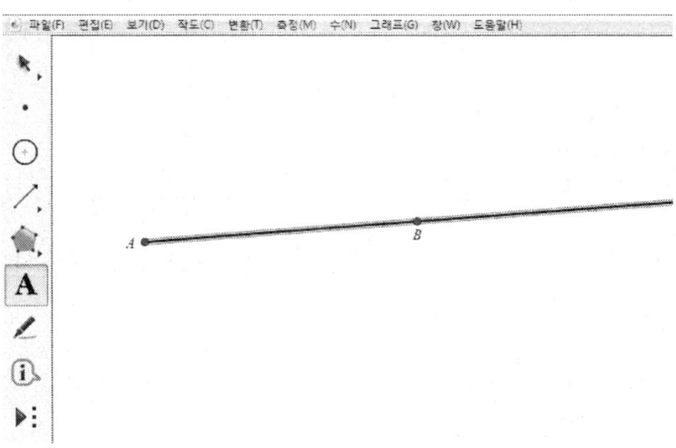

글 도구를 사용하여 점에 이름표를 붙인다.

활용Tip

1. 두 점의 선택 순서에 따라 반직선의 방향이 달라진다.
2. 화살표 도구로 이름표를 더블클릭하면 이름을 수정할 수 있다.

Step 03

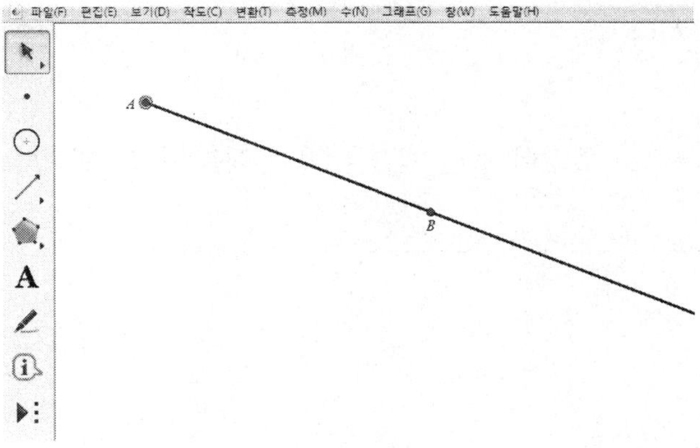

한 점 개체를 끌어서 위치를 변경하면 반직선의 방향이 변한다.

활용Tip

1. Shift를 누르고 선분의 점을 이동시키면 15°씩 회전한다.
2. 화살표 도구를 이용하여 선분의 크기를 조절할 수 있다.

반직선이 무엇인지 설명해봅시다.

• 한 점에서 한쪽으로 끝없이 늘인 곧은 선을 **반직선**이라고 합니다.

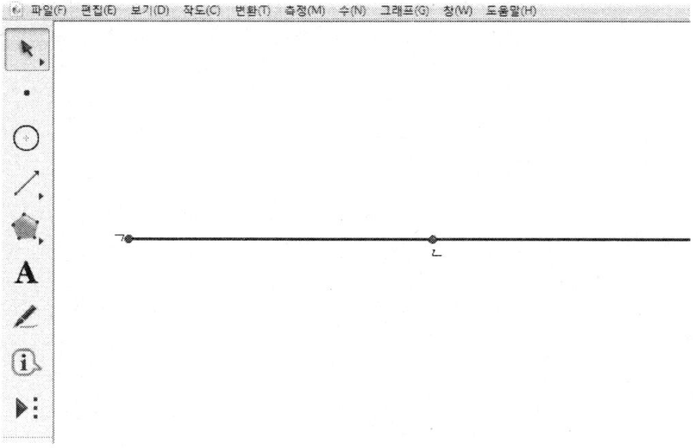

점 ㄱ에서 시작하여 점 ㄴ을 지나는 반직선을 **반직선 ㄱㄴ**이라고 합니다.

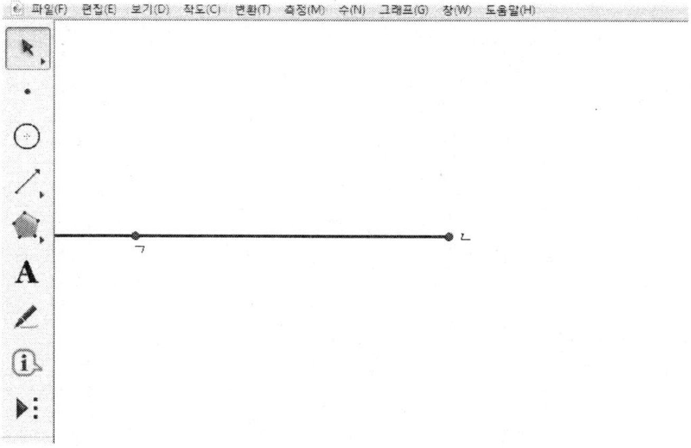

점 ㄴ에서 시작하여 점 ㄱ을 지나는 반직선을 **반직선 ㄴㄱ**이라고 합니다.

GSP 이해하기

〈선분, 반직선, 직선〉

• 선분, 반직선, 직선은 유클리드 기하학의 기본 도형이라 할 수 있다. 평면기하의 작도에서 눈금 없는 자는 이러한 선들을 작도하는데 사용한다. GSP에서는 이들을 통틀어 '곧은 선 개체'라 할 때가 있다. 좌표축은 대부분의 경우 직선으로 생각할 수 있다. 곧은 선 개체는 경로 개체이다. 선의 개체 속성, 이름표 속성, 보기 속성을 바꿀 수 있다.

활동 3 직선 알아보기

직선을 그려봅시다.

방법1 도구 메뉴를 활용하여 직선 그리기

활/용/기/능

작도(C) 직선(L) A

Step 01

선분을 그리기 위해서는 두 점이 필요하다. **점 도구**로 두 점을 그린 후, **화살표 도구**로 두 점을 선택한다.

Step 02

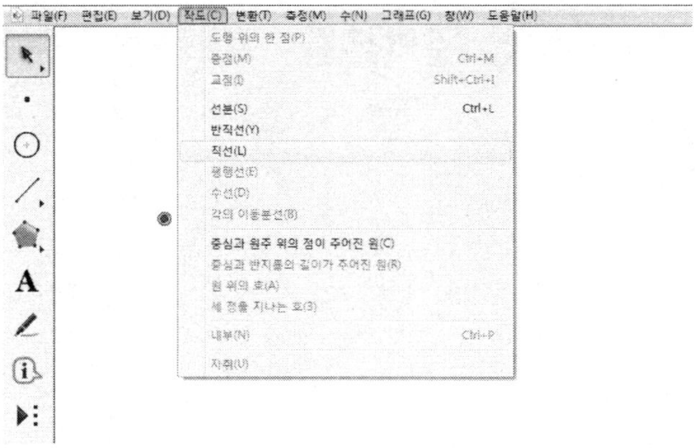

작도(C) **메뉴**를 누르면 직선이 활성화되어 있다.

직선(L) 을 클릭한다.

Step 03

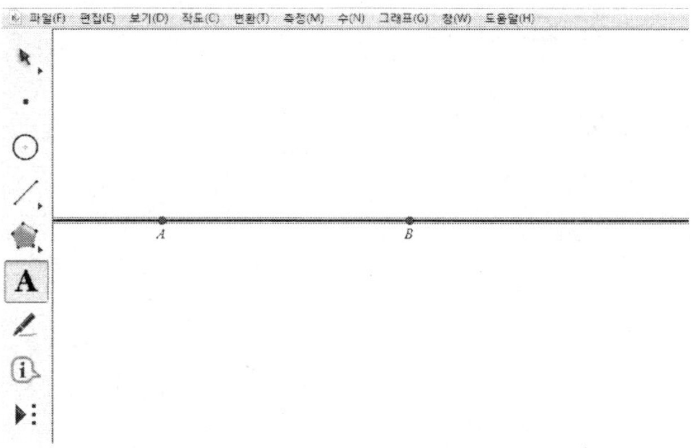

A **글 도구**를 사용하여 점에 이름표를 붙인다.

Step 04

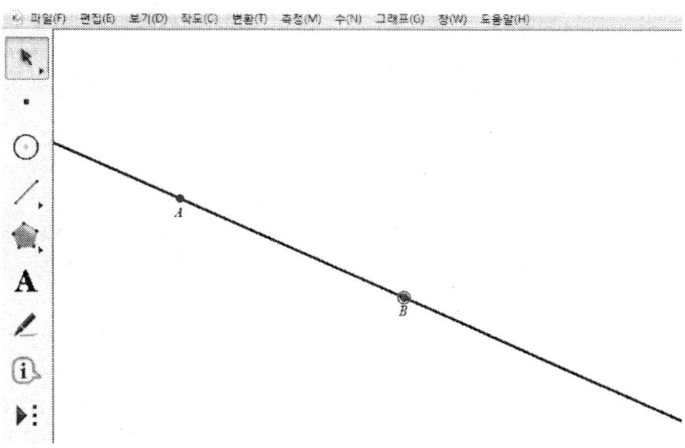

한 점 개체를 끌어서 위치를 변경하면 직선의 방향이 변한다.

방법 2 직선 도구를 이용하여 직선 그리기

활/용/기/능

Step 01

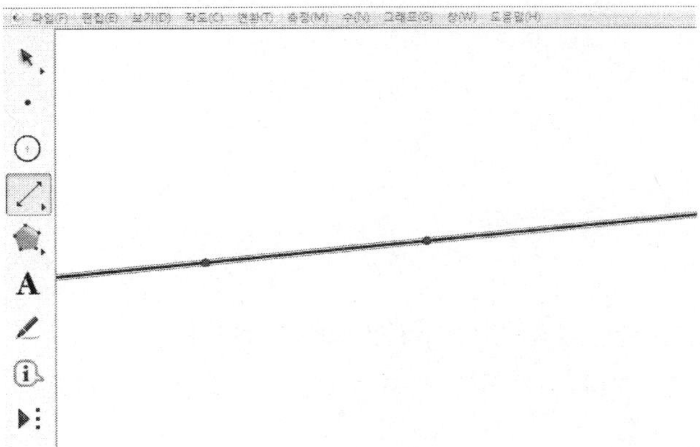

직선 도구로 선분을 그린다.

Step 02

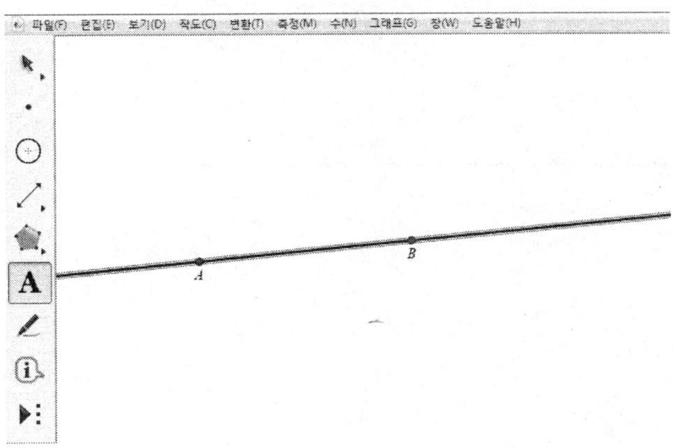

A **글 도구**를 사용하여 점에 이름표를 붙인다.

Step 03

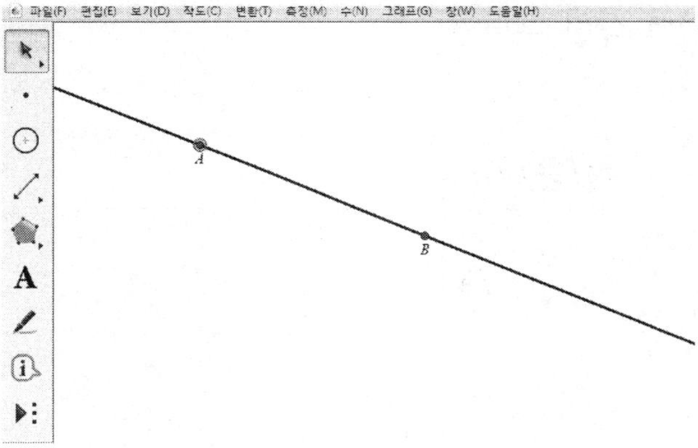

한 점 개체를 끌어서 위치를 변경하면 직선의 방향이 변한다.

직선이 무엇인지 설명해봅시다.

- 양쪽으로 끝없이 늘인 곧은 선을 **직선**이라고 합니다.
  점 ㄱ과 점 ㄴ을 지나는 직선을 **직선 ㄱㄴ** 또는 **직선 ㄴㄱ**이라고 합니다.

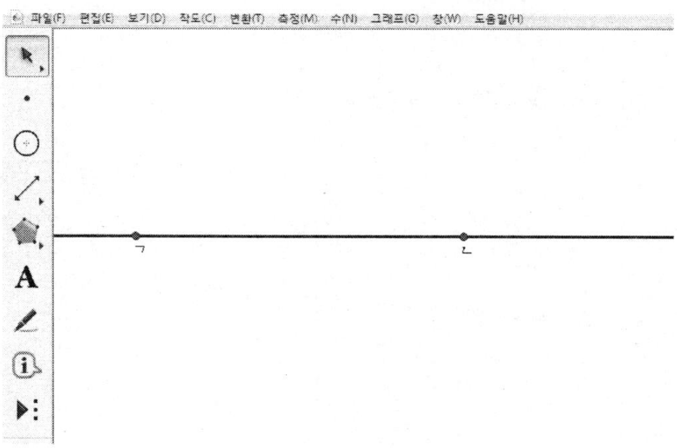

활용Tip • Shift를 누르고 선분의 점을 이동시키면 15°씩 회전한다.

탐구 과제 여러 가지 방법으로 선분 3개, 직선 3개, 반직선 3개를 그려봅시다.

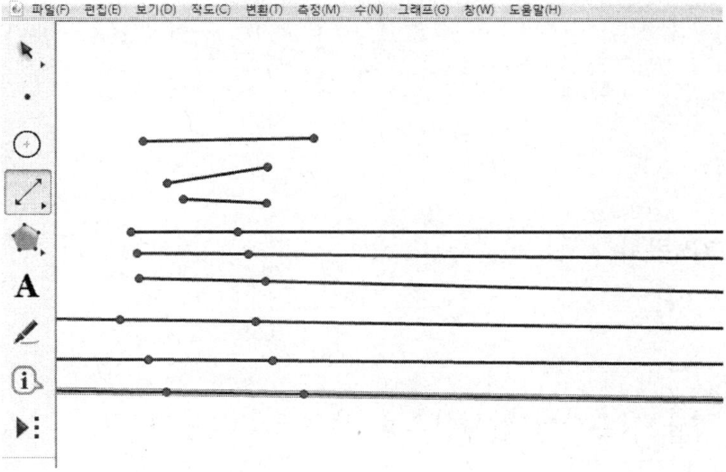

각을 알 수 있다. **학습목표**

활동 1 각 알아보기

각 ABC를 그려봅시다.

방법1 세 점을 이용하여 반직선으로 각 ABC 그리기

활/용/기/능

· A 작도(C) 반직선(Y)

Step 01

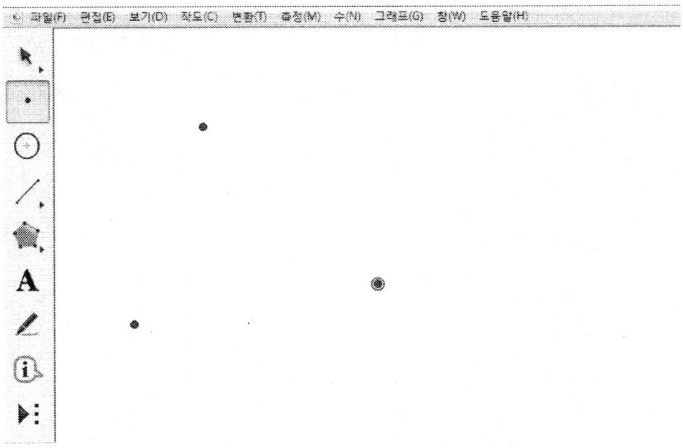

각을 그리기 위해서는 세 점이 필요하다. · **점 도구**로 세 점을 그린다.

Step 02

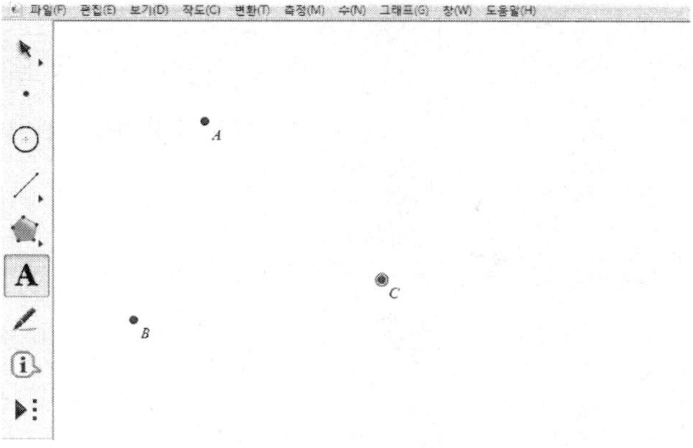

A 글 도구를 사용하여 점에 이름표를 붙인다.

Step 03

화살표 도구로 점 B와 점 A를 차례로 선택한다.

Step 04

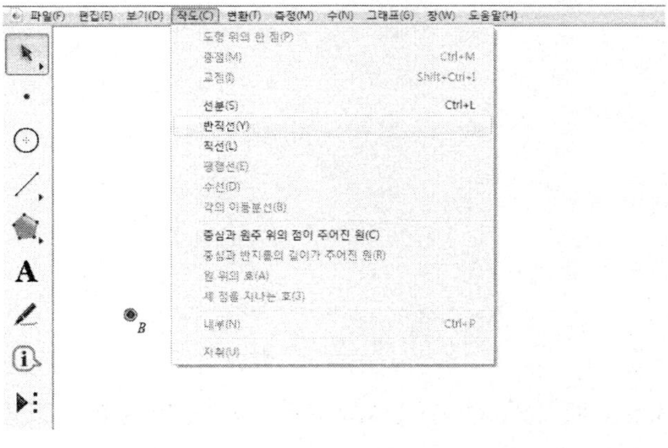

작도(C) 메뉴를 누르면 반직선이 활성화되어 있다.

반직선(Y)을 클릭한다.

Step 05

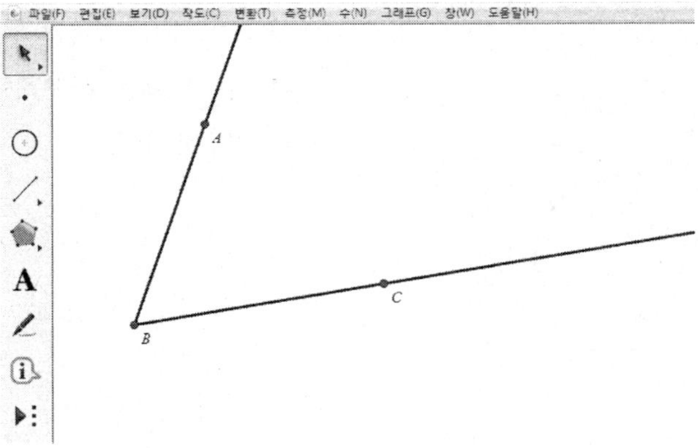

같은 방법으로 점 B와 점 C를 선택하여 반직선을 그린다.

Step 06

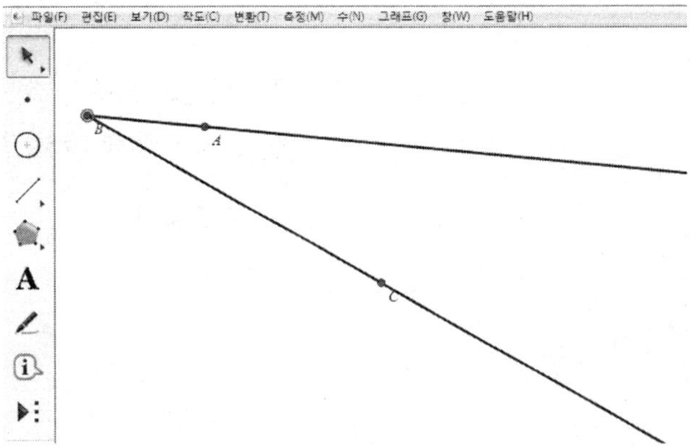

점 개체 중 하나를 끌어서 위치를 변경하면 각의 크기와 모양이 변한다.

활용Tip

1. 작도(C) 메뉴를 사용할 때, 점을 선택한 순서에 따라서 반직선의 방향이 결정된다.
2. A 글 도구를 사용하여 나타낸 문자는 화살표 도구로 더블클릭하여 이름을 변경할 수 있다.

방법 2 세 점을 이용하여 선분으로 각 ABC 그리기

활/용/기/능

· A 작도(C) 선분(S)

Step 01

각을 그리기 위해서는 세 점이 필요하다. · **점 도구**로 세 점을 그린다.

Step 02

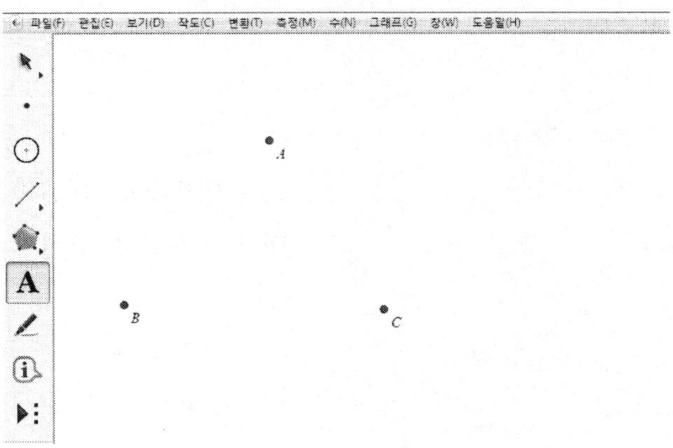

A **글 도구**를 사용하여 점에 이름표를 붙인다.

Step 03

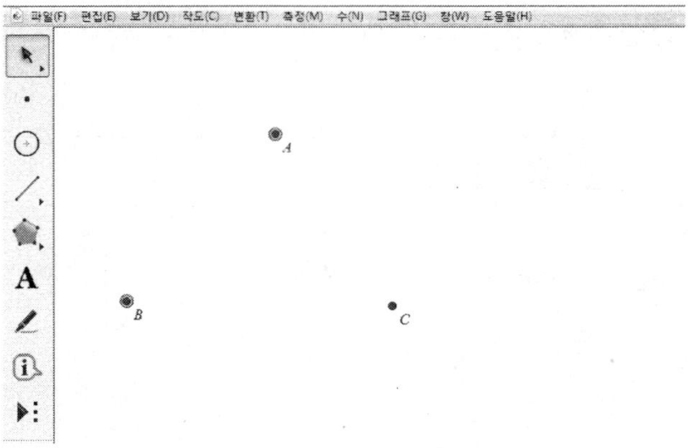

화살표 도구로 점 B와 점 A를 차례로 선택한다.

Step 04

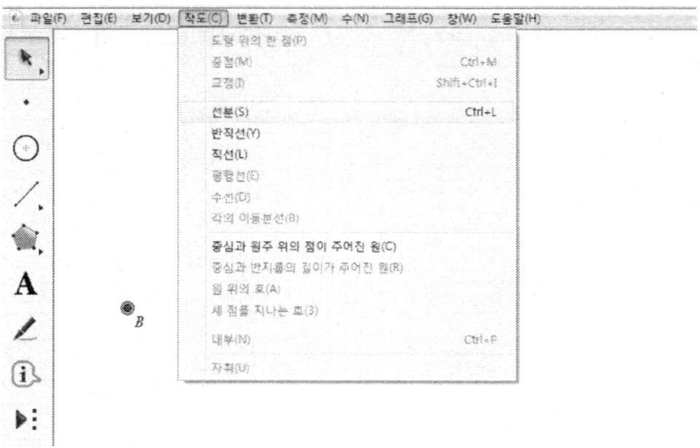

작도(C) **메뉴**를 누르면 선분이 활성화되어 있다.

선분(S) 을 클릭한다.

Step 05

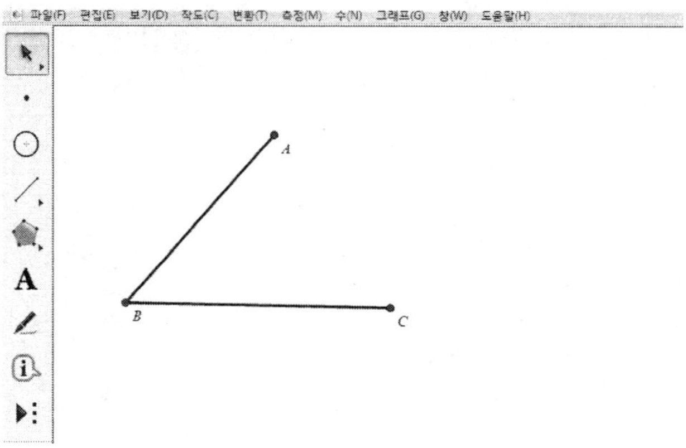

같은 방법으로 점 B와 점 C를 선택하여 선분을 그린다.

Step 06

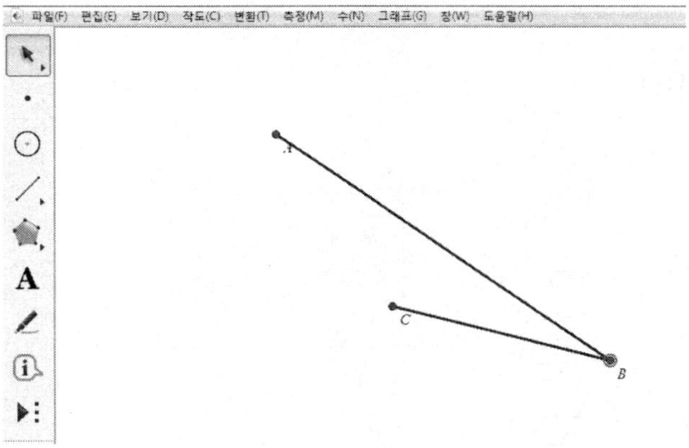

점 개체 중 하나를 끌어서 위치를 변경하면 각의 크기와 모양이 변한다.

각이 무엇인지 설명해봅시다.

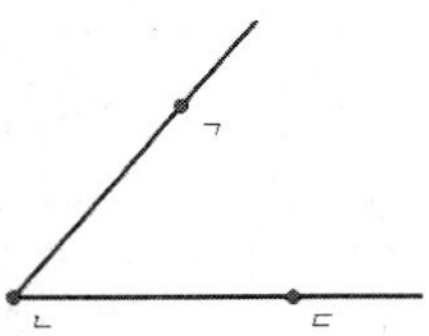

- 한 점에서 그은 두 반직선으로 이루어진 도형을 **각**이라고 한다.
- 점 ㄴ을 **꼭짓점**이라 한다.
- 반직선 ㄴㄷ과 반직선 ㄴㄷ을 **변**이라고 한다.
- 이 각을 **각 ㄱㄴㄷ** 또는 **각 ㄷㄴㄱ**이라고 한다.

탐구 과제 각 ㄱㄷㄹ을 그려봅시다.

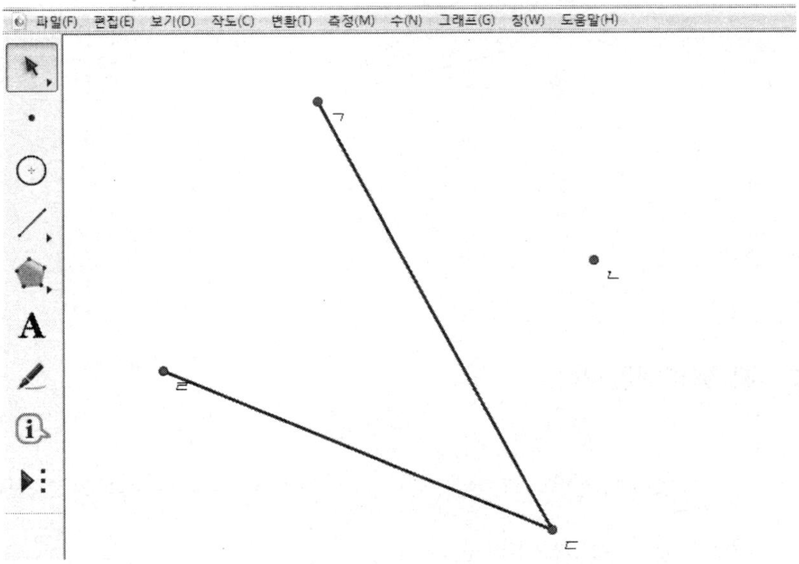

직각을 알 수 있다. 학습목표

활동 1 직각 알아보기

직각 ABC를 그려봅시다.

방법1 수선을 이용하여 직각 ABC 그리기

활/용/기/능

선분 도구	화살표 도구	작도(C)	수선(D)	선분(S)	점 도구	수선 숨기기(H)	A

Step 01

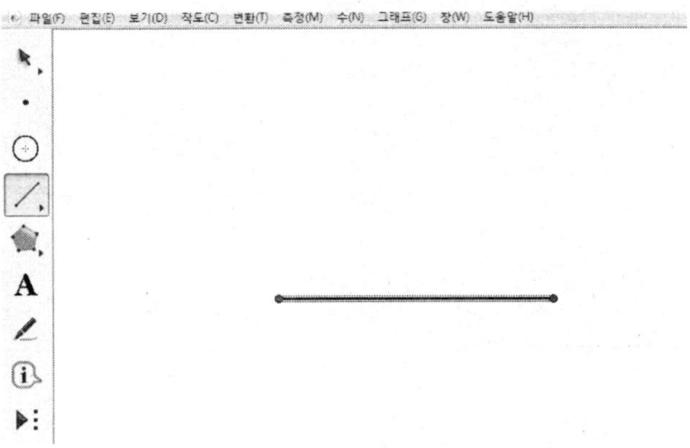

선분 도구로 선분을 그린다.

Step 02

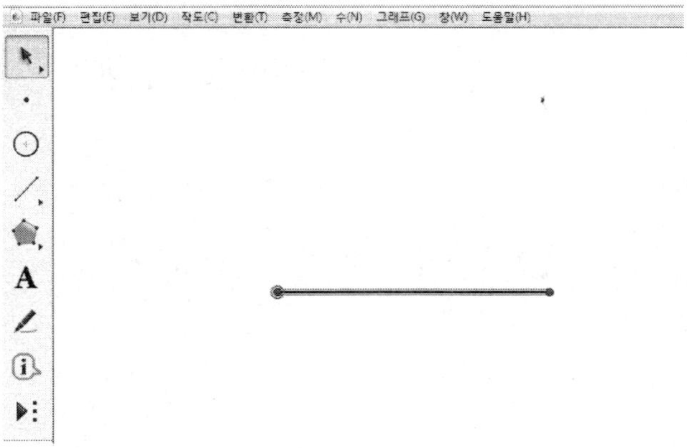

화살표 도구로 한 점과 선분을 선택한다.

Step 03

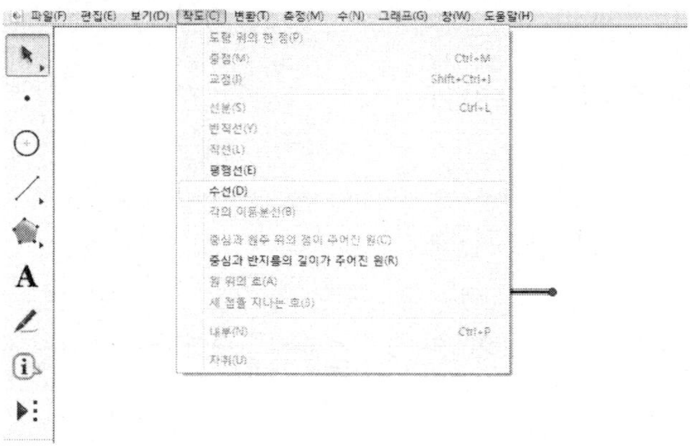

작도(C) **메뉴**를 눌러 활성화된 **수선(D)** 을 선택한다.

Step 04

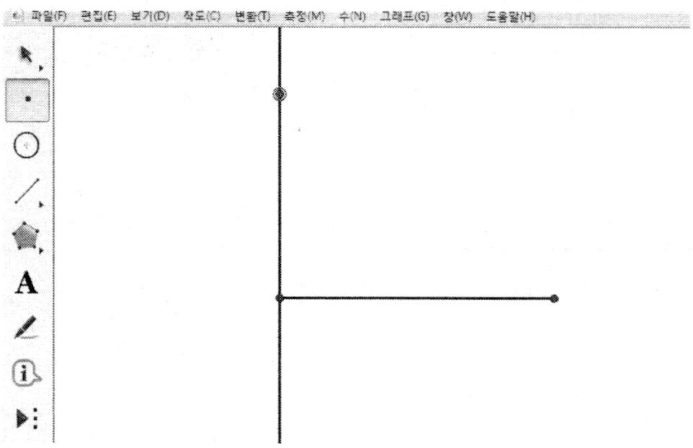

점 도구로 수선 위에 한 점을 그린다.

Step 05

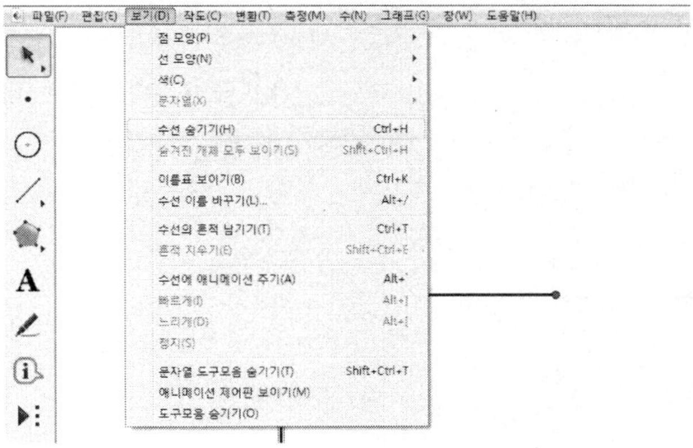

화살표 도구로 수선을 선택하고 보기(D) 메뉴를 눌러 활성화된 수선 숨기기(H) 를 선택한다.

Step 06

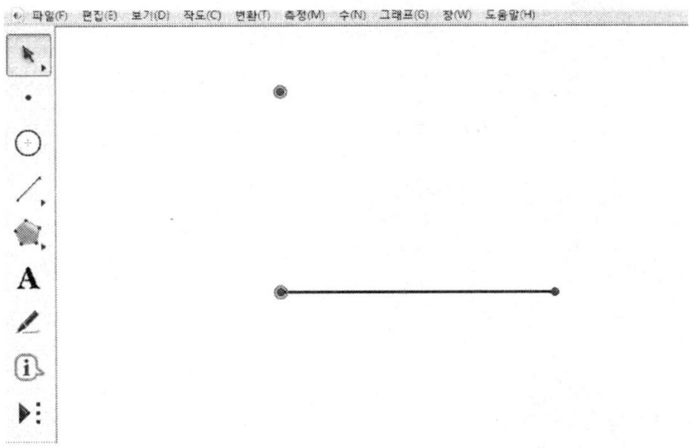

화살표 도구로 두 점을 선택한다.

Step 07

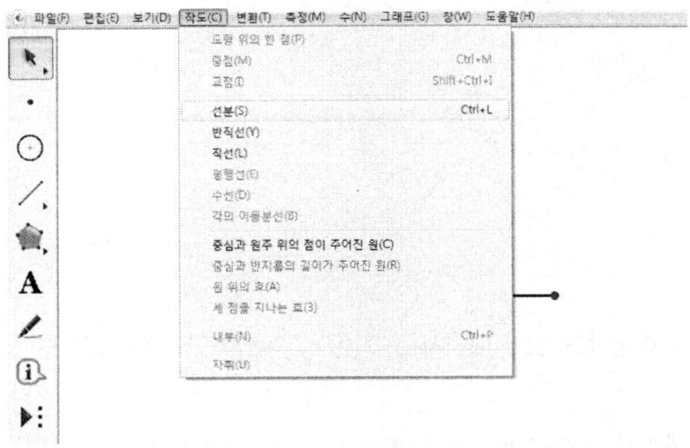

작도(C) 메뉴를 눌러 활성화된 선분(S) 을 선택한다.

Step 08

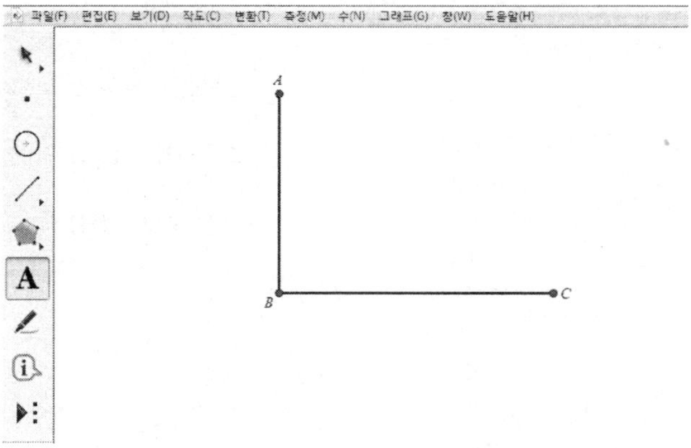

A 글 도구를 사용하여 각 점에 이름표를 붙인다.

Step 09

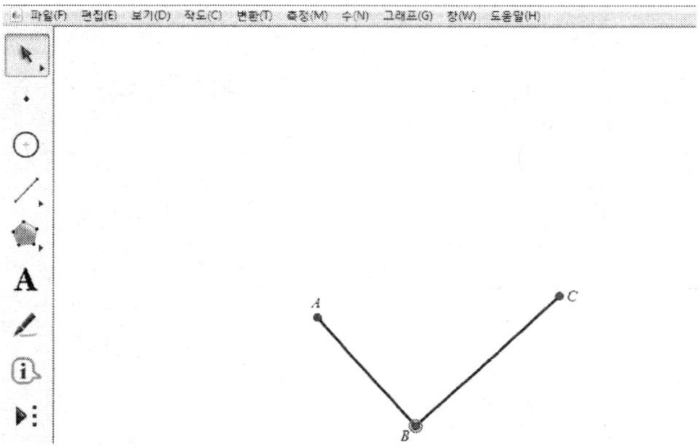

세 점 중 한 점을 끌어 위치를 변경하여도 직각의 성질은 유지된 채 모양만 변한다.

활용Tip

1. 선분과 선분 위의 한 점을 선택한 상태에서 수선(D) 수선을 그릴 때, 선택한 한 점 위로 수선이 그려진다.
2. 화살표 도구로 개체를 선택한 상태에서 보기(D) 메뉴를 누르면 개체의 이름으로 숨기기가 활성화 된다.

직각이 무엇인지 설명해봅시다.

- 종이를 반듯하게 두 번 접었다 펼쳤을 때 생기는 각을 **직각**이라고 한다.
- 직각 ㄱㄴㄷ을 나타낼 때에는 꼭짓점 ㄴ에 ⊾ 표시를 하기도 한다.

탐구 과제 〈보기〉와 같이 직각을 찾아 표시해 보시오.

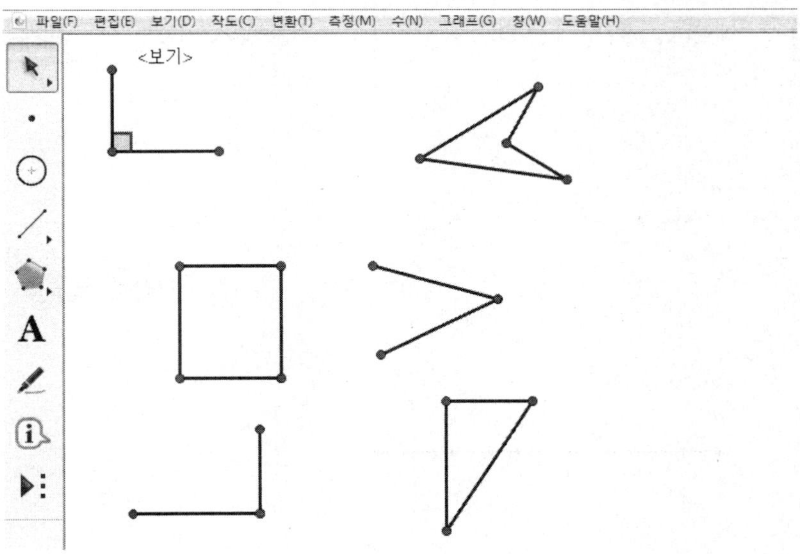

직사각형을 알 수 있다. 학습목표

활동 1 직사각형 알아보기

직사각형 ABC를 그려봅시다.

방법1 수선을 이용하여 직사각형 ABCD 그리기

활/용/기/능

작도(C) 수선(D) 수선 숨기기(H) 선분(S) A

Step 01

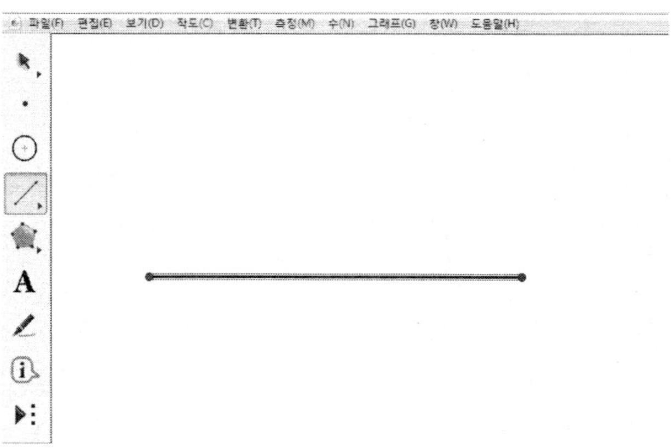

선분 도구로 선분을 그린다.

Step 02

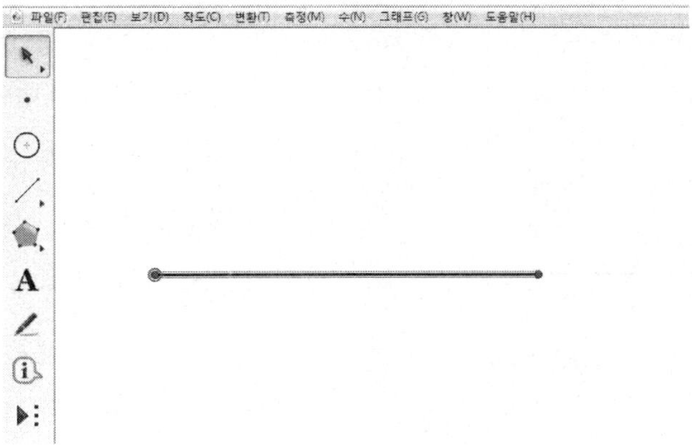

화살표 도구로 한 점과 선분을 선택한다.

Step 03

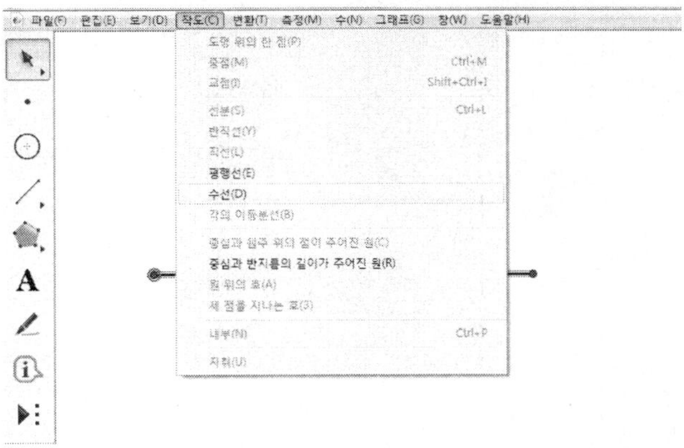

작도(C) **메뉴**를 눌러 활성화된 수선(D)을 선택한다.

Step 04

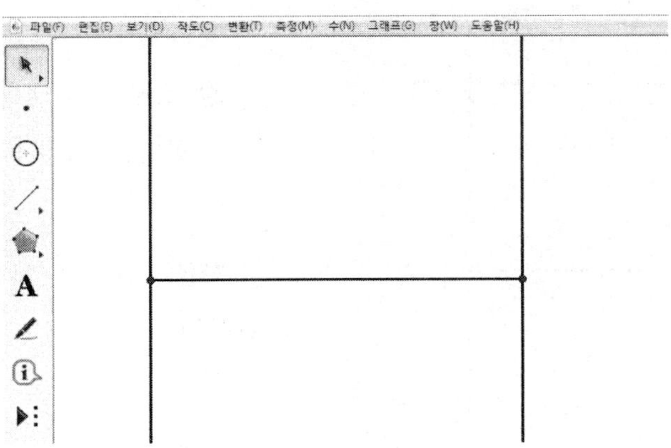

화살표 도구로 다른 한 점과 선분을 선택한 후, 작도(C) **메뉴**를 활용하여 또 다른 수선을 그린다.

Step 05

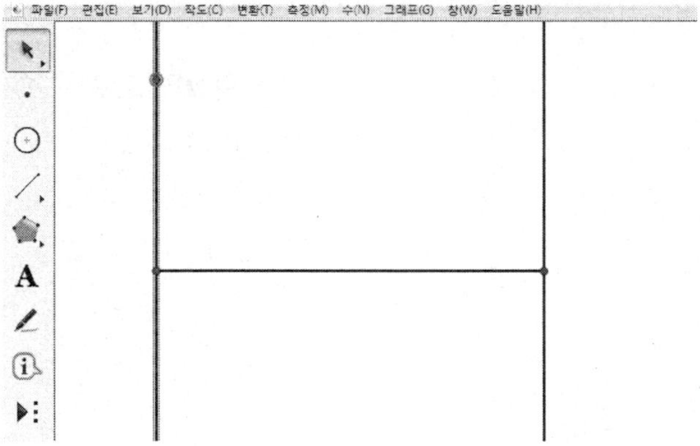

점 도구를 선택하여 한 수선 위에 점을 추가한다.

화살표 도구로 수선과 수선 위의 점을 선택한다.

Step 06

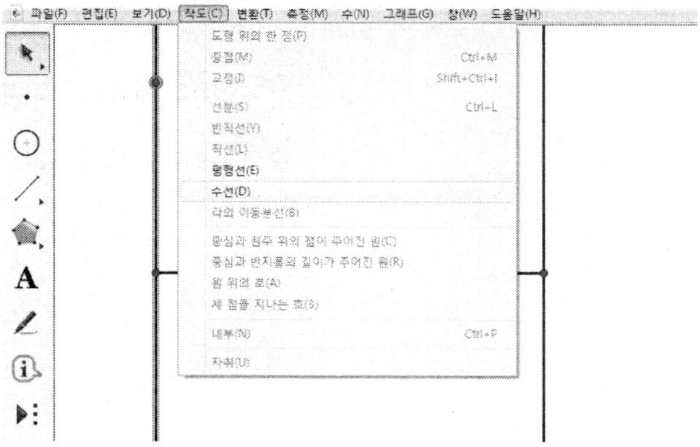

작도(C) **메뉴**를 눌러 활성화된 수선(D) 을 선택한다.

Step 07

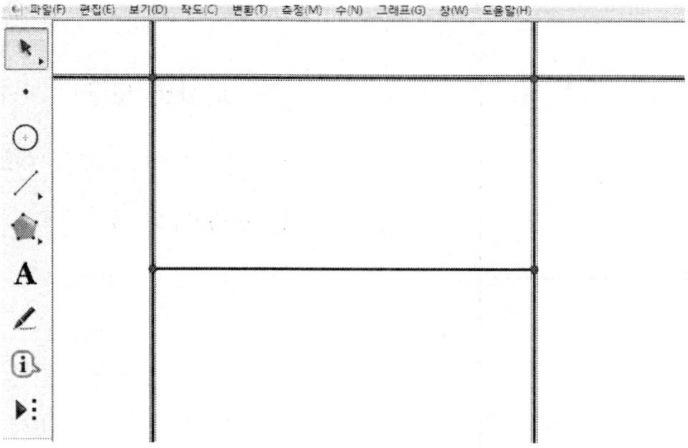

점 도구를 선택하여 수선과 수선이 만나는 지점에 점을 추가한다.

화살표 도구로 세 수선을 선택한다.

Step 08

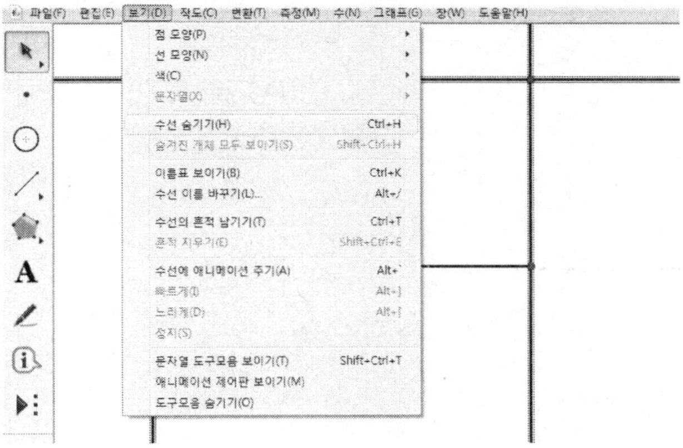

보기(D) **메뉴**를 눌러 활성화된 수선 숨기기(H) 를 선택한다.

Step 09

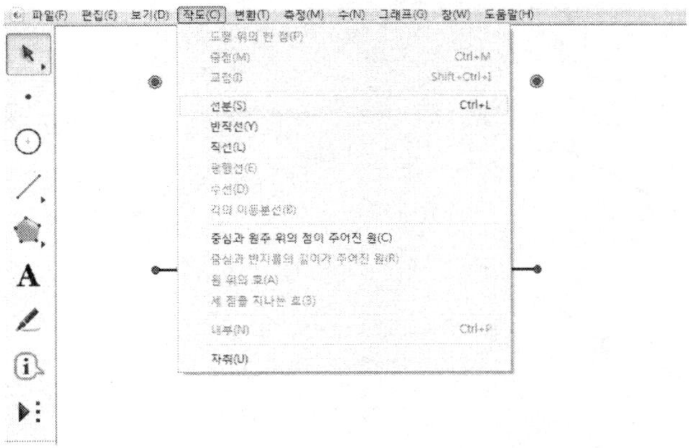

화살표 도구로 두 점을 선택하고 작도(C) **메뉴**를 눌러 활성화된 선분(S) 을 선택한다.

Step 10

같은 방법으로 나머지 두 선분을 그어 직사각형을 완성한다.

Step 11

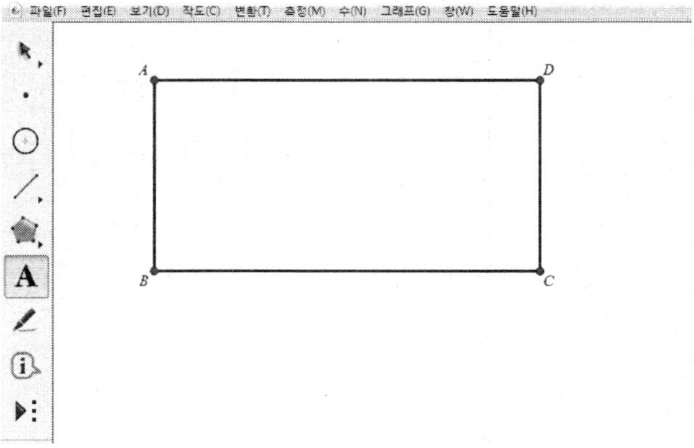

글 도구를 사용하여 각 점에 이름표를 붙인다.

Step 12

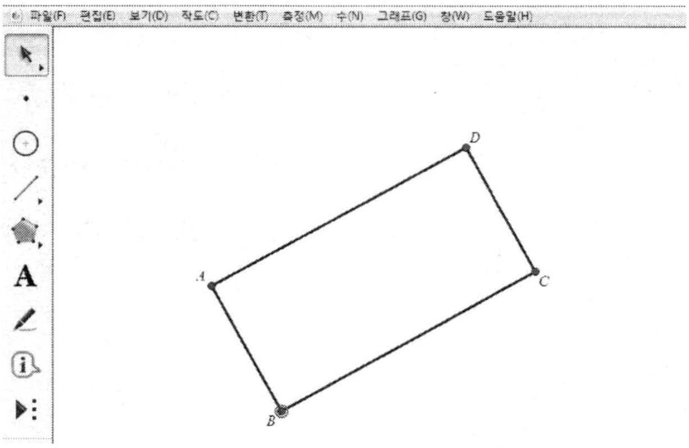

네 점 중 한 점을 끌어 위치를 변경하여도 직사각형의 성질은 유지된 채 모양만 변한다.

활용Tip

1. **화살표 도구**로 여러 개체를 선택할 수 있다.
2. **점 도구**를 선택하고 개체 위로 마우스 포인터를 움직여 개체가 빨간색으로 변할 때 클릭을 하면 겹치도록 점을 그릴 수 있다.

직사각형이 무엇인지 설명해봅시다.

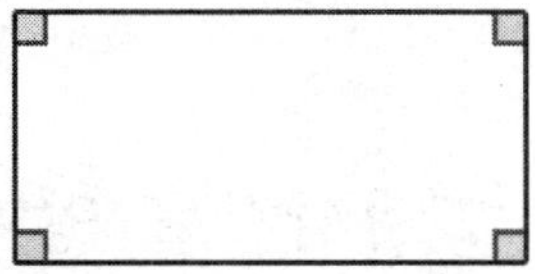

• 네 각이 모두 직각인 사각형을 **직사각형**이라고 한다.

탐구 과제

크기와 모양이 다른 직사각형 3개를 그려봅시다.

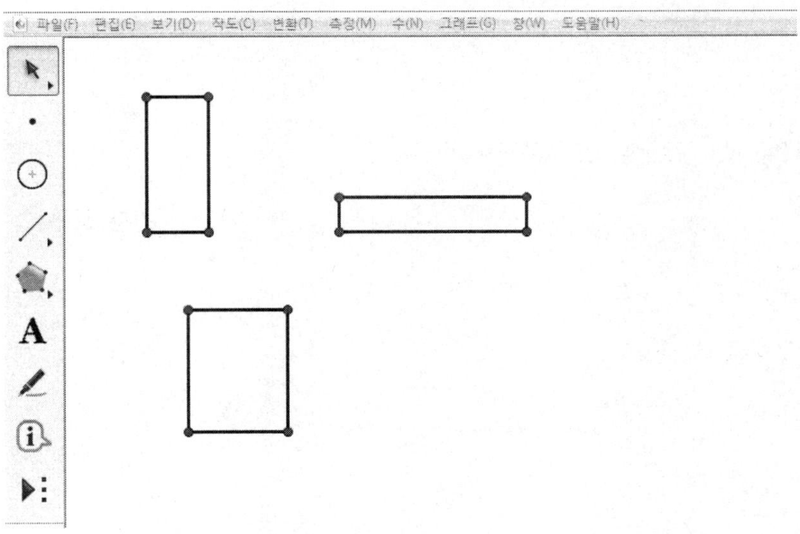

정사각형을 알 수 있다. **학습목표**

활동 1 정사각형 알아보기

정사각형 ABC를 그려봅시다.

방법1 원을 이용하여 정사각형 ABCD 그리기

활/용/기/능

중심과 반지름의 길이가 주어진 원(R)	보기(D)	선 개체 숨기기(H)	선분(S)	A

Step 01

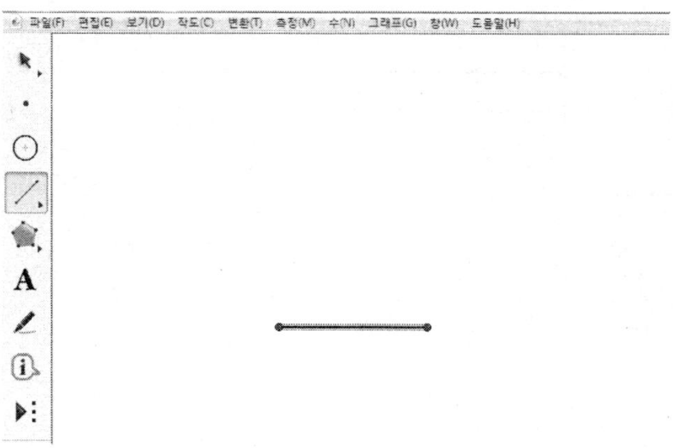

선분 도구로 선분을 그린다.

Step 02

화살표 도구로 한 점과 선분을 선택한다.

Step 03

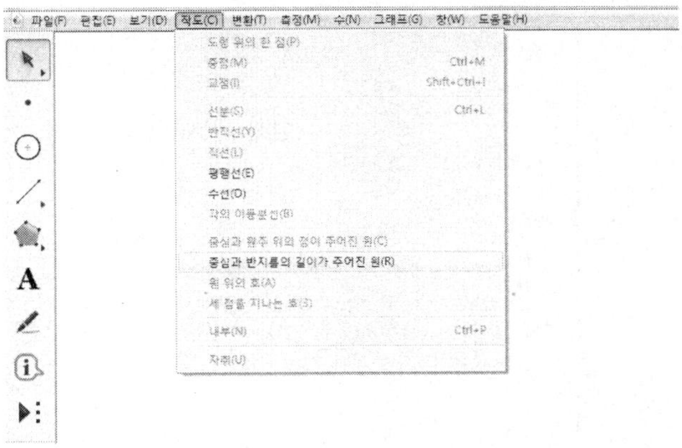

작도(C) **메뉴**를 눌러 활성화된 중심과 반지름의 길이가 주어진 원(R)을 선택한다.

Step 04

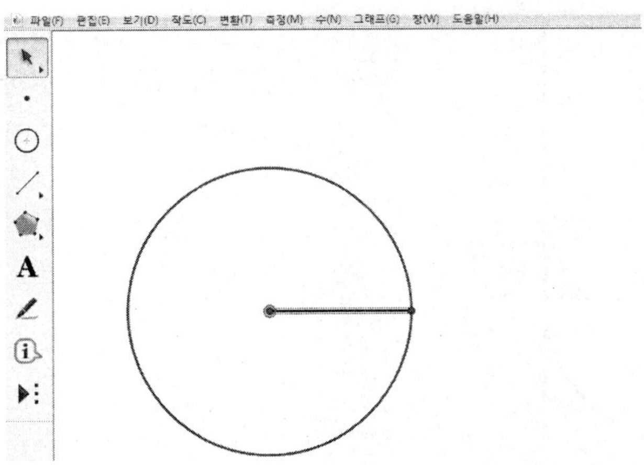

화살표 도구로 한 점과 선분을 선택한다.

Step 05

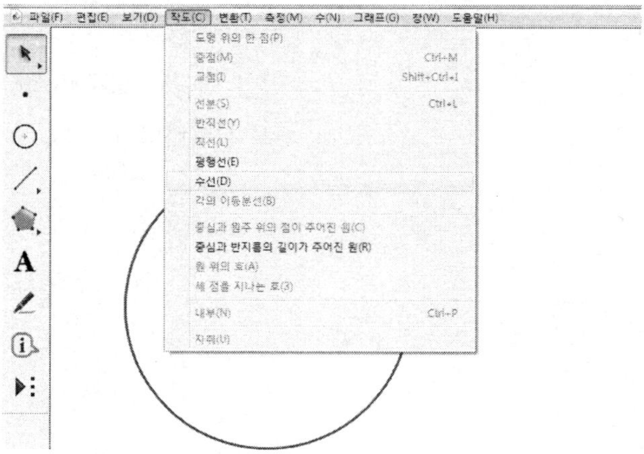

작도(C) **메뉴**를 눌러 활성화된 **수선(D)** 을 선택한다.

Step 06

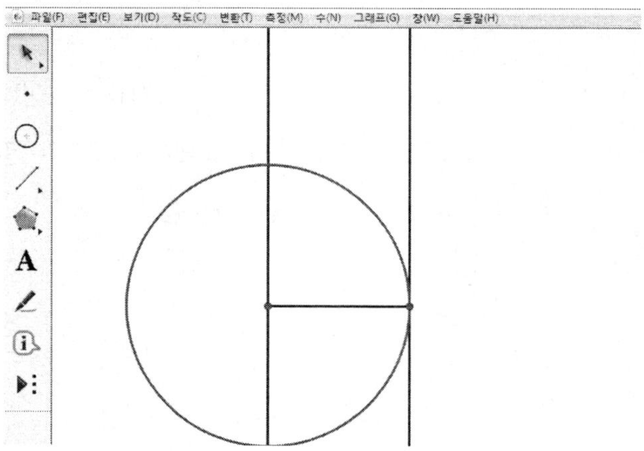

다른 한 점과 선분으로 새로운 수선을 그린다.

Step 07

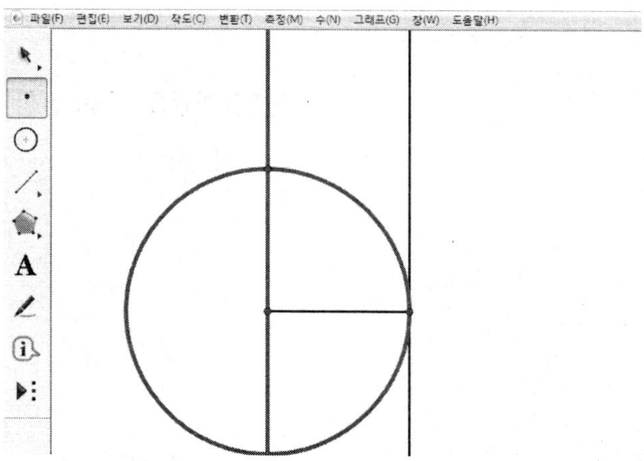

점 도구를 선택하여 수선과 원이 만나는 위치에 점을 그린다.

Step 08

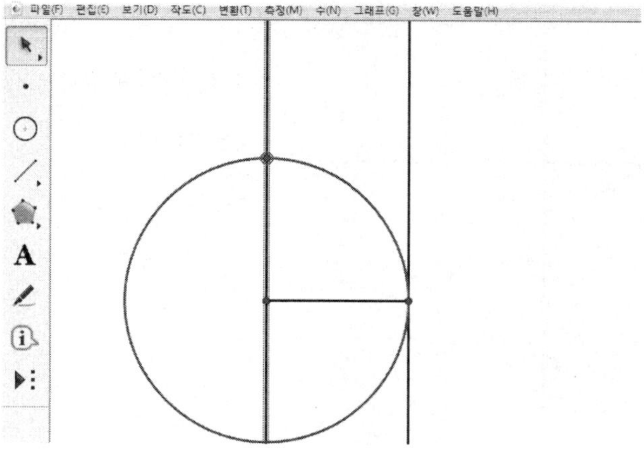

화살표 도구로 원의 중심을 지나는 수선과, 수선과 원이 만나는 점을 선택한다.

Step 09

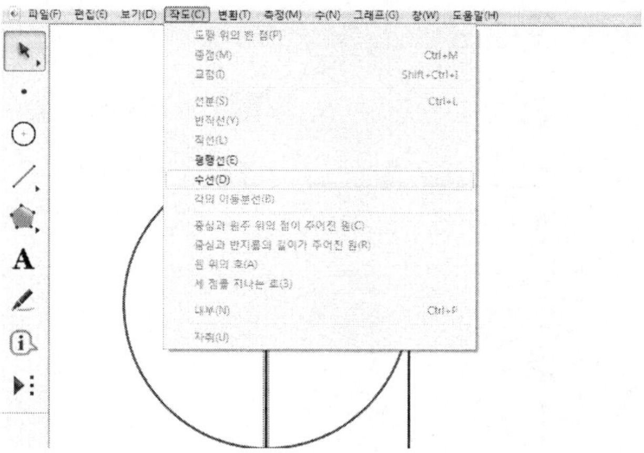

작도(C) **메뉴**를 눌러 활성화된 수선(D) 을 선택한다.

Step 10

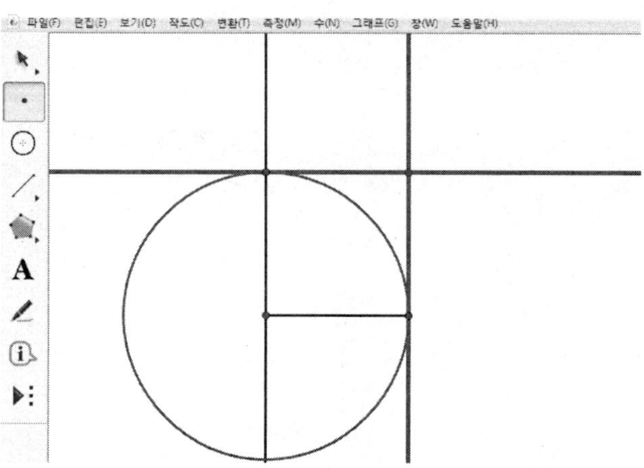

점 도구를 선택하여 두 수선이 원 밖에서 만나는 위치에 점을 그린다.

Step 11

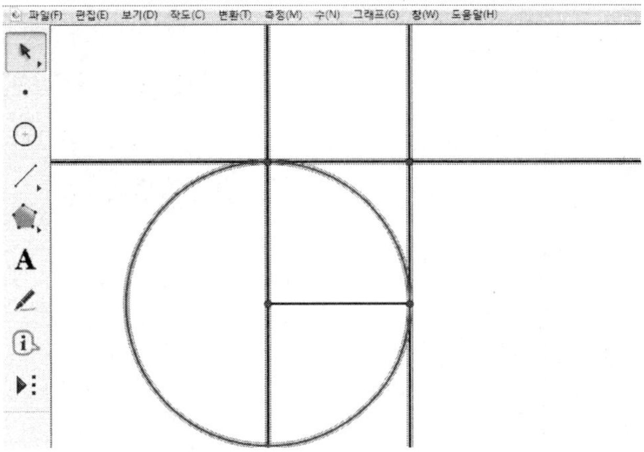

화살표 도구로 원과 세 개의 수선을 선택한다.

Step 12

보기(D) **메뉴**를 눌러 활성화된 선 개체 숨기기(H) 를 선택한다.

Step 13

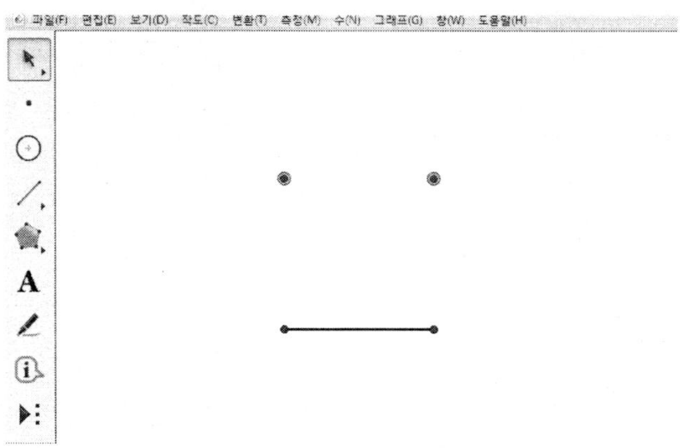

화살표 도구로 두 점을 선택한다.

Step 14

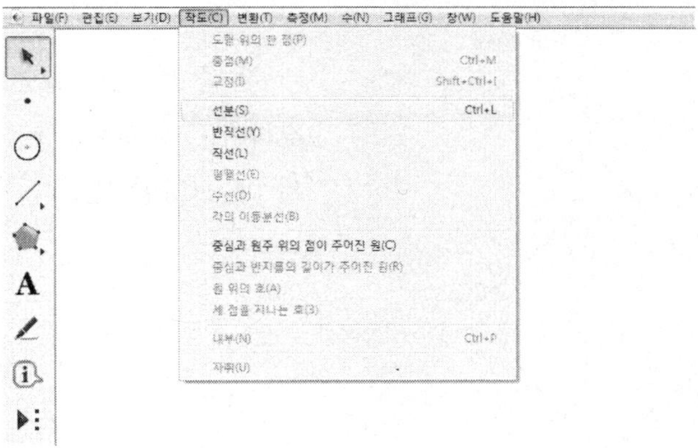

작도(C) **메뉴**를 눌러 활성화된 선분(S) 을 선택한다.

Step 15

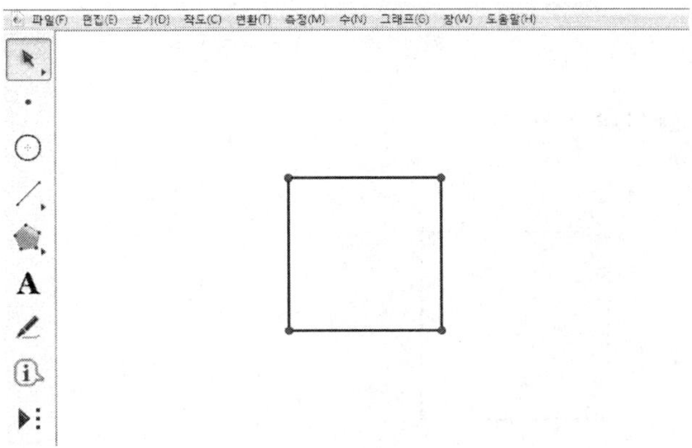

같은 방법으로 나머지 두 선분을 그어 정사각형을 완성한다.

Step 16

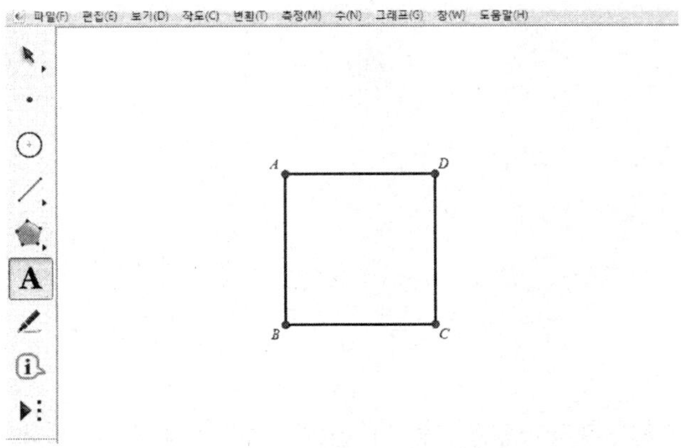

A **글 도구**를 사용하여 각 점에 이름표를 붙인다.

Step 17

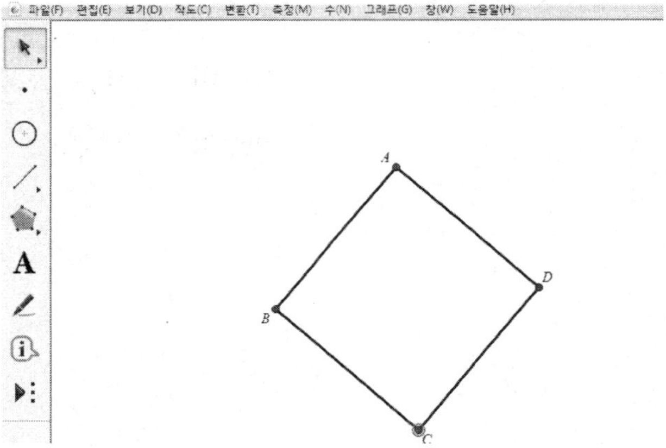

네 점 중 한 점을 끌어 위치를 변경하여도 정사각형의 성질은 유지된 채 모양만 변한다.

정사각형이 무엇인지 설명해봅시다.

• 네 각이 모두 직각이고 네 변의 길이가 모두 같은 사각형을 **정사각형**이라고 한다.

활용Tip

1. 선분과 선분 위의 점을 선택하여 원을 그릴 때, 선택한 점이 원의 중심이 된다.
2. 보기(D) 메뉴의 개체 숨기기는 단축키 Ctrl+H로 실행시킬 수 있다.

탐구 과제 크기가 다른 정사각형 3개를 그려봅시다.

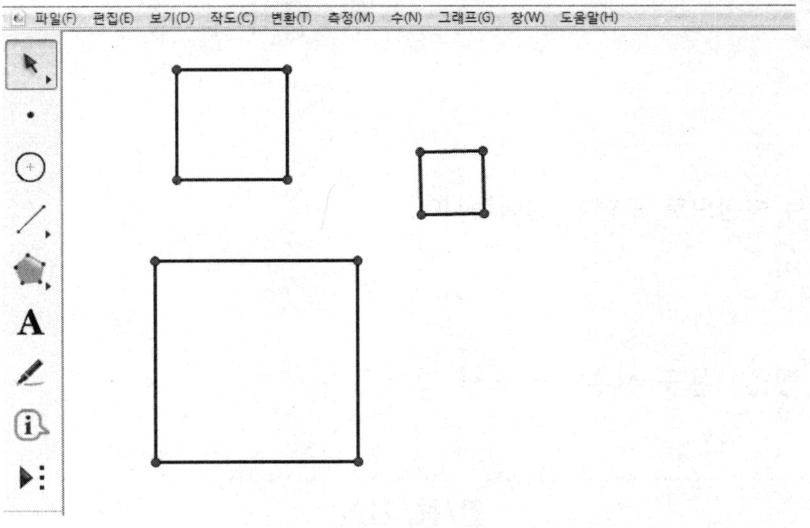

도형을 밀 수 있다. **학습목표**

활동 1 도형 밀기

여러 가지 방향으로 도형을 밀어봅시다.

방법1 평행이동을 이용하여 도형 밀기

활/용/기/능

⁄	변환(T)	평행이동(T)	실행(T)

Step 01

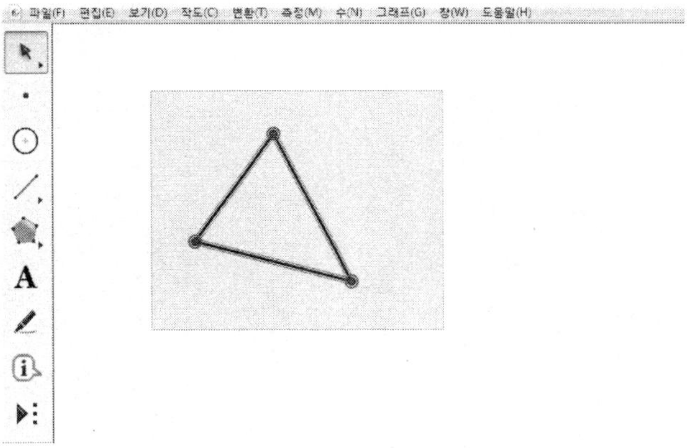

선분 도구로 세 개의 선분을 그려 삼각형을 완성하고, 마우스로 드래그하여 삼각형을 선택한다.

Step 02

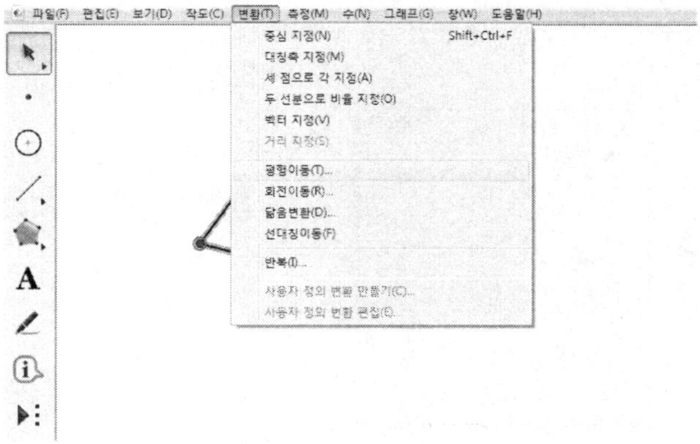

변환(T) **메뉴**를 눌러 활성화된 **평행이동(T)** 을 선택한다.

Step 03

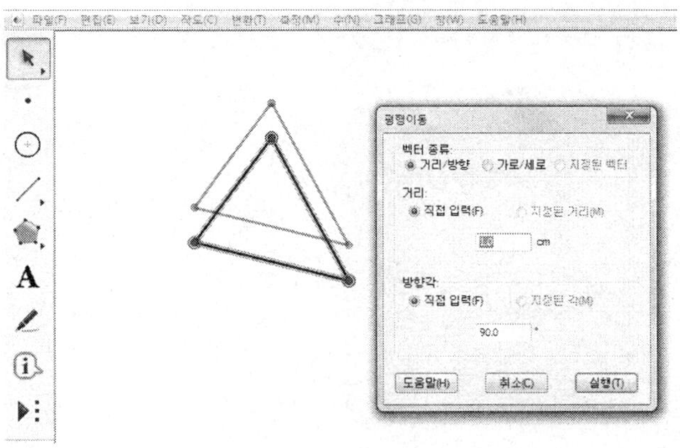

대화상자에서 벡터 정류를 **거리/방향**, 거리 및 방향을 **직접 입력(F)** 으로 선택한다.

Step 04

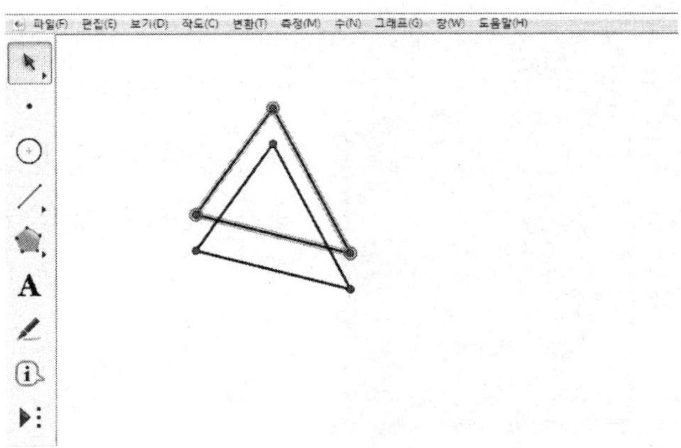

방향각을 90.0°로 하고 거리값을 입력하여 **실행(T)** 을 눌러 도형을 위쪽 방향으로 평행이동한다.

Step 05

방향각을 180.0°로 하고 거리값을 입력하여 **실행(T)** 을 눌러 도형을 왼쪽 방향으로 평행이동한다.

Step 06

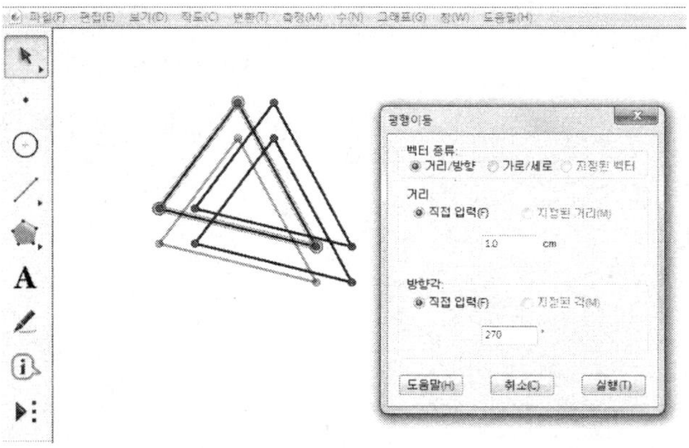

방향각을 270.0°로 하고 거리값을 입력하여 **실행(T)** 을 눌러 도형을 아래쪽 방향으로 평행이동한다.

Step 07

방향각을 360.0°로 하고 거리값을 입력하여 **실행(T)** 을 눌러 도형을 오른쪽 방향으로 평행이동한다.

Step 08

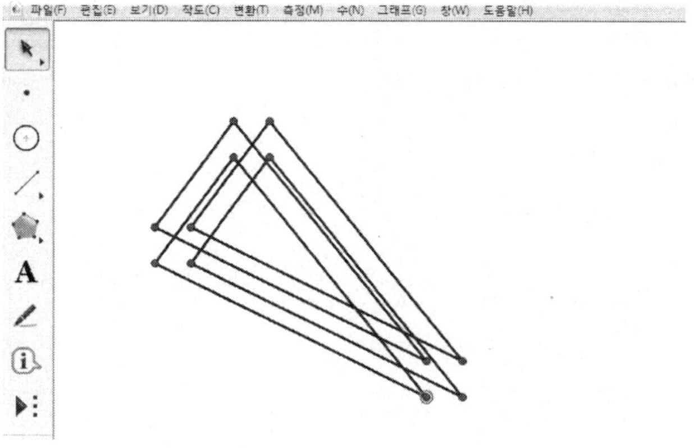

기본 도형의 모양을 변화시키면 평행이동된 도형의 모양도 함께 변한다.

도형을 밀었을 때의 특징을 설명해봅시다.

• 도형의 크기와 모양은 똑같은데 위치가 변한다.

활용Tip

1. 변환(T) 메뉴를 눌러 활성화된 평행이동(T) 을 선택하여 나타난 대화상자에서 현재 설정된 상태로 평행이동이 실행된 도형을 미리보기로 희미하게 볼 수 있다.
2. 거리/방향으로 평행이동에서 방향은 오른쪽 수평 방향이 0°이며, 반시계방향의 경우 각의 크기 앞에 −를 붙인다.

탐구 과제 거리와 방향을 달리하여 도형을 밀어봅시다.

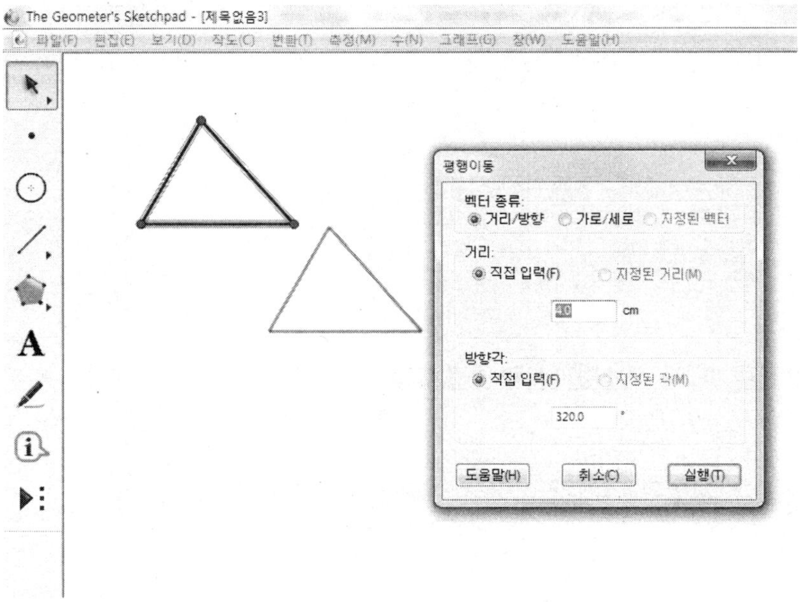

도형을 뒤집을 수 있다. **학습목표**

활동 1 도형 뒤집기

여러 가지 방향으로 도형을 뒤집어봅시다.

방법1 선대칭이동을 이용하여 도형 뒤집기

활/용/기/능

작도(C)	평행선(E)	변환(T)	대칭축 지정(M)	선대칭이동(F)	개체 숨기기(H)

Step 01

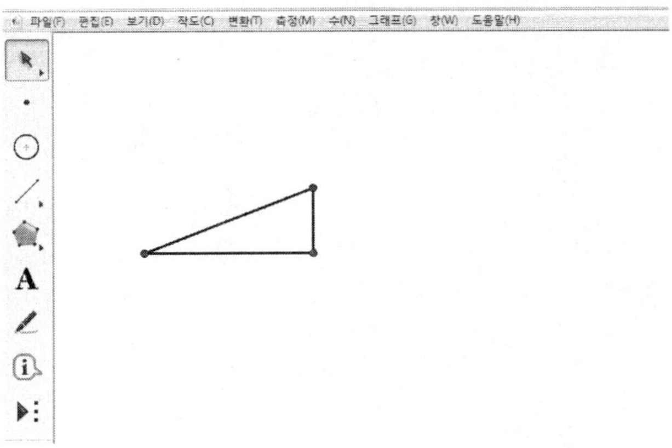

선분 도구로 세 개의 선분을 그려 직각삼각형을 완성한다.

Step 02

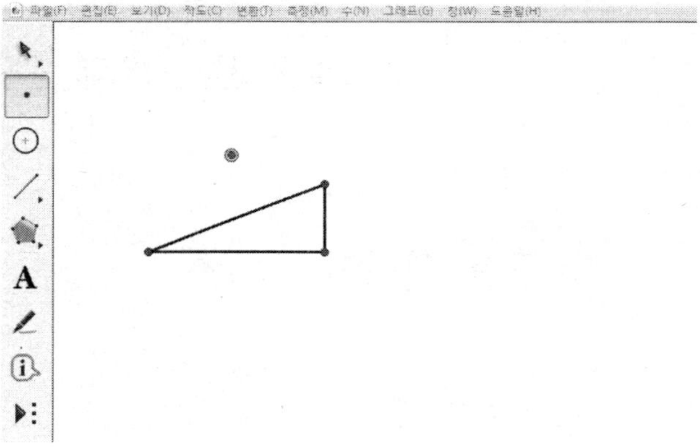

점 도구를 선택하여 삼각형의 위쪽에 점을 그린다.

Step 03

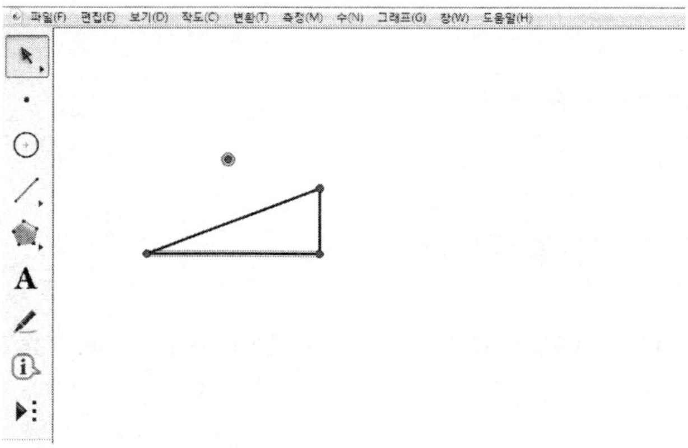

화살표 도구로 점과 삼각형의 밑변을 선택한다.

Step 04

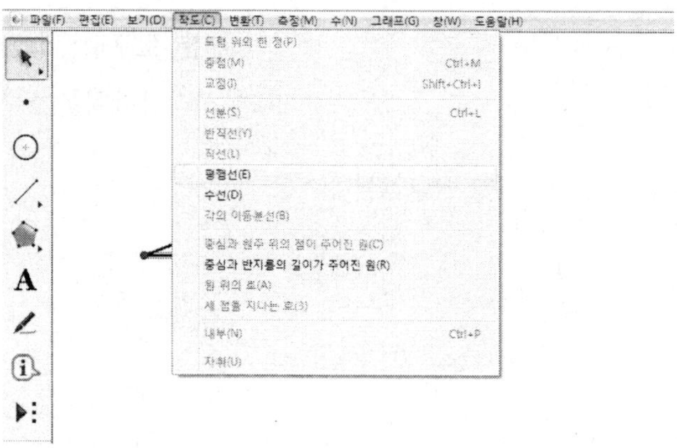

작도(C) **메뉴**를 눌러 활성화된 평행선(E) 을 선택한다.

Step 05

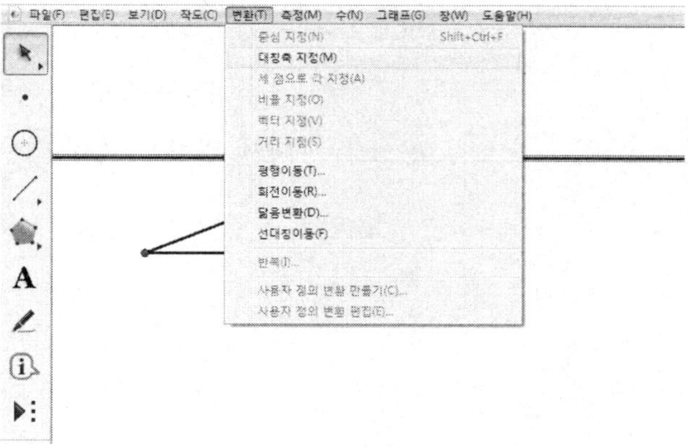

평행선을 선택하고 변환(T) 메뉴를 눌러 활성화된 대칭축 지정(M) 을 선택한다.

Step 06

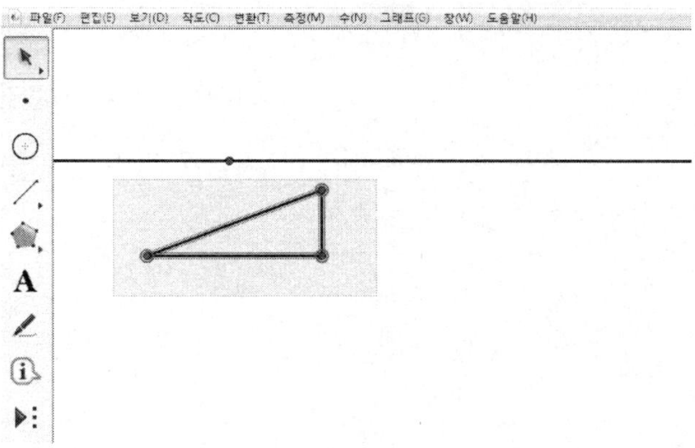

마우스로 드래그하여 삼각형을 선택한다.

Step 07

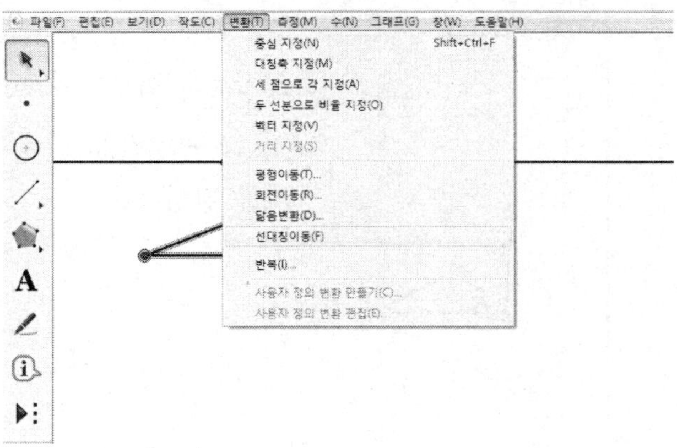

변환(T) 메뉴를 눌러 활성화된 선대칭이동(F) 을 선택하여 위쪽 방향으로 도형을 뒤집는다.

Step 08

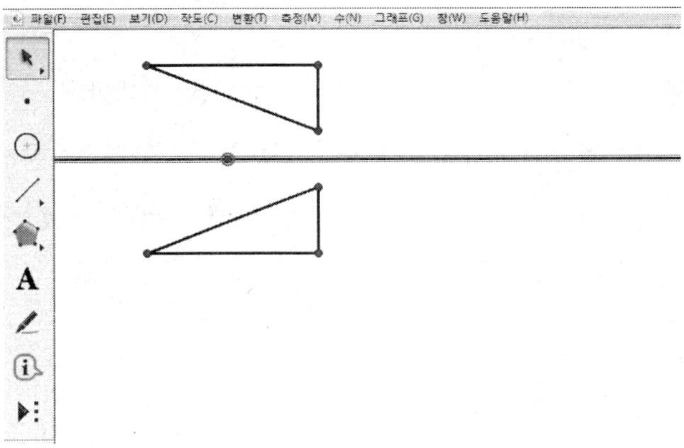

화살표 도구로 평행선과 평행선 위의 점을 선택한다.

Step 09

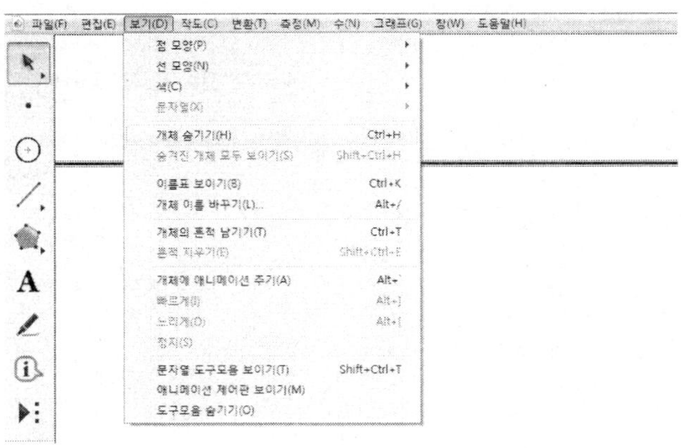

보기(D) 메뉴를 눌러 활성화된 **개체 숨기기(H)** 를 선택한다.

Step 10

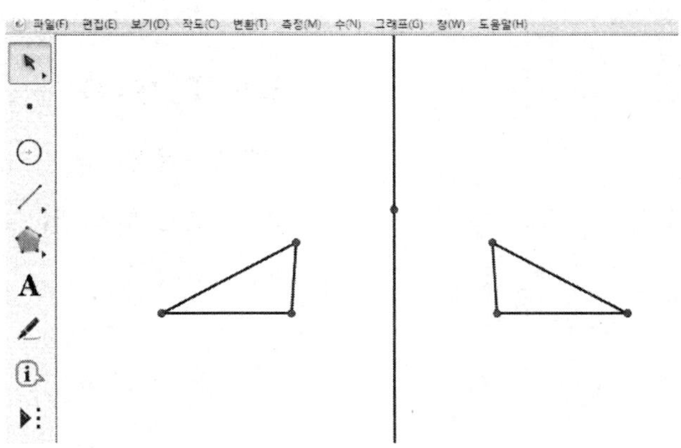

대칭축의 위치를 90°만큼 달리하여 오른쪽, 왼쪽, 아래쪽으로 뒤집기를 완성한다.

Step 11

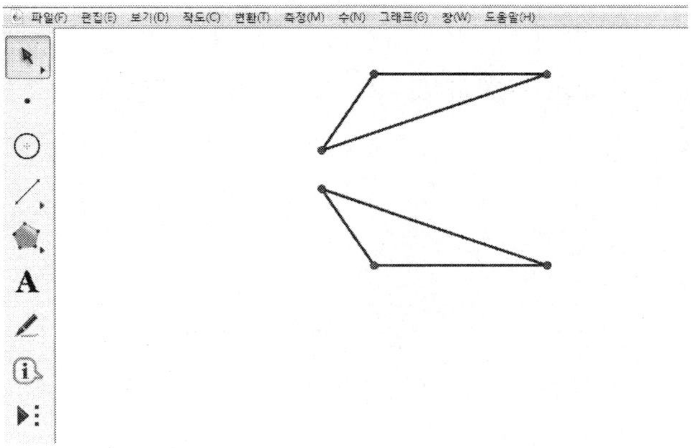

기본 도형의 모양을 변화시키면 선대칭이동된 도형의 모양도 함께 변한다.

도형을 뒤집었을 때의 특징을 설명해봅시다.

• 도형의 크기와 모양은 그대로이지만 방향이 반대가 된다.

활용Tip

1. 변환(T) 메뉴를 눌러 활성화된 대칭축 지정(M) 을 이용하지 않고 선 개체를 더블 클릭해도 대칭축을 지정할 수 있다.
2. 대칭축을 지정하면 간단한 애니메이션이 나타나 지정된 선 개체를 확인할 수 있다.

탐구 과제 가운데 도형을 왼쪽으로 뒤집은 도형과 오른쪽으로 뒤집은 도형을 각각 그려 보시오.

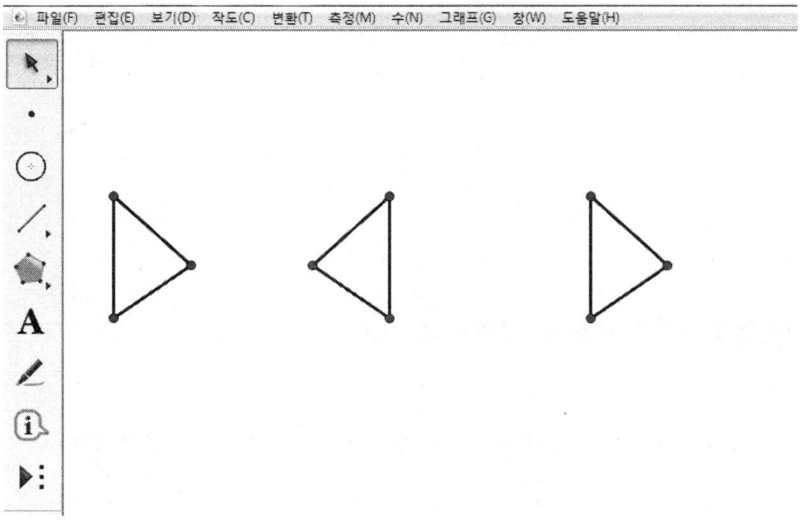

도형을 돌릴 수 있다. 학습목표

활동 1 도형 돌리기

여러 가지 방향으로 도형을 돌려봅시다.

방법1 회전이동을 이용하여 도형 돌리기

활/용/기/능

변환(T)	중심 지정(N)	회전이동(R)	보기(D)	개체 숨기기(H)

Step 01

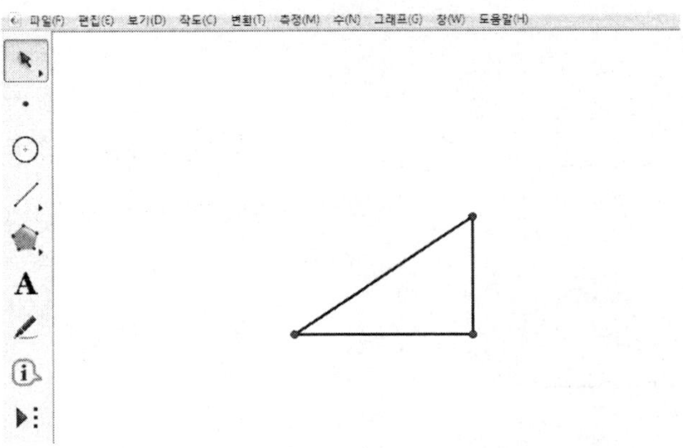

선분 도구로 세 개의 선분을 그려 직각삼각형을 완성한다.

Step 02

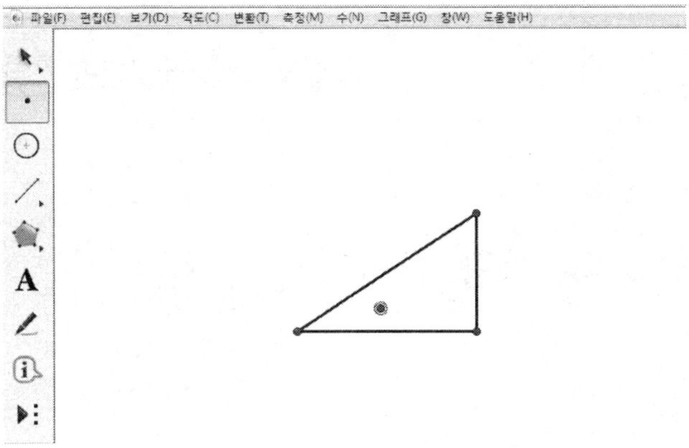

점 도구를 선택하여 삼각형의 안쪽에 점을 그린다.

Step 03

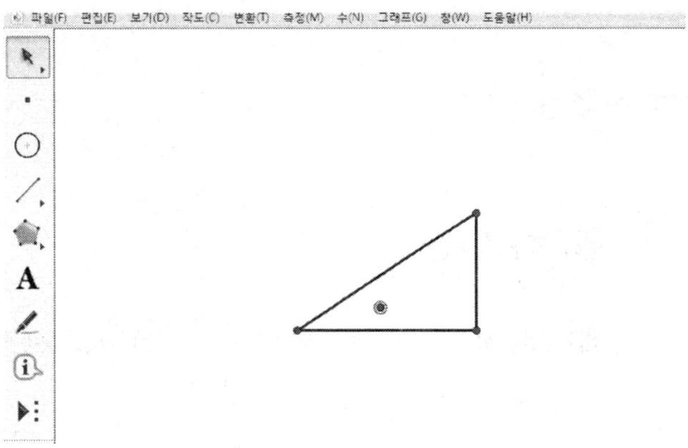

화살표 도구로 점을 선택한다.

Step 04

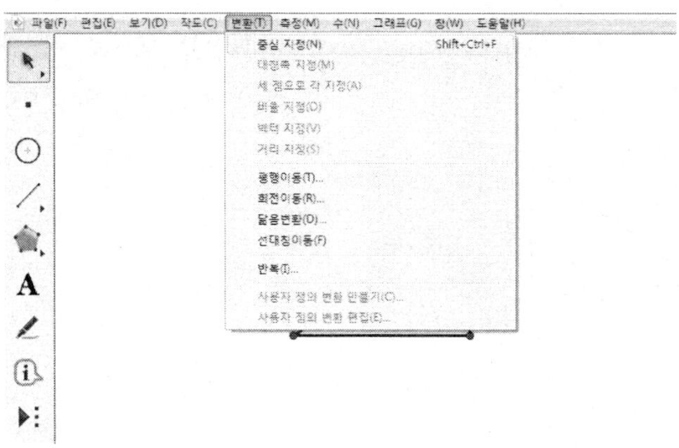

변환(T) **메뉴**를 눌러 활성화된 **중심 지정(N)** 을 선택한다.

Step 05

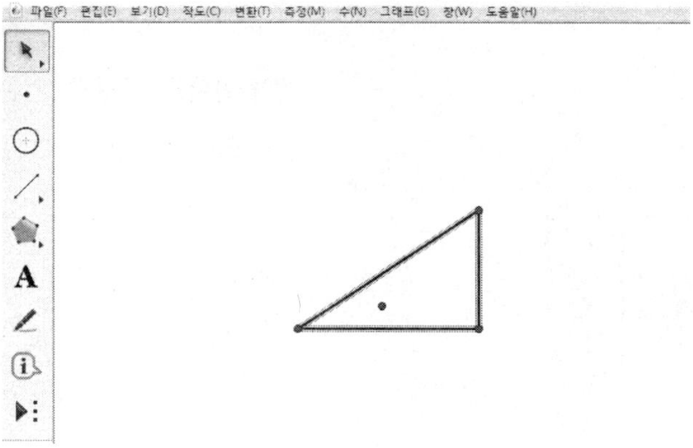

삼각형을 선택한다.

Step 06

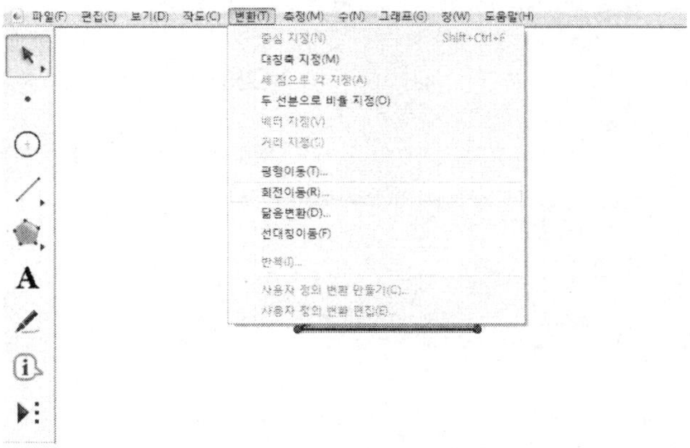

변환(T) **메뉴**를 눌러 활성화된 회전이동(R) 을 선택한다.

Step 07

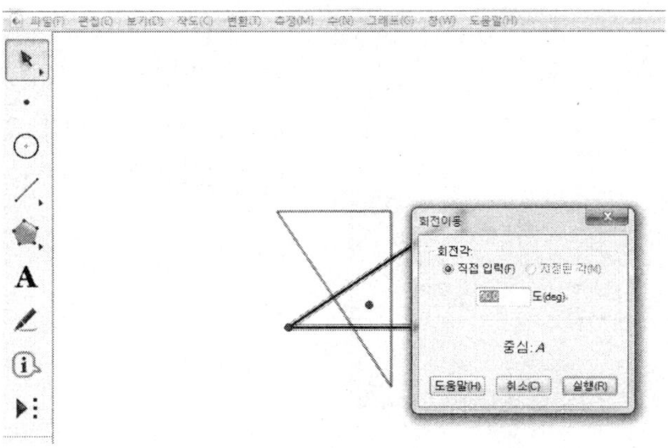

대화창에서 회전각을 직접 입력(F)으로 선택하고 90.0을 입력하고 실행(R) 을 눌러 도형을 왼쪽 방향으로 90°만큼 돌린다.

Step 08

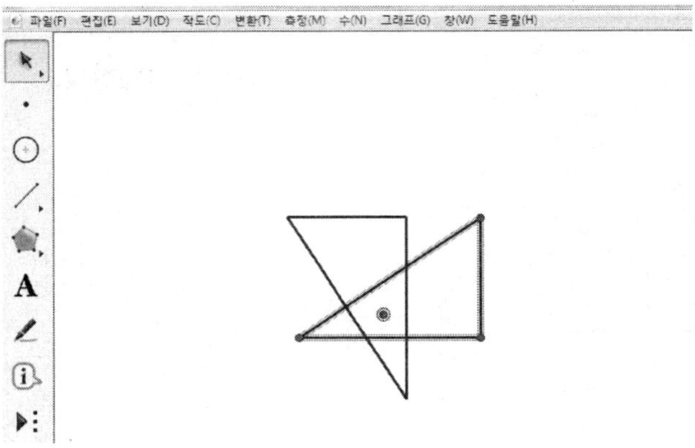

화살표 도구로 기존 삼각형과 중심점을 선택한다.

Step 09

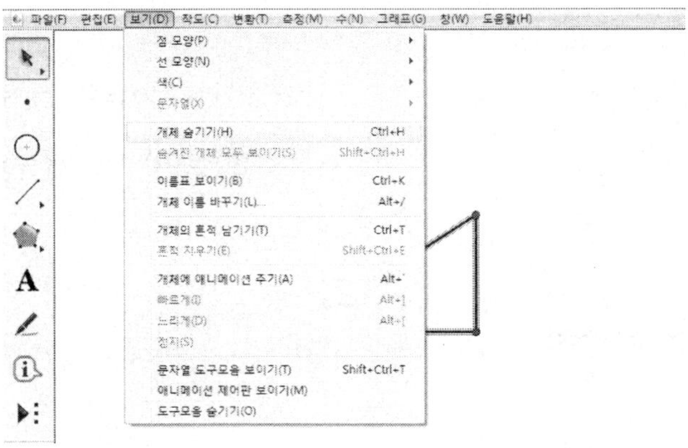

보기(D) **메뉴**를 눌러 활성화된 **개체 숨기기(H)**를 선택한다.

Step 10

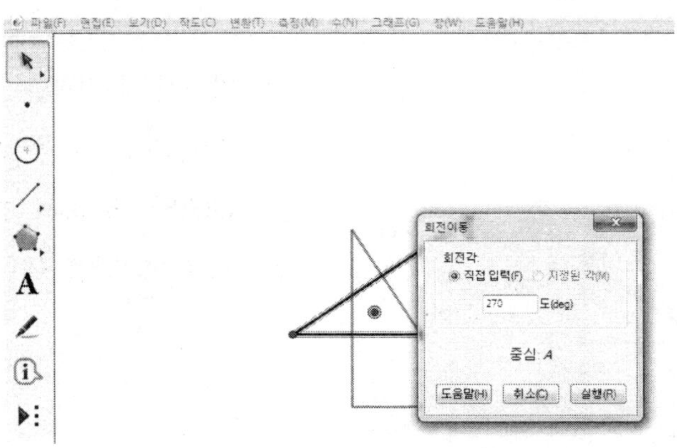

같은 방법으로 회전각을 180°, 270°, 360°로 각각 입력하여 도형을 돌린다.

Step 11

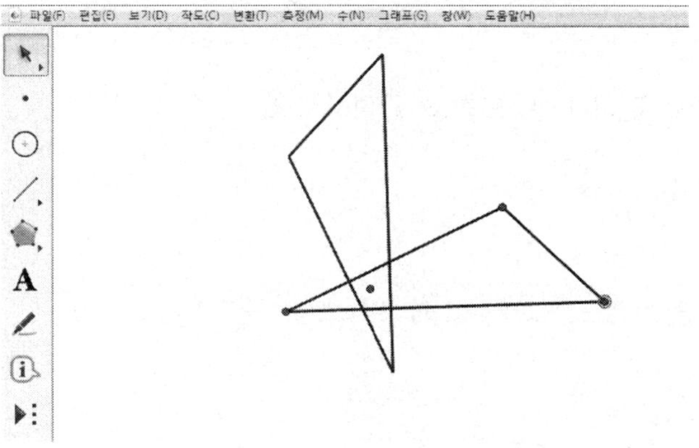

기본 도형의 모양을 변화시키면 회전이동된 도형의 모양도 함께 변한다.

도형을 돌렸을 때의 특징을 설명해봅시다.

• 도형의 크기와 모양은 그대로이지만 방향이 바뀌었다.

활용Tip 1. 중심 지정을 하지 않고 회전이동 명령을 실행하면, 자동으로 한 점이 중심으로 지정된다.
2. 회전각 앞에 −를 입력하면 시계방향으로 회전된다.

탐구 과제 주어진 도형을 와 같이 돌린 도형을 완성하시오.

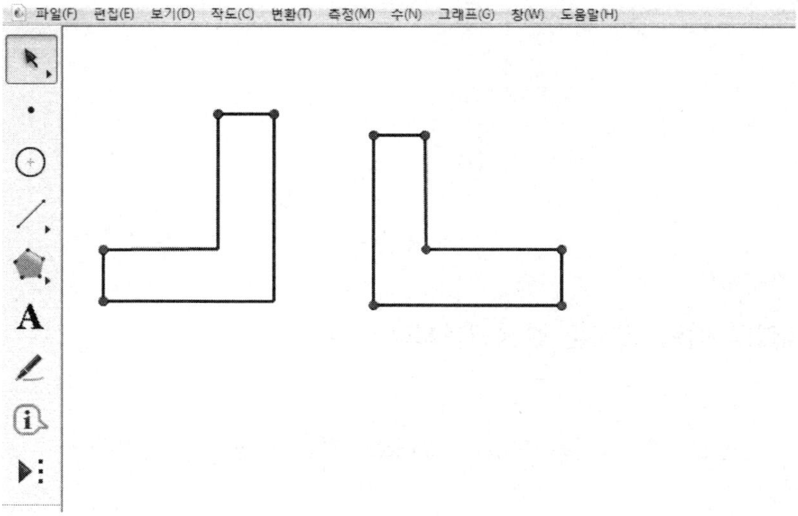

규칙적인 무늬를 만들 수 있다. 학습목표

활동 1 규칙적인 무늬 만들기

밀기, 뒤집기, 돌리기를 이용하여 규칙적인 무늬를 만들어봅시다.

방법1 평행·회전·선대칭이동을 이용하여 규칙적인 무늬 만들기

활/용/기/능

선 모양(N)	실선(S)	삼각형 내부(N)	중심 지정(N)	회전이동(R)

Step 01

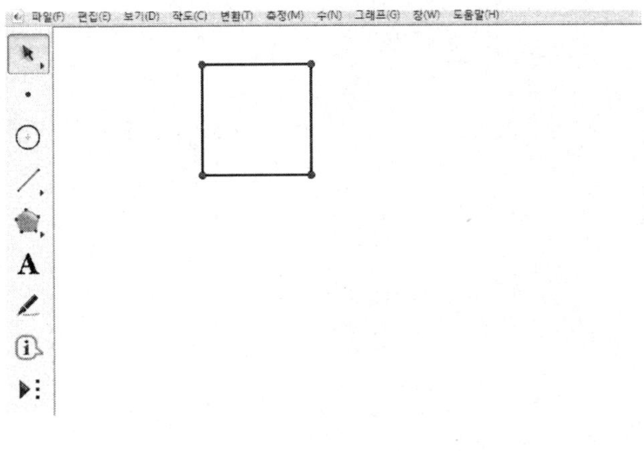

정사각형을 그린다.

Step 02

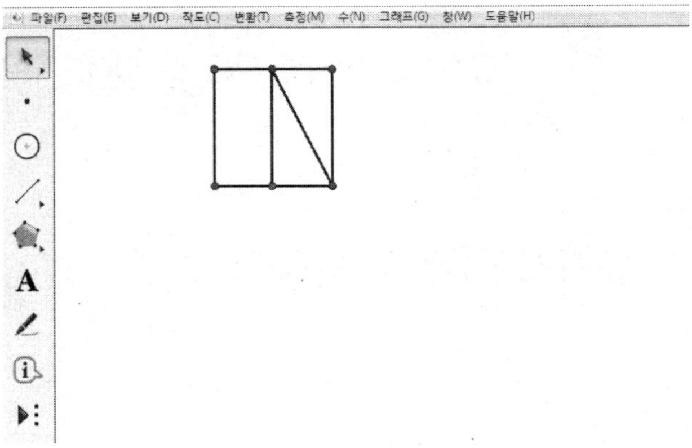

선분 도구로 정사각형의 내부에 삼각형을 그린다.

Step 03

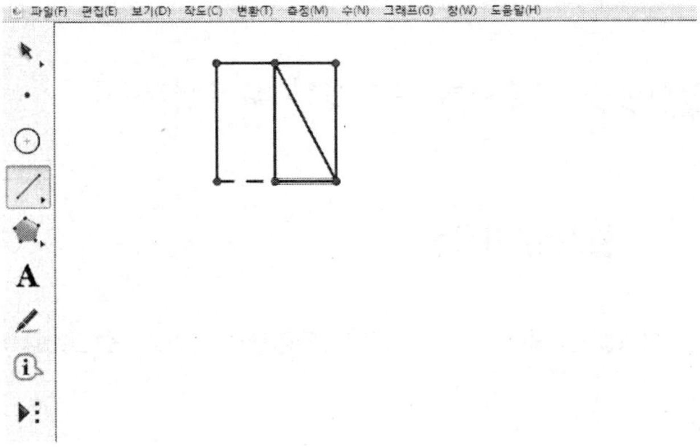

삼각형의 세 선분 중 정사각형과 겹치는 부분은 **선분 도구**로 덮어 그린다.

Step 04

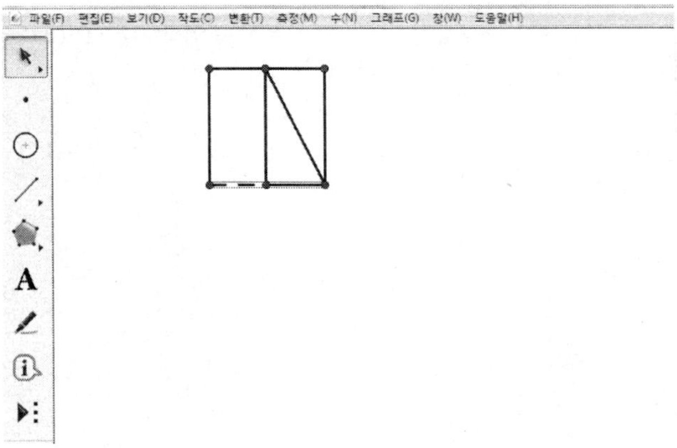

화살표 도구로 파선으로 나타난 선분을 선택한다.

Step 05

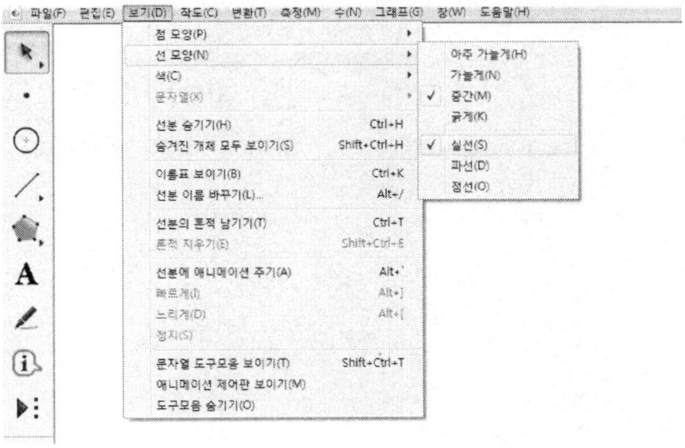

보기(D) **메뉴**를 눌러 활성화된 **선 모양(N)** 을 선택한 후 **실선(S)** 으로 선 모양을 변경한다.

Step 06

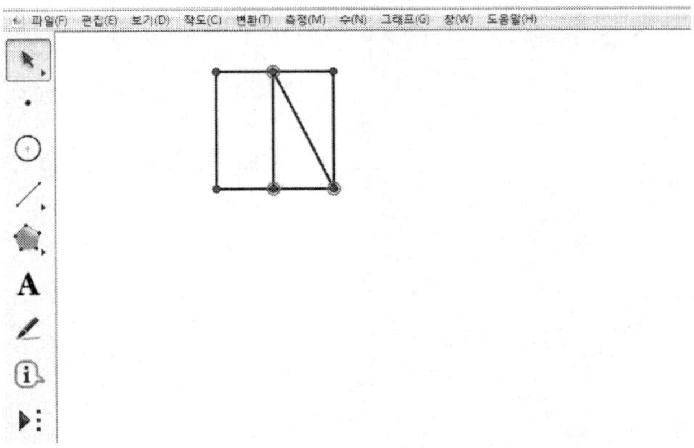

화살표 도구로 삼각형의 세 점을 선택한다.

Step 07

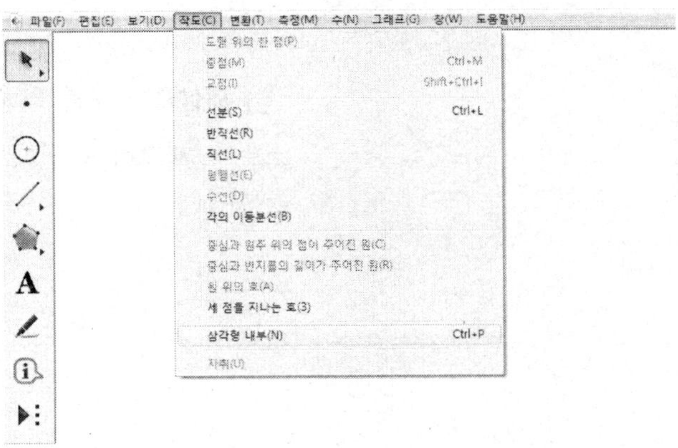

작도(C) **메뉴**를 눌러 활성화된 **삼각형 내부(N)** 를 선택하여 색을 넣는다.

Step 08

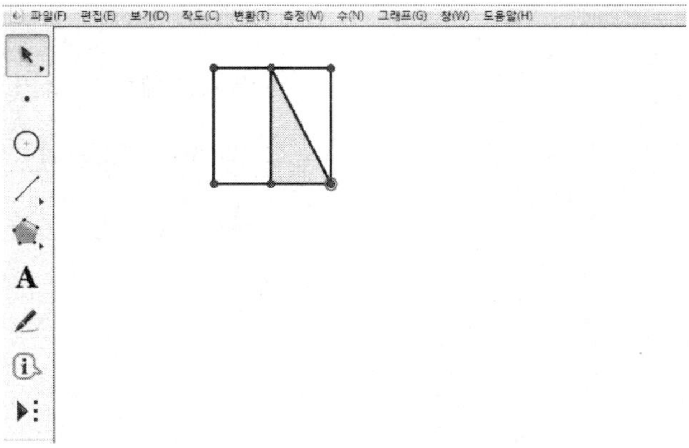

화살표 도구로 도형의 우측 하단의 점을 선택한다.

Step 09

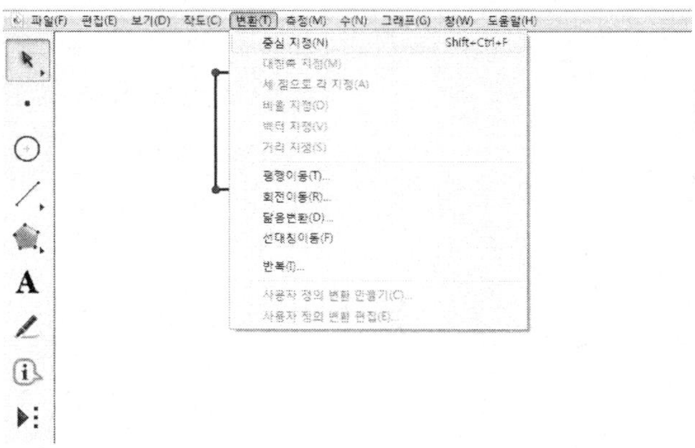

변환(T) **메뉴**를 눌러 활성화된 **중심 지정(N)** 을 선택한다.

Step 10

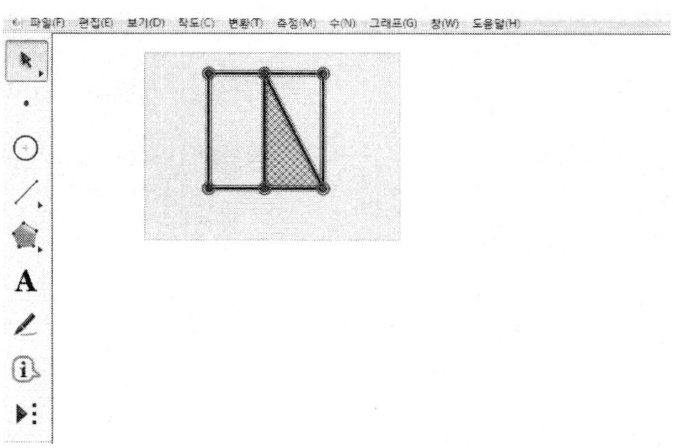

화살표 도구를 활용하여 마우스로 드래그하여 전체 도형을 선택한다.

Step 11

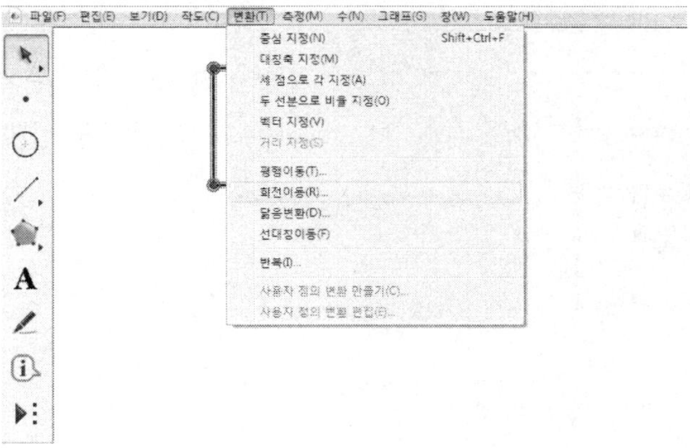

변환(T) **메뉴**를 눌러 활성화된 **회전이동(R)** 을 선택한다.

Step 12

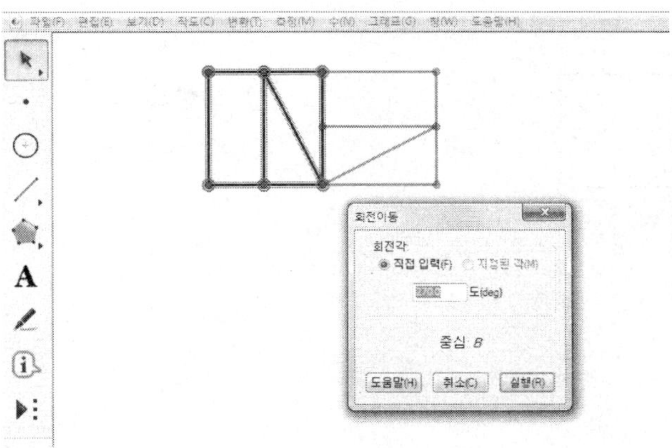

대화창에서 회전각을 직접 입력(F)으로 선택하고 270.0을 입력하고 **실행(R)** 을 눌러 도형을 시계 방향으로 90° 만큼 돌린다.

Step 13

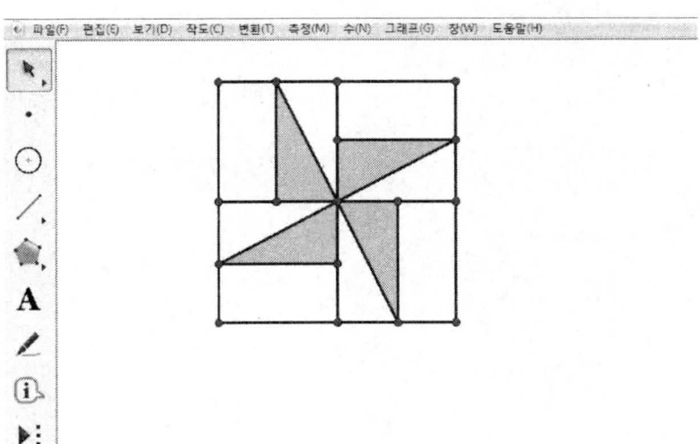

중심을 그대로 두고 만들어진 새 도형을 선택하여 같은 방식의 회전이동을 2번 반복한다.

Step 14

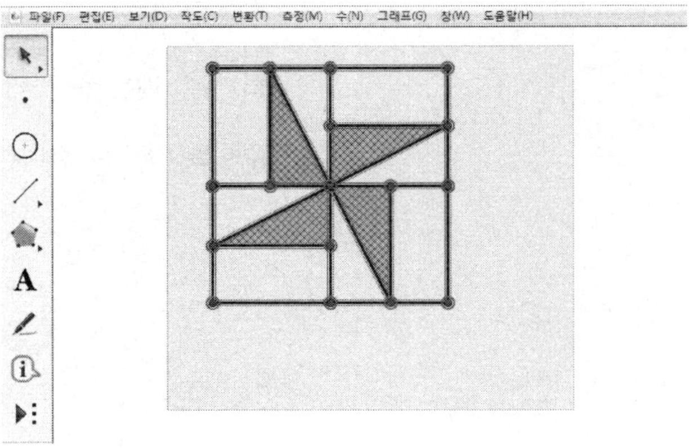

만들어진 규칙적인 무늬를 드래그하여 도형 전체를 선택한다.

Step 15

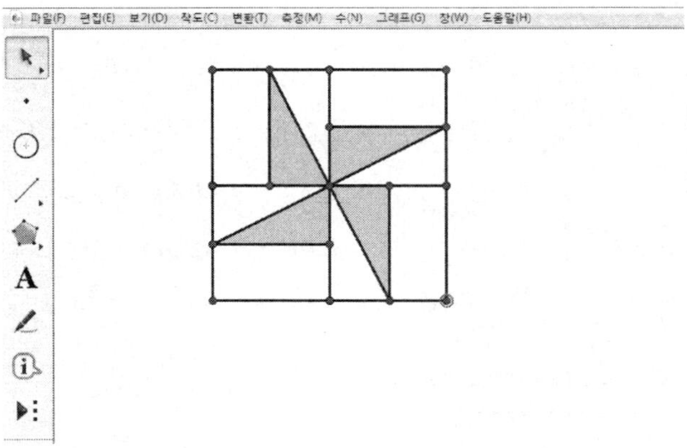

화살표 도구로 도형의 우측 하단의 점을 선택한다.

Step 16

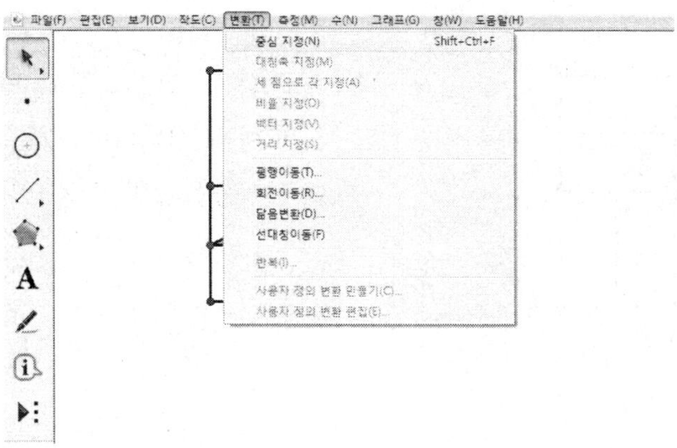

변환(T) 메뉴를 눌러 활성화된 **중심 지정(N)**을 선택한다.

Step 17

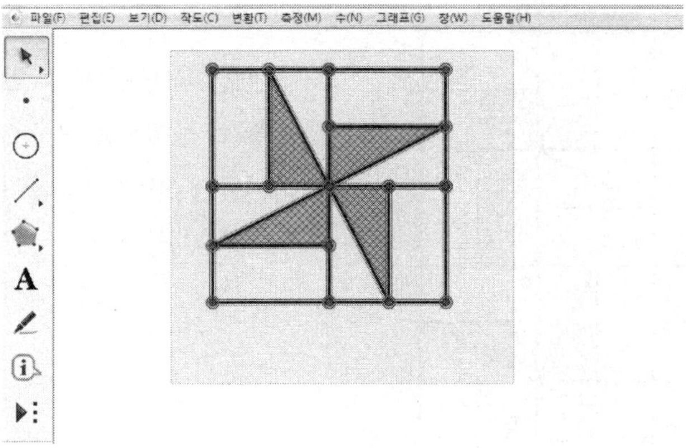

마우스로 드래그하여 전체 도형을 선택한다.

Step 18

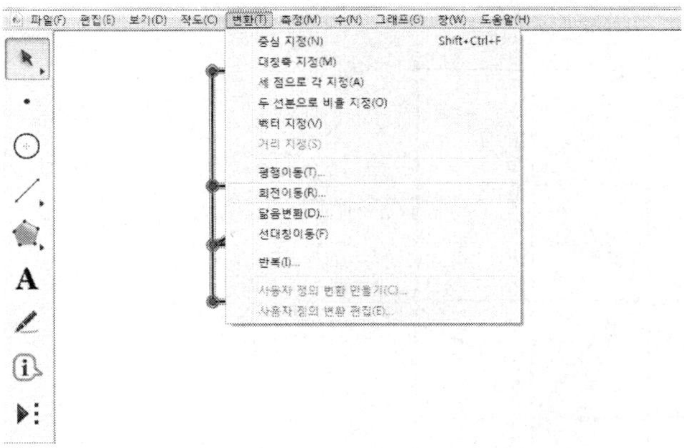

변환(T) **메뉴**를 눌러 활성화된 **회전이동(R)** 을 선택한다.

Step 19

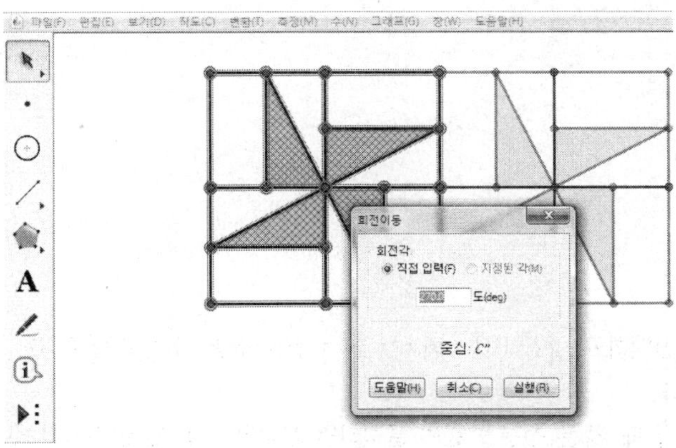

대화창에서 회전각을 직접 입력(F)으로 선택하고 270.0을 입력하고 **실행(R)** 을 눌러 도형을 시계방향으로 90°만큼 돌린다.

Step 20

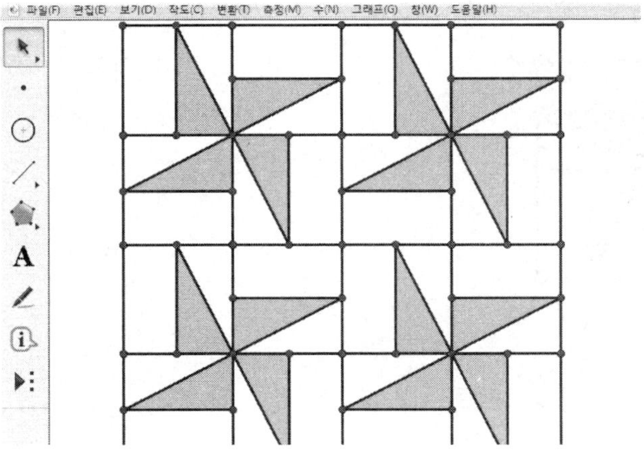

중심을 그대로 두고 만들어진 새 도형을 선택하여 같은 방식의 회전이동을 2번 반복하여 규칙적인 무늬를 완성한다.

Step 21

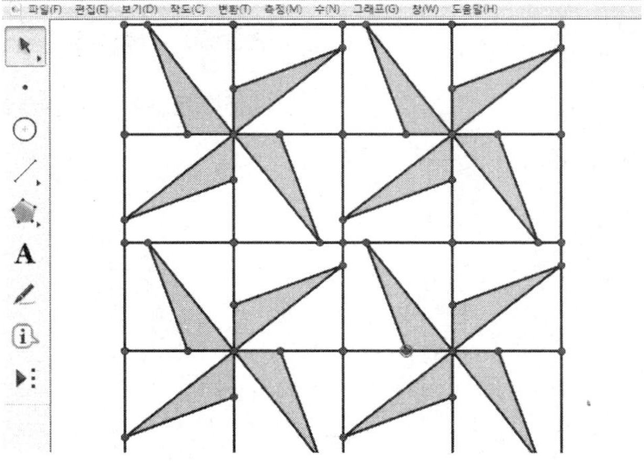

기본 도형의 모양을 변화시키면 무늬의 모양도 함께 변한다.

활용Tip

1. 삼각형의 세 점을 선택하고 작도(C) 메뉴를 눌러 활성화된 삼각형 내부(N) 를 선택할 때마다 색깔이 바뀐다.
2. 두 선분 개체가 겹칠 때, 짧은 선분을 한번 클릭하면 선택되고 두 번 클릭하면 긴 선분이 선택된다.

탐구 과제

〈보기〉도형을 사용하여 무늬를 만들려고 합니다. 밀기를 이용하여 무늬를 만들어 보시오.

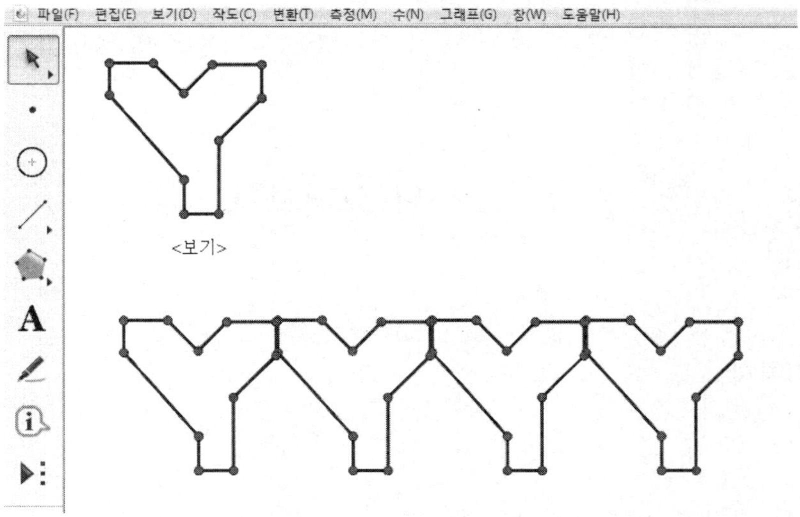

GSP 이해하기

〈내부〉

- 다각형과 도형의 내부는 GSP에서 면의 일부로 정의되는 개체이다. 도형의 내부는 GSP에서 개체로 인식하고 색과 함께 도형의 넓이와 둘레의 길이를 제공한다. 도형의 내부에 대한 둘레나 원의 내부에 대한 원주를 경로로 사용하여 그 위에 점을 작도하고 움직이게 할 수 있다. GSP에는 면으로 이루어진 네 종류의 내부(다각형, 원, 부채꼴, 활꼴)가 있다.

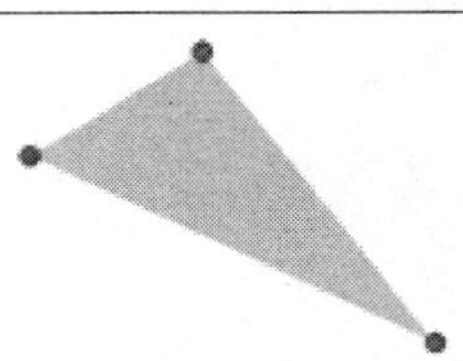	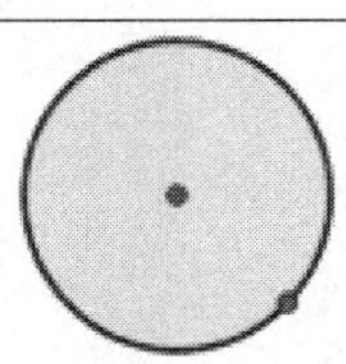	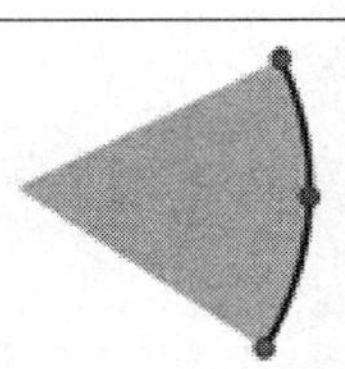	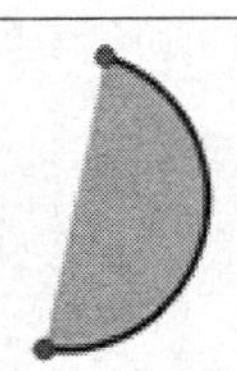
다각형의 내부	원의 내부	부채꼴의 내부	활꼴의 내부

원

원을 알 수 있다.

학습목표

활동 1 원 그려보기

원을 그려봅시다.

방법1 원 도구를 이용하여 원 그리기

활/용/기/능

Step 01

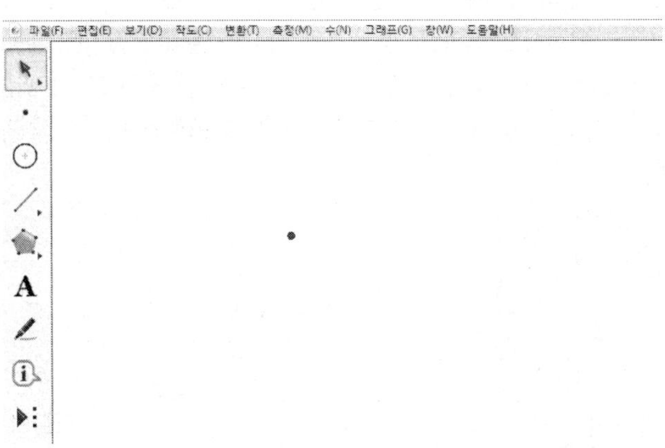

점 도구로 한 점을 그린다.

Step 02

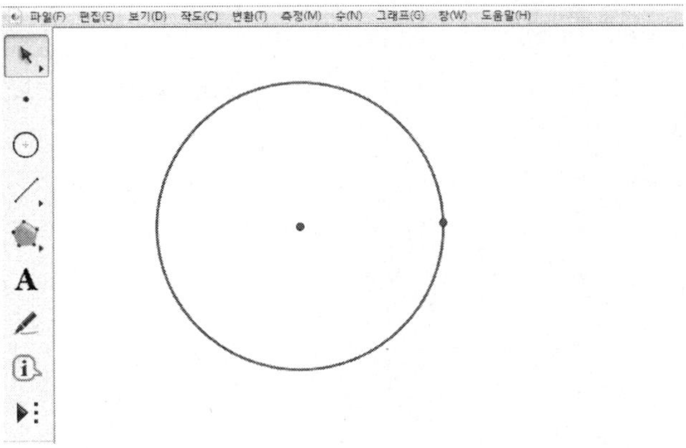

그려진 한 점을 이용하여 **원 도구**로 원을 그린다.

방법 2 중심과 반지름의 길이가 주어진 원 그리기

활/용/기/능

작도(C) | 중심과 반지름의 길이가 주어진 원(R)

Step 01

점 도구로 한 점을 그린다.

Step 02

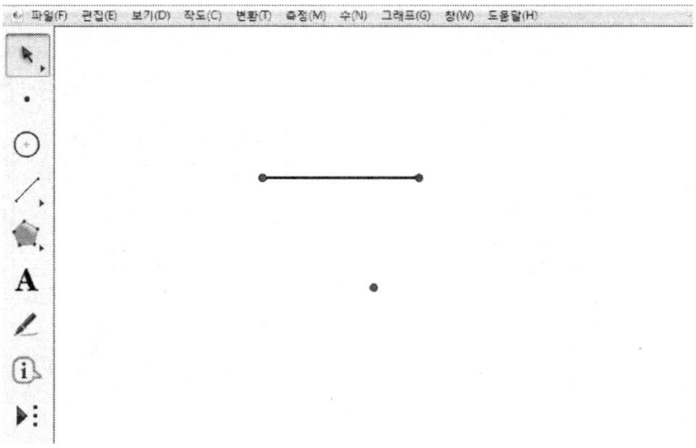

선분 도구로 선분을 그린다.

Step 03

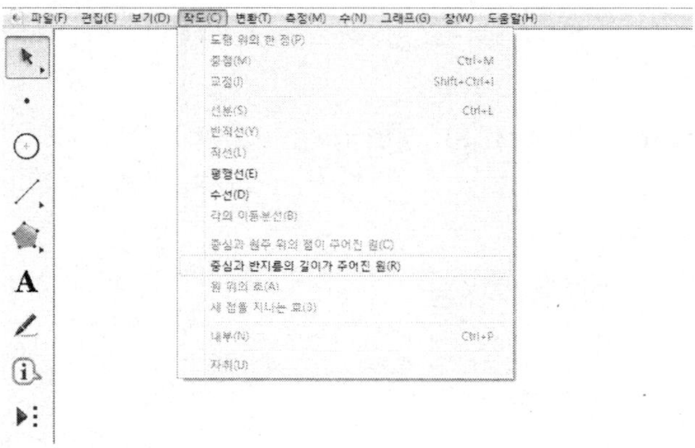

그려진 점과 선분을 활성화한 후, 작도(C) 메뉴에 있는 중심과 반지름의 길이가 주어진 원(R)을 선택한다.

Step 01

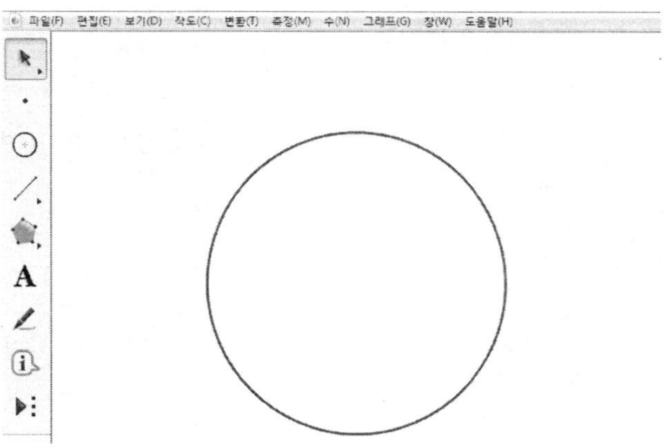

원이 완성된다.

활용Tip

1. 선분위의 한 점을 움직이면 원의 반지름의 길이가 달라진다.
2. 화살표 도구를 이용하여 원의 크기를 조절할 수 있다.

방법3 중심과 원의 둘레 위의 한 점이 주어진 원 그리기

활/용/기/능

• | 작도(C) | 중심과 원주 위의 점이 주어진 원(C)

Step 01

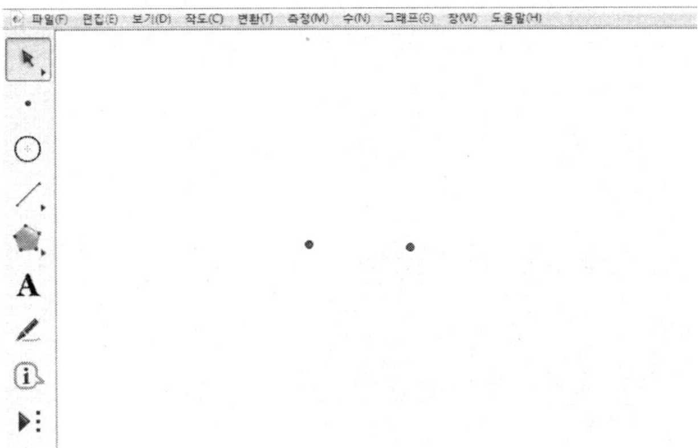

• **점 도구**로 점을 2개 그린다.

Step 02

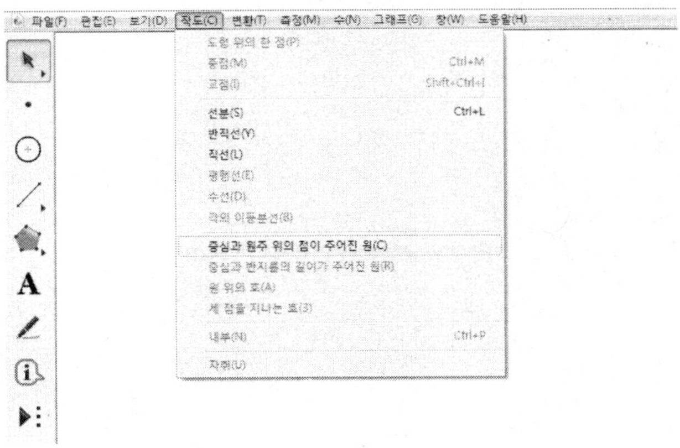

그려진 두 점을 활성화한 후,

작도(C) **메뉴**의

중심과 원주 위의 점이 주어진 원(C)

을 선택한다.

Step 03

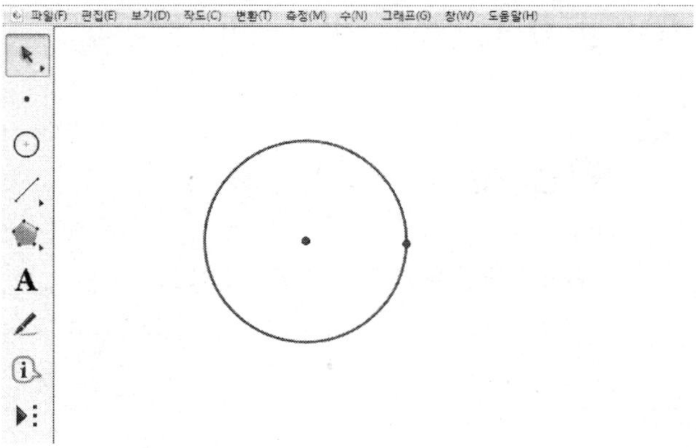

원의 중심과 원주 위의 점이 주어진 원이 완성된다.

탐구과제

원의 중심과 원 위의 한 점을 잇는 선분을 4개 그어 보시오.

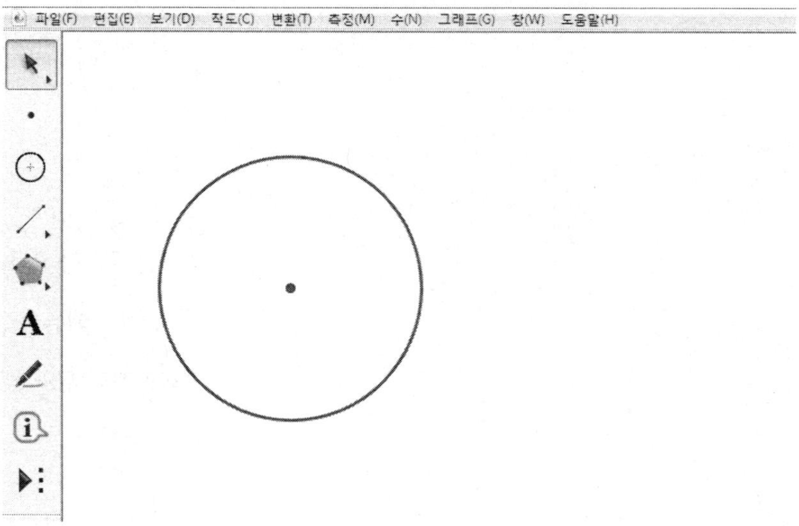

활용Tip

1. 두 점의 위치를 움직이면서 원의 크기를 조절할 수 있다.
2. 화살표 도구를 이용하여 원의 크기를 조절할 수 있다.

활동 1 원의 중심과 반지름 알아보기

반지름을 그려봅시다.

방법1 원 위의 한 점과 원의 중점을 이용한 반지름 그리기

활/용/기/능

Step 01

점 도구로 한 점을 그린다.

Step 02

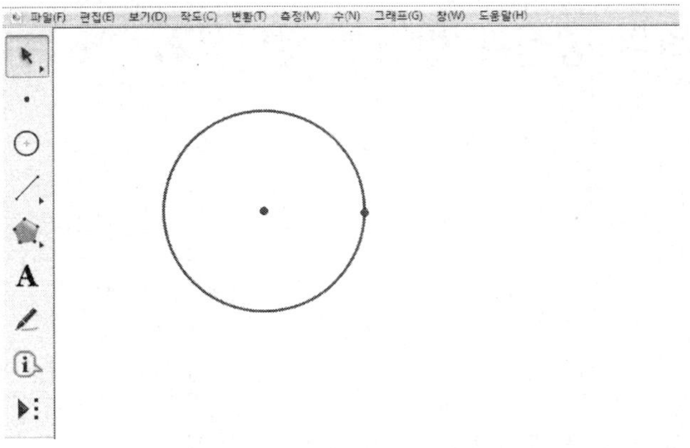

그려진 한 점을 원의 중심으로 선택하여, **원 도구**로 원을 그린다.

Step 03

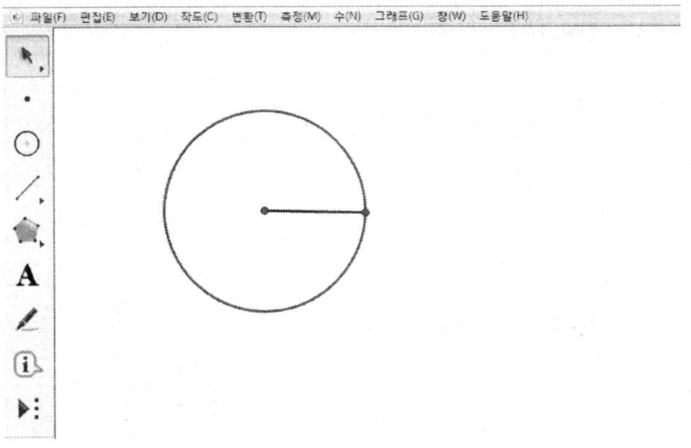

원의 중심이 되는 점과 원 위의 점을 **선분 도구**를 이용하여 연결하면 원의 반지름이 된다.

방법 2 원 위의 한 점과 원의 중점을 이용한 반지름 그리기

활/용/기/능

· ⊕ 작도(C) 원 위의 한 점(P) ╱

Step 01

· **점 도구**로 한 점을 그린다.

Step 02

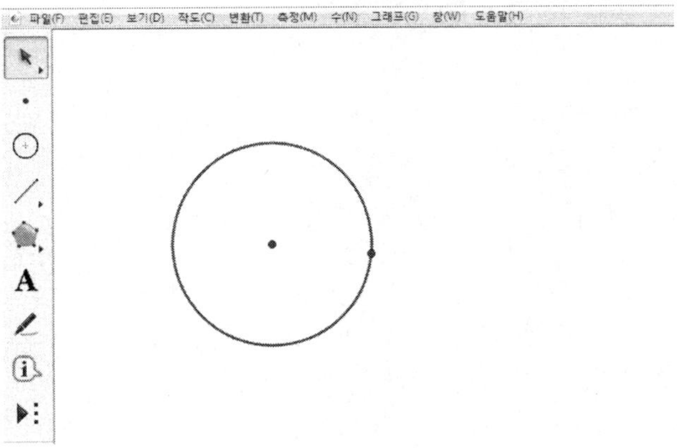

그려진 한 점을 원의 중심으로 선택한 후, ⊕ **원 도구**로 원을 그린다.

Step 03

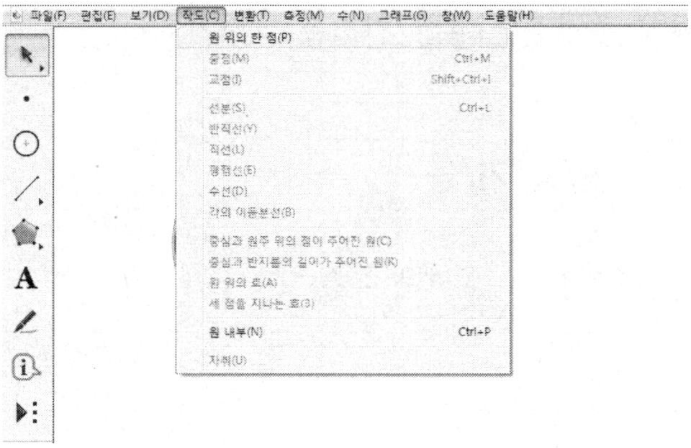

그려진 원을 활성화한 후, 작도(C) **메뉴**에 있는 원 위의 한 점(P) 을 선택한다.

Step 04

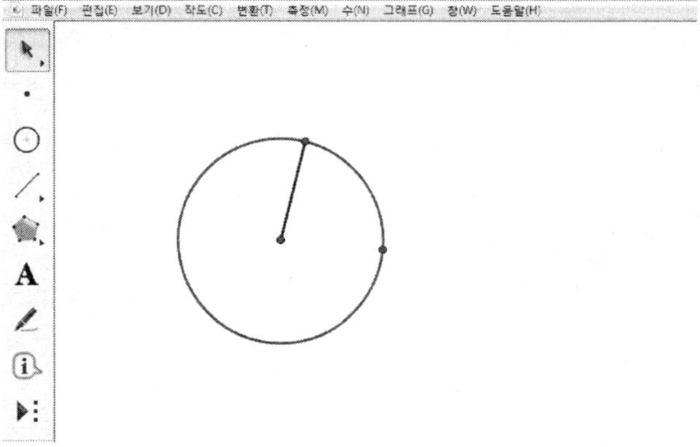

원 위에 나타난 점을 활성화한 후, **선분 도구**로 원의 중심을 연결한다.

활용Tip

1. 원 위의 한 점(P) 으로 생겨난 원 위의 한 점은 위치를 이동해도 원의 크기를 조절할 수 없다.
2. 화살표 도구를 이용하여 원의 크기를 조절할 수 있다.

원의 중심과 반지름이 무엇인지 설명해봅시다.

- 원의 가장 안쪽에 있는 점을 **원의 중심**이라 합니다.
- 원의 중심과 원 위의 한 점을 이은 선분을 **원의 반지름**이라고 합니다.
- 아래 그림에서 선분 AB는 원의 반지름입니다.

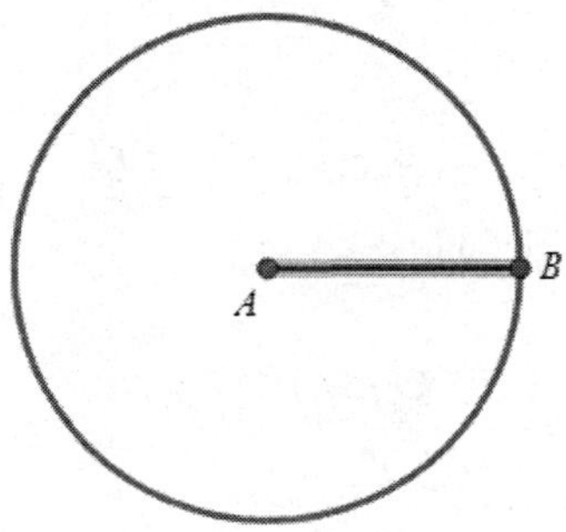

탐구 과제 원의 중심과 원 위의 한 점을 잇는 선분을 4개 그어 보시오.

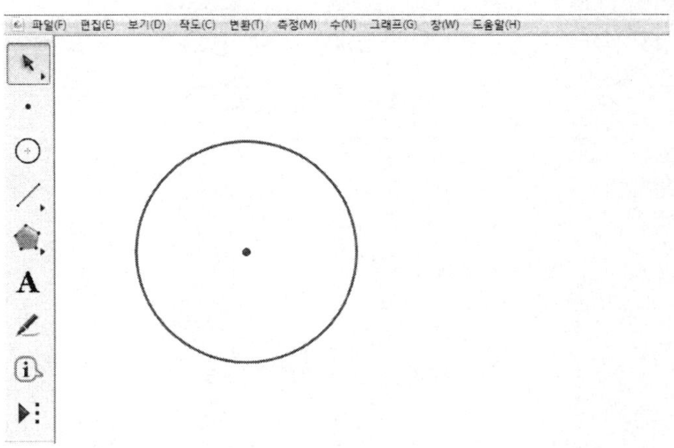

활동 3 원의 지름 알아보기

원의 지름을 그려봅시다.

방법1 원 위의 두 점을 잇는 선분과 그 수선을 이용하여 원의 지름 그리기

활/용/기/능

작도(C) | 원 위의 한 점(P) | 수선(D)

Step 01

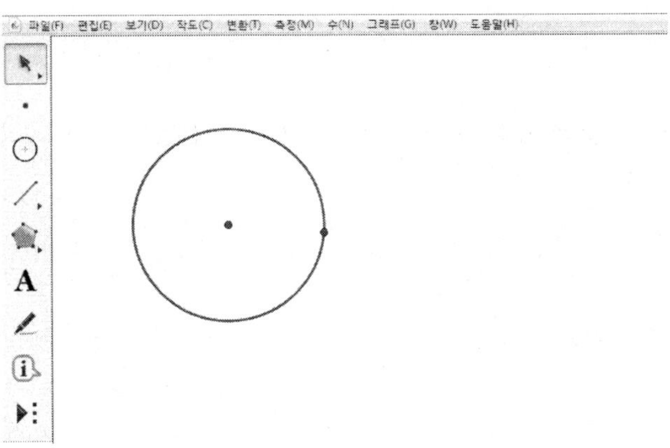

원 도구를 이용하여 원을 그린다.

Step 02

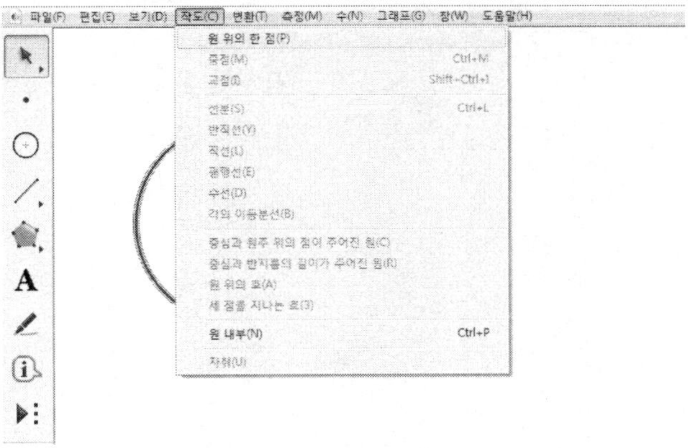

그려진 원을 활성화한 후, **작도(C)** **메뉴**에 있는 **원 위의 한 점(P)** 을 선택한다.

Step 03

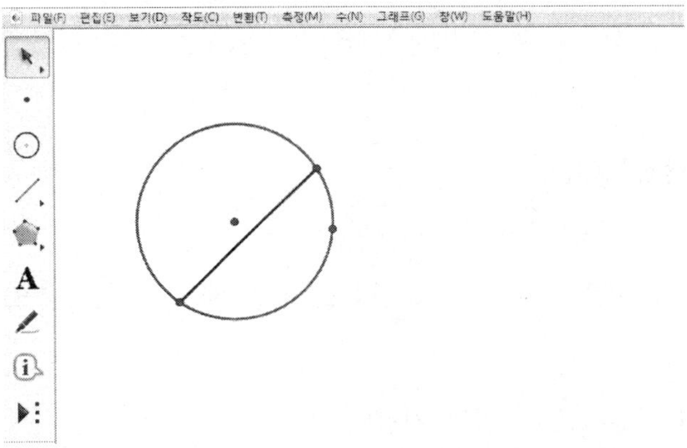

원 위의 한 점을 활성화한 후, **선분 도구**를 이용하여 원 위의 다른 한 점과 연결하는 선분을 만든다.

Step 04

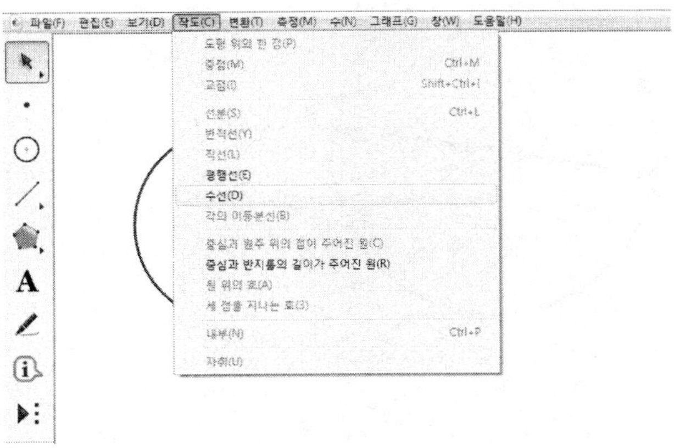

그려진 원 안의 선분과 원의 중점을 활성화한 후, **작도(C)** **메뉴**에 있는 **수선(D)** 를 선택한다.

Step 05

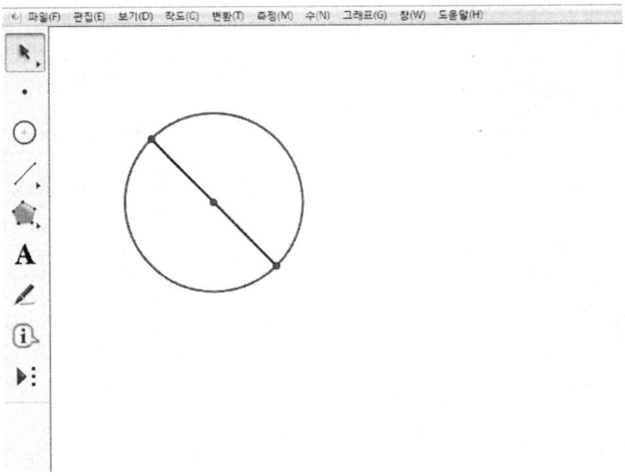

원의 중심을 지나는 수선이 원의 지름이 된다.

원의 지름이 무엇인지 설명해봅시다.

- 원 위의 두 점을 이은 선분이 원의 중심을 지날 때, 이 선분을 **원의 지름**이라고 합니다.
- 아래 그림에서 선분 AB는 원의 지름입니다.
- 원의 지름은 원을 똑같이 둘로 나눕니다.

활용Tip 1. 화살표 도구를 이용하여 원의 크기를 조절할 수 있다.

탐구 과제 2개의 원을 그리고 각 원의 지름을 연결한 직선을 그어 보시오.

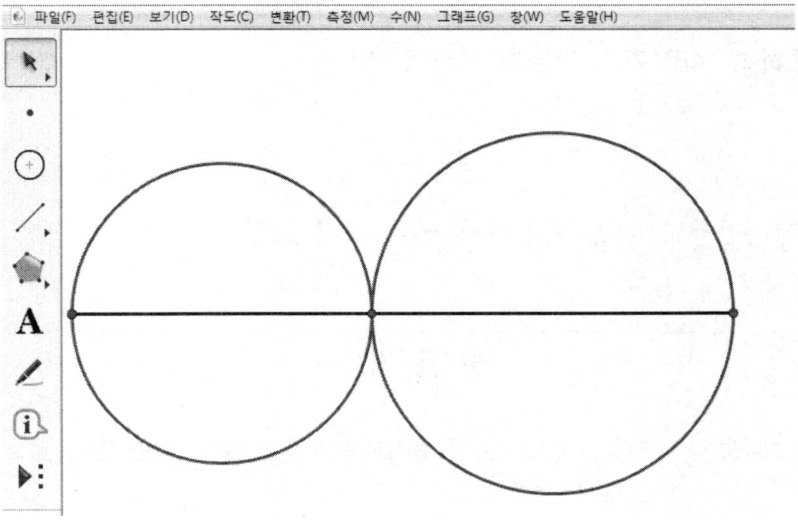

활동 4 원을 이용하여 여러 가지 모양 그려보기

원을 이용하여 여러 가지 모양을 그려봅시다.

방법1 정사각형과 원을 이용하여 여러 가지 모양 그리기

활/용/기/능

작도(C) 중점(M) 중심과 원주 위의 점이 주어진 원(C)

Step 01

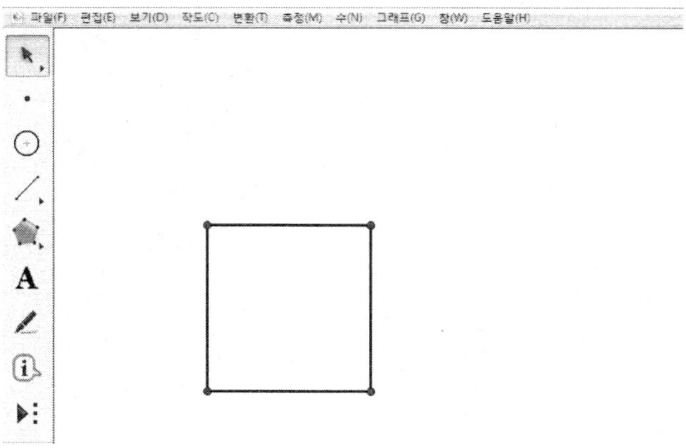

정사각형을 그린다.

Step 02

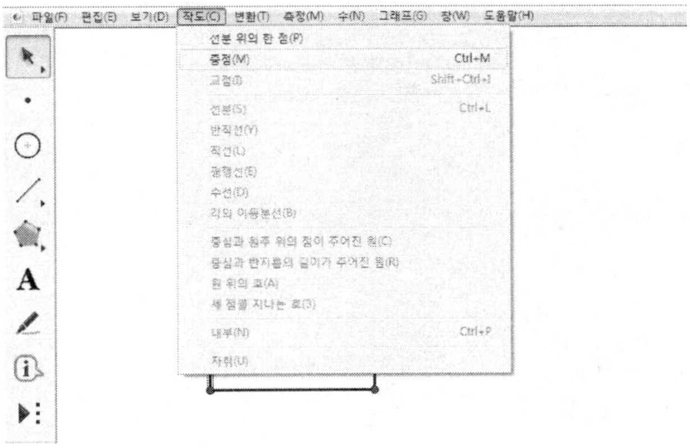

정사각형의 한 변을 활성화한 후, 작도(C) **메뉴**에 있는 중점(M) 을 선택한다.

Step 03

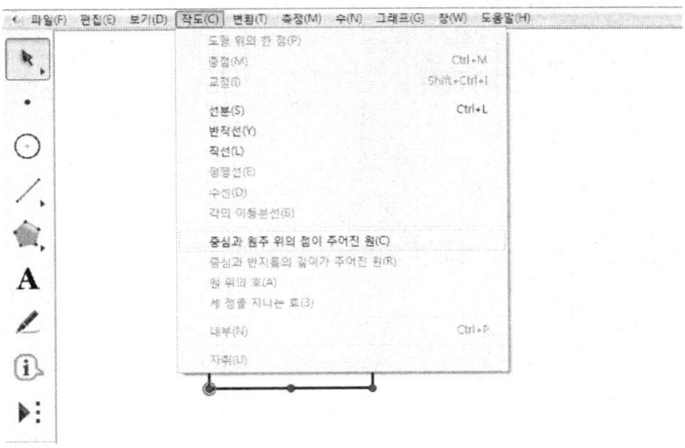

정사각형의 각 변에 생긴 중점과 꼭짓점을 이용하여 작도(C) **메뉴**에 있는 중심과 원주 위의 점이 주어진 원(C) 을 선택한다.

Step 04

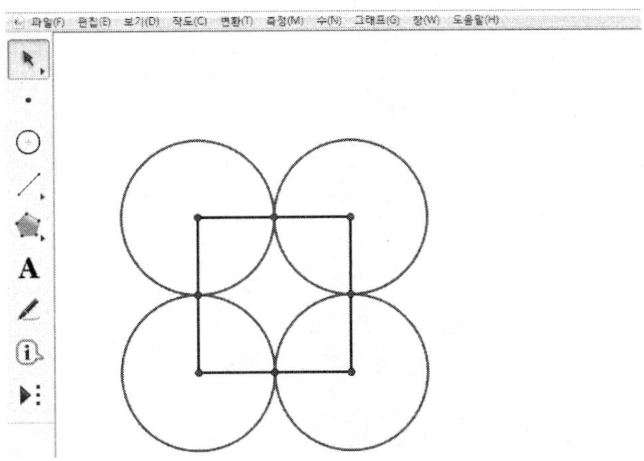

같은 방법으로 각 꼭짓점이 원의 중심이 되는 원을 그린다.

활용Tip

1. 중심과 원주 위의 점이 주어진 원(C) 을 이용하여 원을 그릴 때, 점을 찍은 순서에 따라 원의 중심, 원주 위를 지나는 점이 된다.

탐구 과제 원을 이용하여 다음과 같은 모양을 그려 보시오.

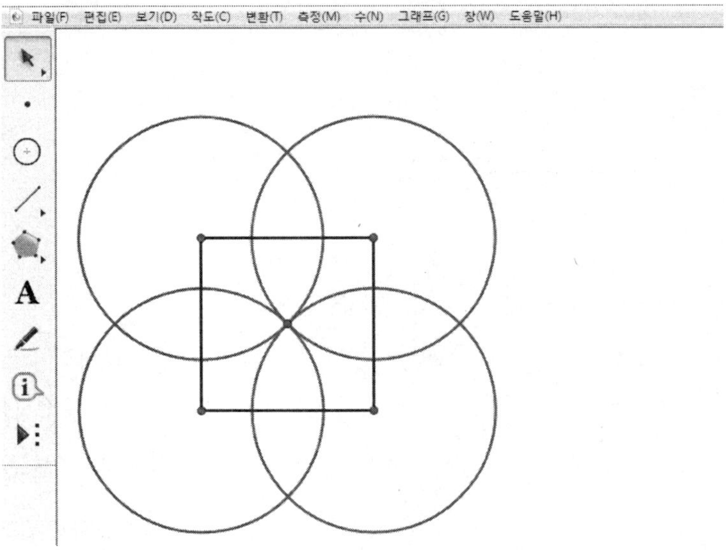

각도와 삼각형

각의 크기를 잴 수 있다. *학습목표*

활동 1 각의 크기 측정해보기

각의 크기를 측정해봅시다.

방법1 측정 메뉴를 이용하여 각의 크기 알아보기

활/용/기/능

측정(M) | 각의 크기(A)

Step 01

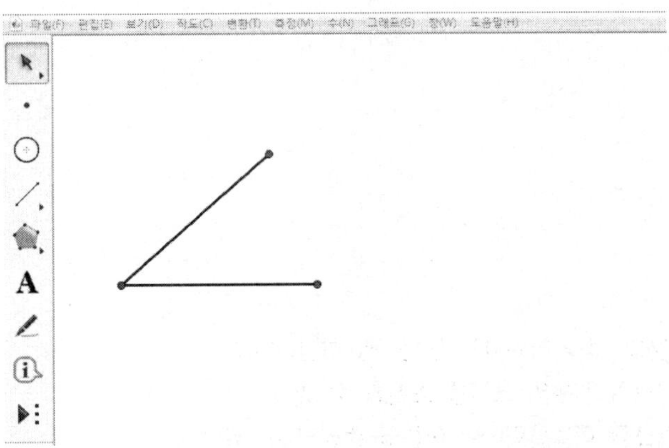

각을 그리기 위해서는 두 선분이 필요하다. **선분 도구**로 두 선분을 그린 후, **화살표 도구**로 두 선분을 선택한다.

Step 02

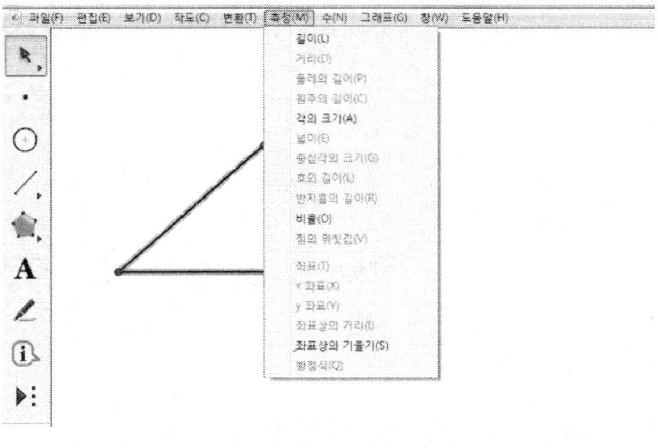

두 선분을 선택 후, 메뉴에 있는 **측정(M)** 을 클릭한다. 측정 메뉴에 있는 **각의 크기(A)** 를 선택한다.

Step 03

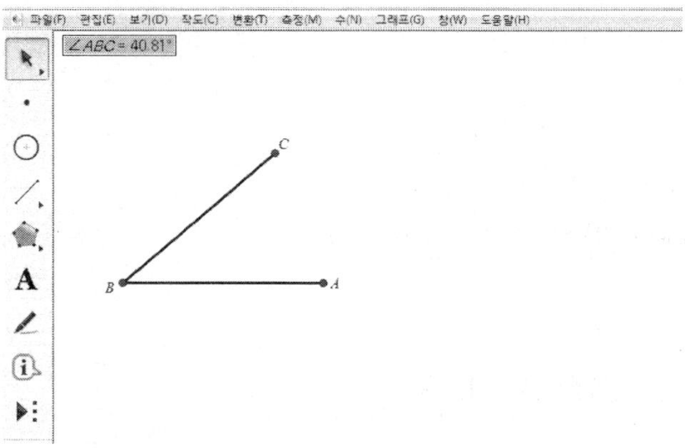

측정(M) **메뉴**에 있는 **각의 크기(A)** 를 선택하면 각의 크기가 GSP 화면의 왼쪽 상단에 나타난다.

활용Tip

1. Shift를 누르고 선분의 점을 이동시키면 15°씩 회전한다.
2. 화살표 도구를 이용하여 선분의 크기를 조절할 수 있다.
3. 화살표 도구로 이름표를 더블클릭하면 이름을 수정할 수 있다.

각도가 무엇인지 설명해봅시다.

- 각의 크기를 **각도**라고 합니다.
- 각도를 나타내는 단위에는 **1도**가 있습니다.
- 직각을 똑같이 90으로 나눈 하나를 **1도**라 하고, 1°라고 씁니다.
- 직각은 90°입니다.

탐구 과제 두 선분을 이용하여 하나의 각을 그려봅시다.

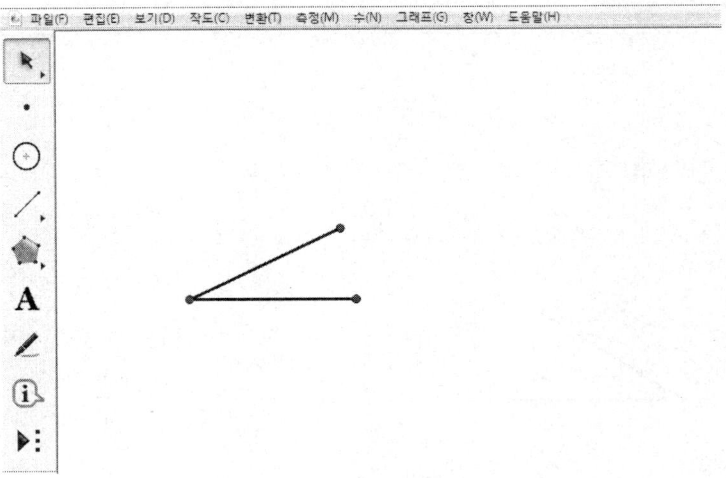

각의 크기에 따라 둔각, 예각, 직각을 그릴 수 있다. **학습목표**

활동 1 각의 크기에 따라 둔각, 예각, 직각 분류해보기

각의 크기에 따라 분류해봅시다.

방법1 둔각, 예각, 직각 그려보기

활/용/기/능

작도(C) | 선분 위의 한 점(P) | 수선(D)

Step 01

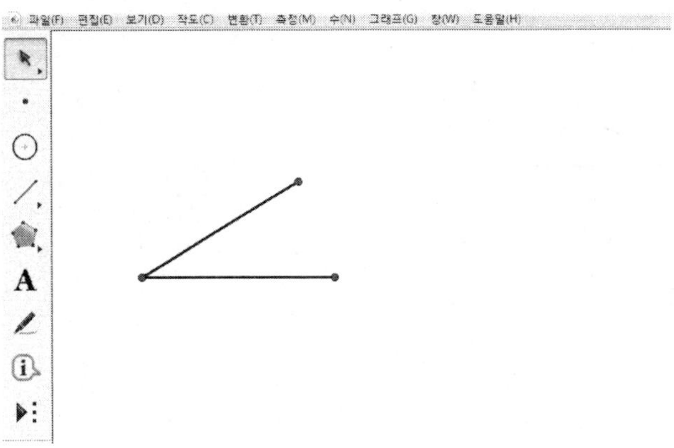

각을 그리기 위해서는 두 선분이 필요하다. **선분 도구**로 두 선분을 이용하여 예각을 간단하게 나타낼 수 있다.

Step 02

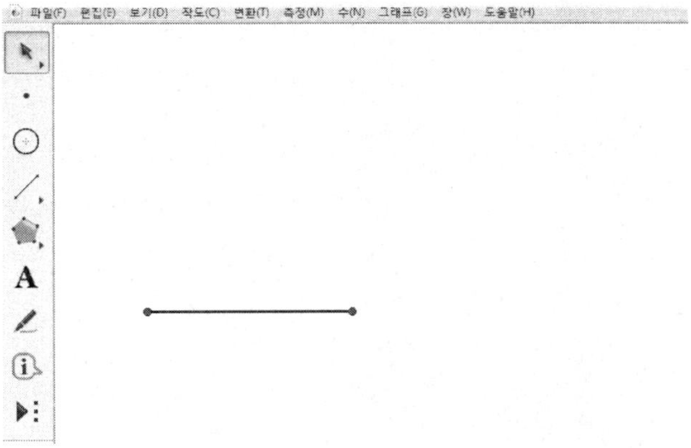

선분 도구로 하나의 선분을 그린다.

Step 03

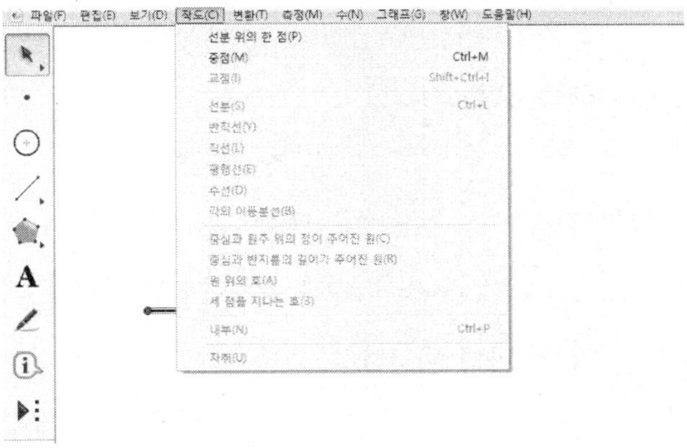

하나의 선분을 그린 후, 선분 위의 한 점을 **점 도구**를 이용하여 임의로 정하거나, 그려진 선분을 활성화 시켜 작도(C) **메뉴**에 있는 선분 위의 한 점(P) 을 클릭한다.

Step 04

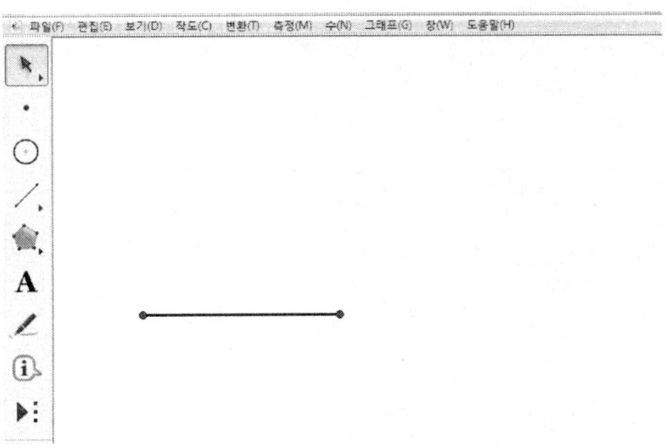

GSP 화면에 나타나 있는 선분과 선분 위의 한 점을 활성화 시킨 후, 작도(C) **메뉴**에 있는 수선(D) 를 클릭하여 직각을 나타낼 수 있다.

Step 05

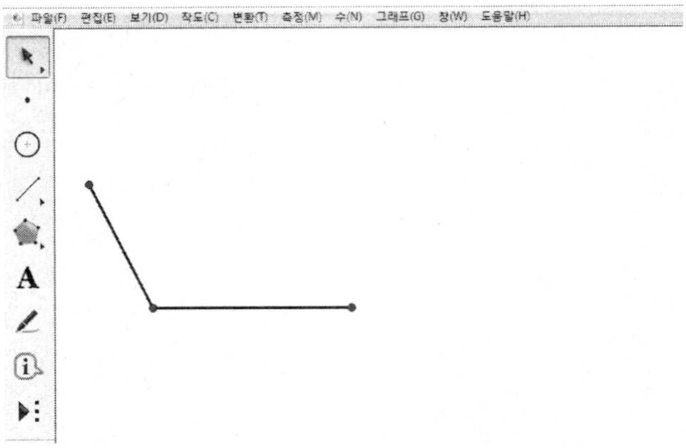

각을 그리기 위해서는 두 선분이 필요하다. **선분 도구**로 두 선분을 이용하여 둔각을 간단하게 나타낼 수 있다.

둔각, 예각, 직각이 무엇인지 설명해봅시다.

- 크기가 0°보다 크고 직각보다 작은 각을 **예각**이라고 합니다.
- 크기가 직각보다 크고 180°보다 작은 각을 **둔각**이라고 합니다.
- 크기가 90°인 각을 **직각**이라고 합니다.

탐구 과제 변환 메뉴의 회전이동을 이용하여 예각, 둔각, 직각을 나타내봅시다.

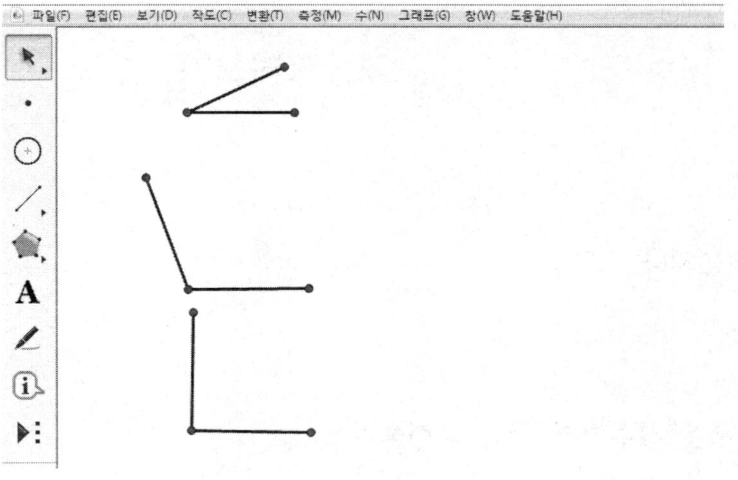

직각을 그릴 수 있다. **학습목표**

활동 1 직각 그려보기

직각을 그려봅시다.

방법1 도구를 이용하여 직각 그려보기

활/용/기/능

Step 01

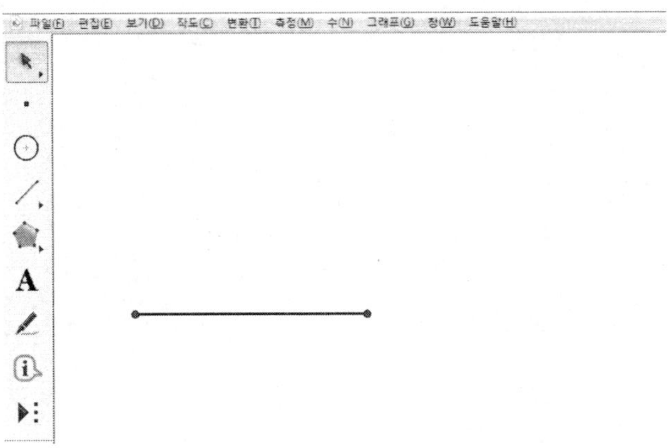

선분 도구로 하나의 선분을 그린다.

Step 02

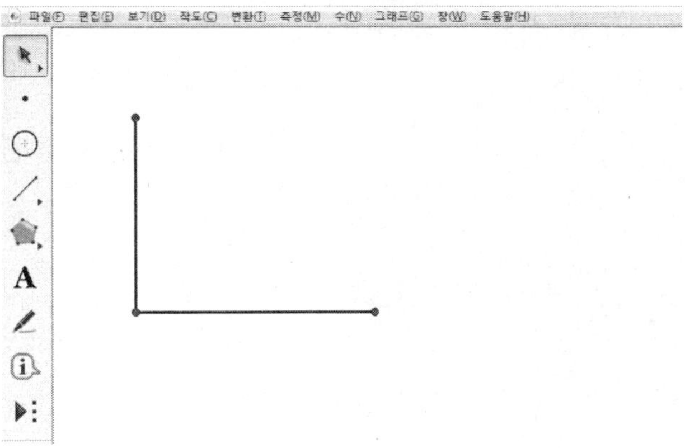

선분 도구로 그려진 하나의 선분의 양 끝점 중 하나를 활성화시킨 후, Shift 키를 이용하여 직각을 만드는 선분을 그린다.

방법 2 측정 메뉴를 이용하여 직각 그려보기

활/용/기/능

변환(T) 회전이동(R)

Step 01

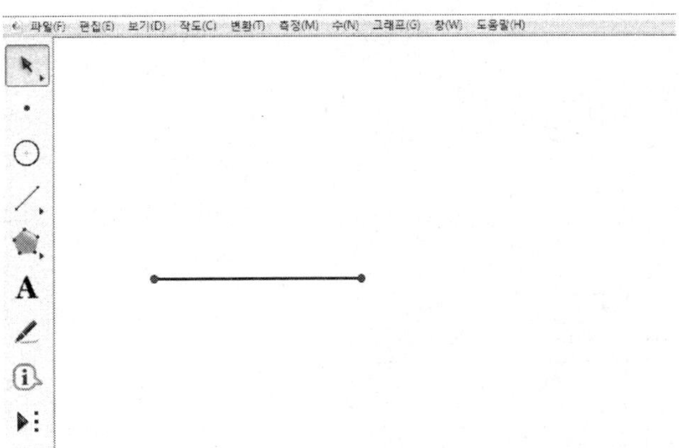

선분 도구로 하나의 선분을 그린다.

Step 02

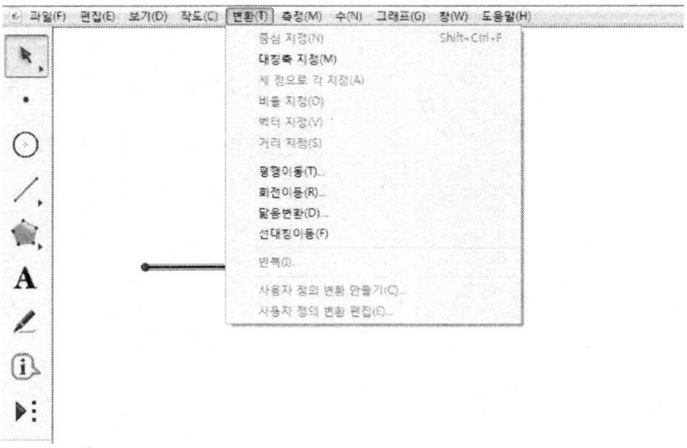

그려진 선분을 활성화한 후, **변환(T)** **메뉴**를 클릭한다.

Step 03

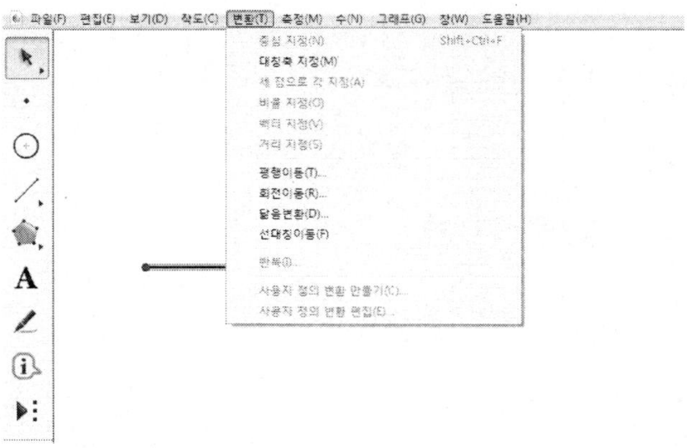

그려진 선분을 활성화한 후, **변환(T)** **메뉴**에 있는 **회전이동(R)** 을 클릭한다.

Step 04

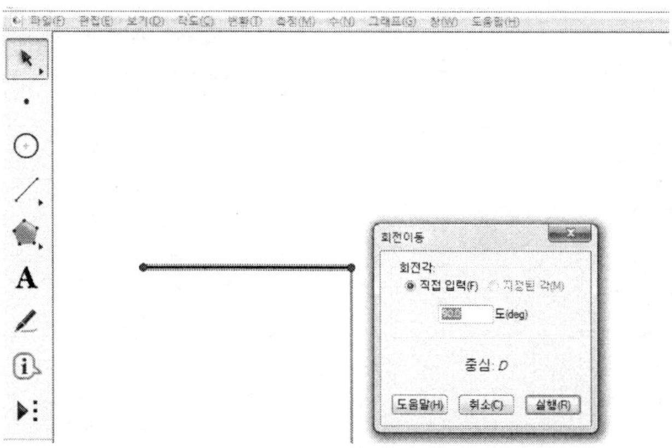

회전이동(R) 을 클릭하면 나타나는 입력창에 90을 입력하고 실행을 클릭한다.

Step 05

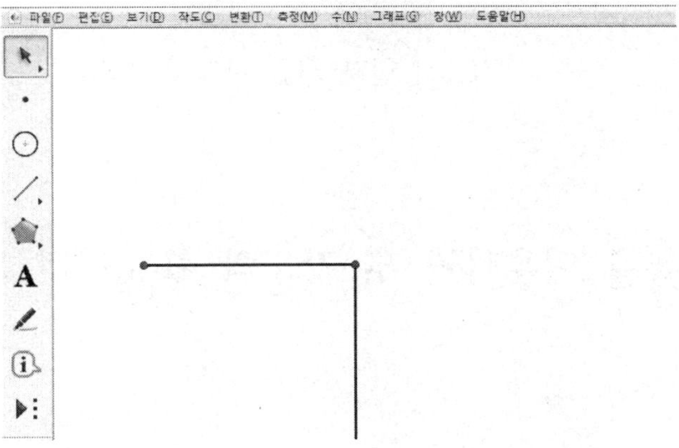

크기가 90°인 직각이 나타난다.

활용Tip 1. Shift를 누르고 선분의 점을 이동시키면 15°씩 회전하므로 하나의 선분과 직각이 되는 다른 선분을 손쉽게 그릴 수 있다.

각도의 합과 차를 구할 수 있다. **학습목표**

활동 1 계산 메뉴를 이용하여 두 각도의 합 구하기

계산 메뉴를 이용하여 두 각도의 합을 알아봅시다.

방법1 계산 메뉴를 이용하여 두 각도의 합 알아보기

활/용/기/능

측정(M) | 각의 크기(A) | 수(N) | 계산(U)

Step 01

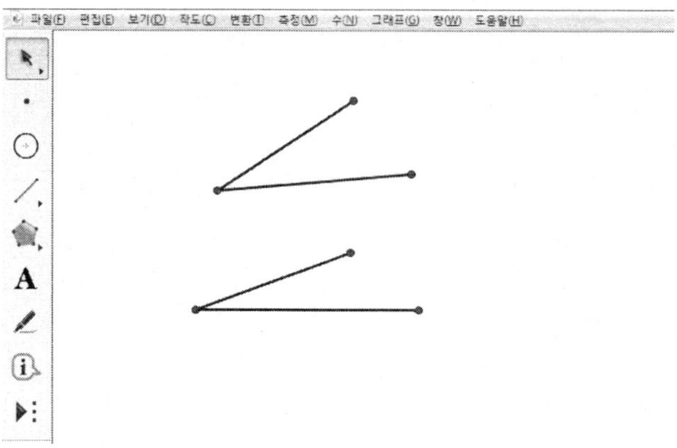

선분 도구로 그린 직선들을 이용하여 두 각을 그린다.

Step 02

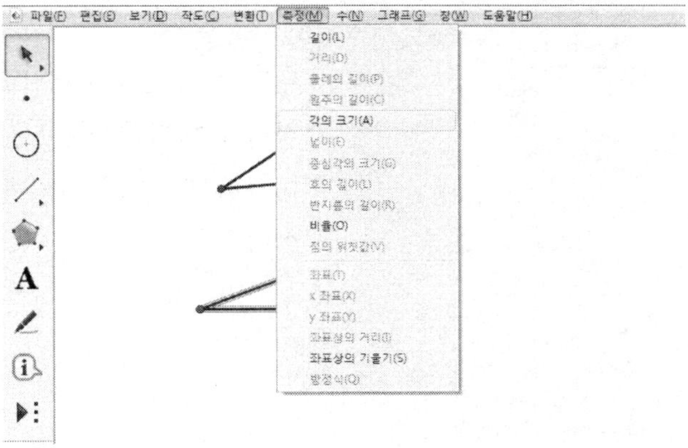

하나의 각 크기를 알기 위해 측정(M) **메뉴**에 있는 각의 크기(A) 를 클릭한다.

Step 03

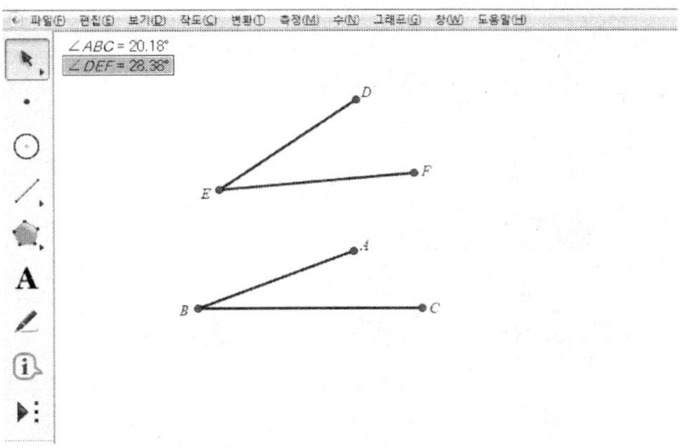

나머지 하나의 각 크기를 알기 위해 다른 각을 활성화 시킨 뒤 측정(M) **메뉴**에 있는 각의 크기(A) 를 클릭한다.

Step 04

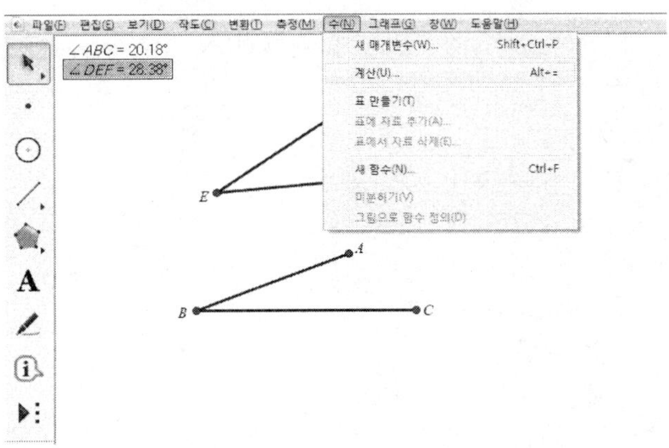

구해진 각의 크기를 더하거나 빼기 위해 수(N) **메뉴**에 있는 계산(U) 을 클릭한다.

Step 05

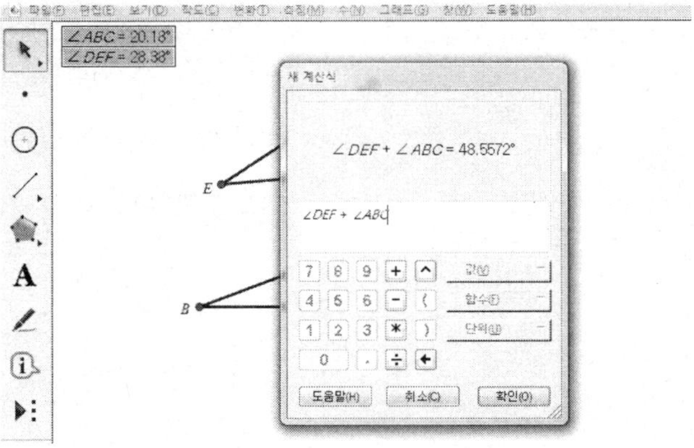

나타난 계산식에 GSP 화면 좌측 상단에 나타나 있는 두 개의 각을 더하면 두 각의 크기 합을 알 수 있다.

방법 2 점 병합을 이용하여 두 각도의 합 알아보기

활/용/기/능

변환(T) 회전이동(R) 편집(E) 점 병합(M)

Step 01

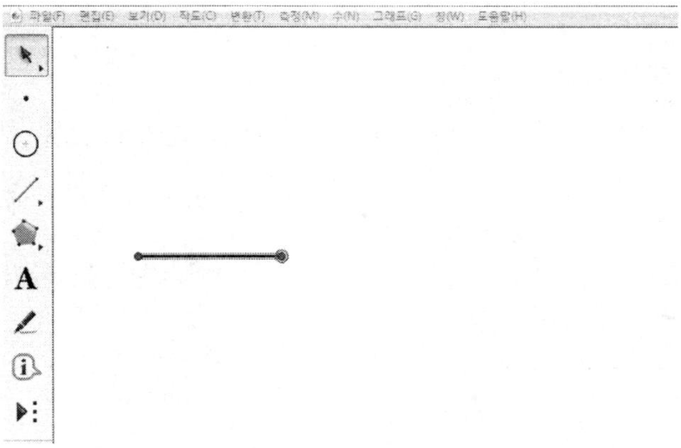

선분 도구로 하나의 선분을 그린다.

Step 02

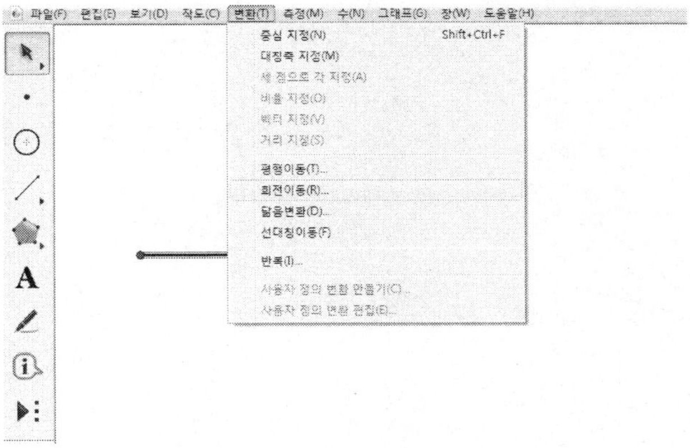

변환(T) 메뉴에 있는 **회전이동(R)** 을 선택한다.

Step 03

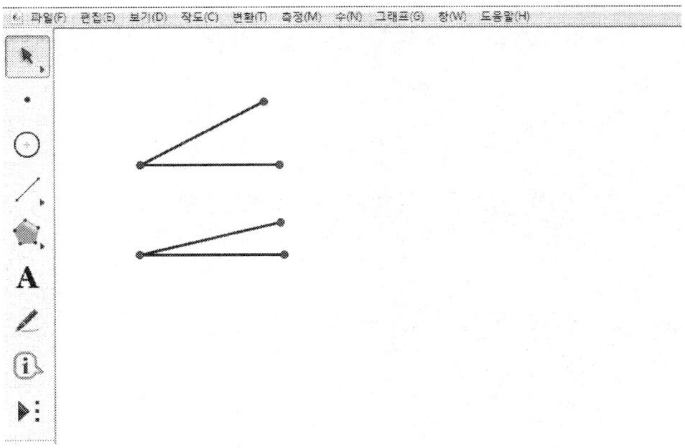

회전이동창이 뜨면 임의의 각을 입력한 후 확인을 누르면 하나의 각을 가지는 두 선분이 완성된다. 각의 합을 알아보기 위해 같은 방법으로 하나의 각을 가지는 두 선분을 하나 더 만든다.

Step 04

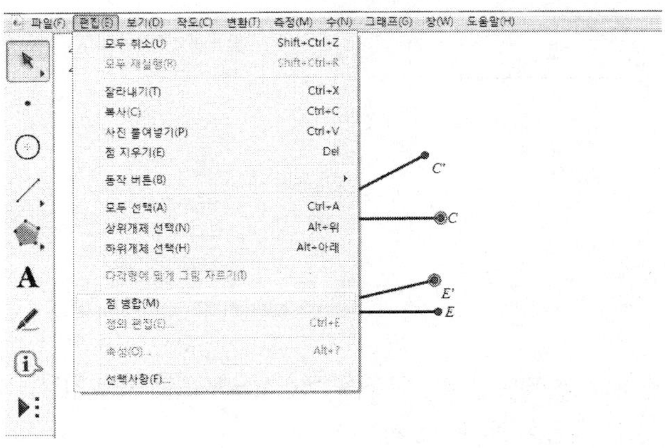

각의 합을 알기 위해 Step 3에 그려진 각들의 크기를 나타낸 뒤, 각들의 점을 활성화하여 **편집(E)** 메뉴에 있는 **점 병합(M)** 을 선택한다.

Step 05

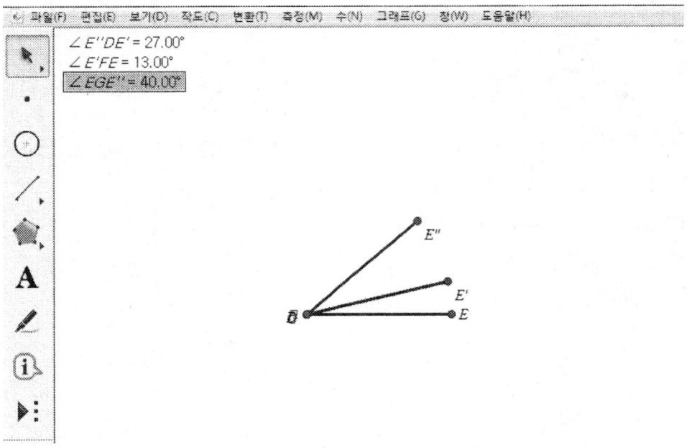

각을 나타내는 점들을 활성화하여 병합을 시킨 후, 합쳐진 각을 구한다.

탐구과제

점 병합을 이용하여 40°의 각과 20°을 합친 각을 나타내봅시다.

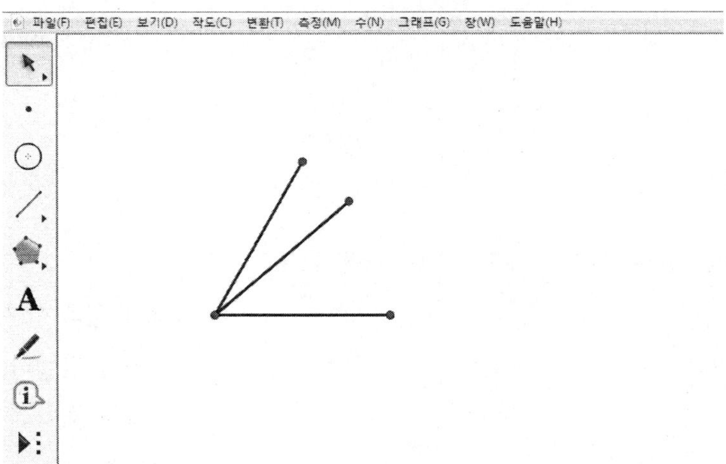

활용Tip

1. 회전이동을 할 때, 선분의 양 끝점 중에서 한 점을 변환메뉴에 있는 중심 지정을 하지 않고 마우스 더블클릭으로 중심 지정을 할 수 있다.
2. 점 병합을 할 때, 선분의 중심 지정을 하지 않으면 점 병합에 이용되는 점들만 이동한다.

활동 2 두 각의 합과 차 구하기

두 각도의 차를 알아봅시다.

방법1 계산 메뉴를 이용하여 두 각도의 차 알아보기

활/용/기/능

측정(M) | 각의 크기(A) | 수(N) | 계산(U)

Step 01

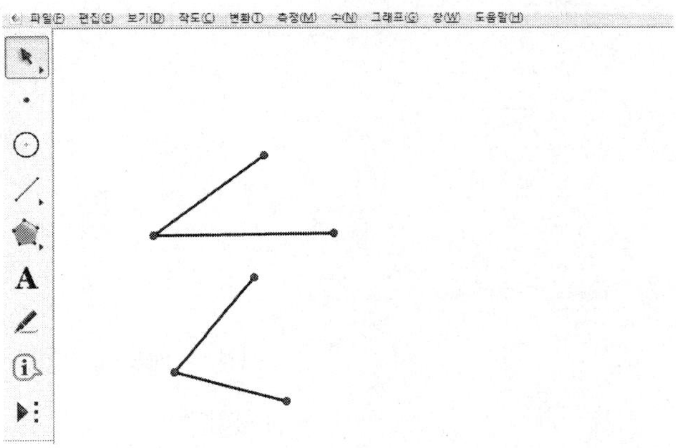

선분 도구로 그린 직선들을 이용하여 두 각을 그린다.

Step 02

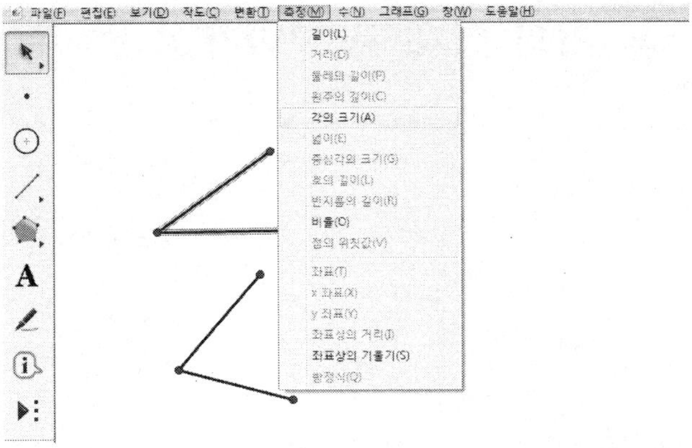

그려진 2개의 각 중 하나를 활성화하여 **측정(M)** **메뉴**에 있는 **각의 크기(A)** 를 클릭한다.

Step 03

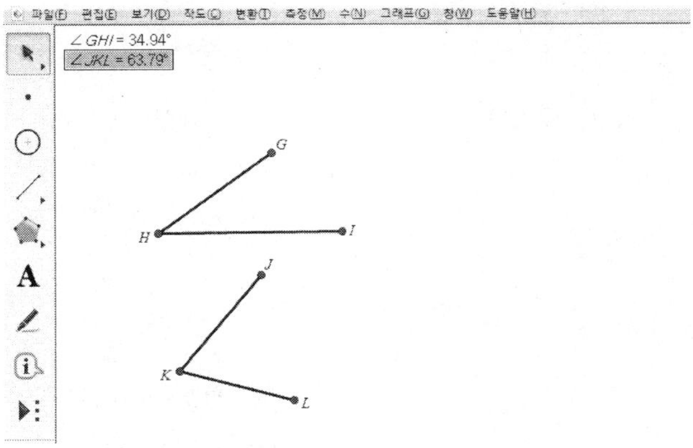

나머지 각 하나를 활성화하여 **측정(M)** **메뉴**에 있는 **각의 크기(A)** 를 클릭하면 GSP 화면 좌측 상단에 2개의 각 크기가 나타난다.

Step 04

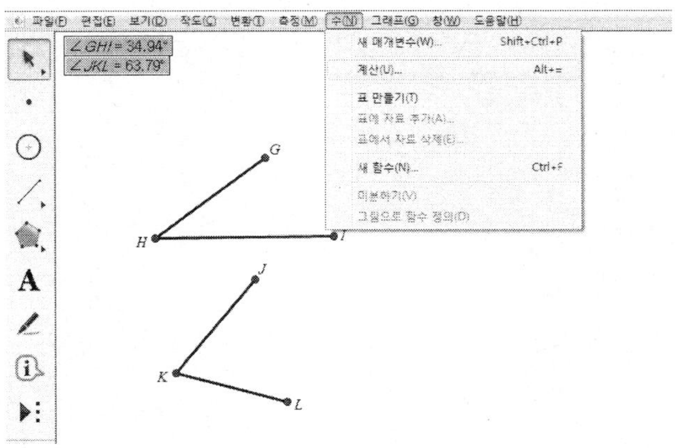

수(N) **메뉴**에 있는 **계산(U)** 을 클릭한다.

Step 05

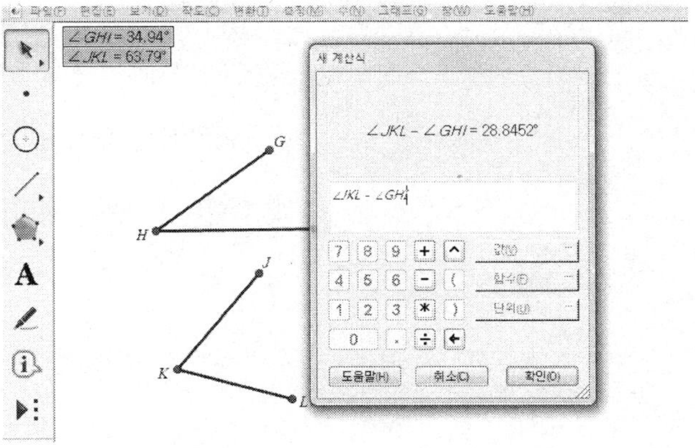

계산식 창이 뜨면 큰 각에서 작은 각을 빼주면 각도의 차이를 알 수 있다.

방법 2 점 병합을 이용하여 두 각도의 차 알아보기

활/용/기/능

선분 도구 | 변환(T) | 회전이동(R) | 편집(E) | 점 병합(M)

Step 01

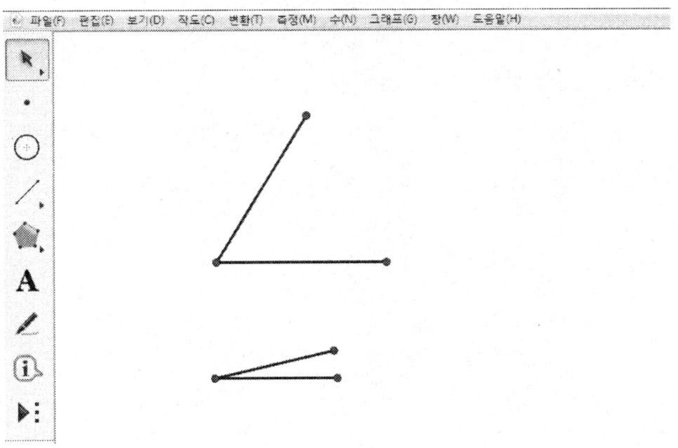

선분 도구와 변환(T) **메뉴**에 있는 회전이동(R) 을 이용하여 그린 직선들로 두 각을 나타낸다.

Step 02

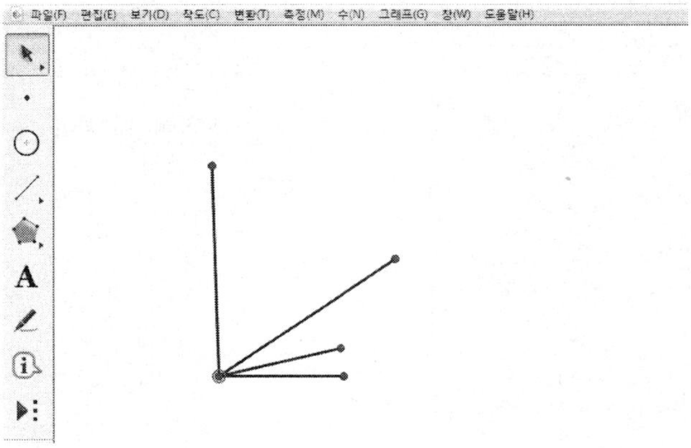

각을 나타내는 점들을 활성화한 뒤, **편집(E)** **메뉴**에 있는 **점 병합(M)** 을 선택한다.

Step 03

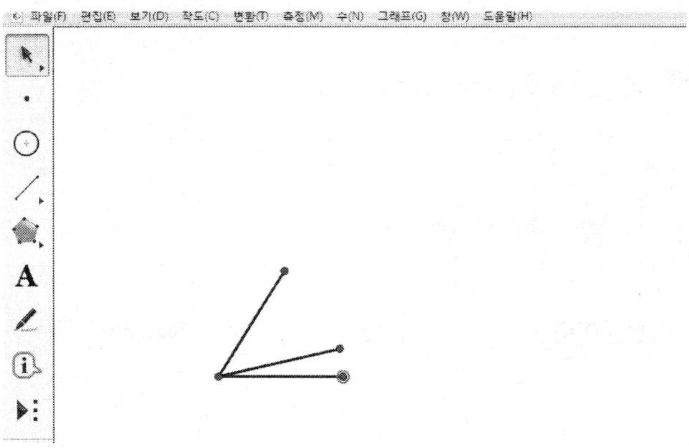

아래의 선분을 겹치게 하여 각의 차이를 나타내야 하므로 아래 선분의 끝점들을 활성화하여 **편집(E)** **메뉴**에 있는 **점 병합(M)** 을 통해 병합한다.

Step 04

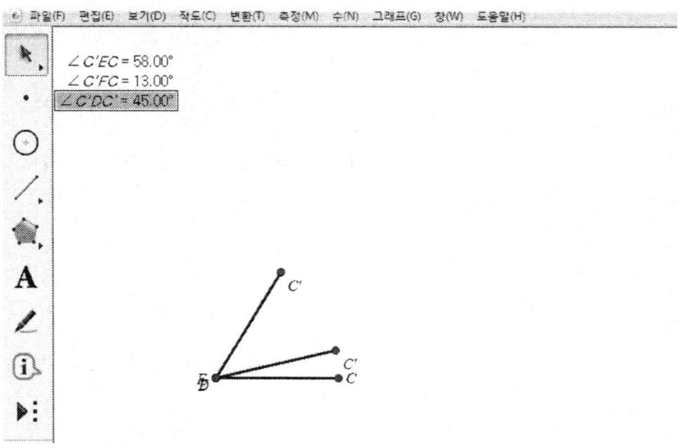

점 병합을 이용하여 두 각의 차이를 나타낼 수 있다.

삼각형의 세 각의 크기의 합을 알 수 있다. **학습목표**

활동 1 삼각형 세 각의 크기의 합 알아보기

삼각형의 세 각의 크기 합을 알아봅시다.

방법1 계산 메뉴를 이용하여 삼각형의 세 각의 크기 합 알아보기

활/용/기/능

측정(M) | 각의 크기(A) | 수(N) | 계산(U)

Step 01

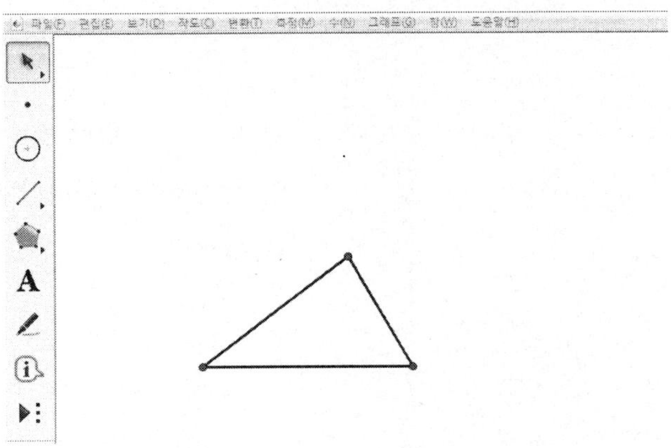

선분 도구를 이용하여 삼각형을 그린다.

Step 02

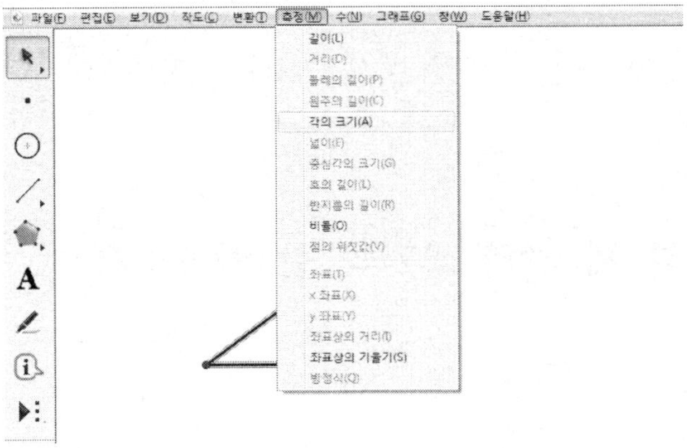

삼각형의 각 중 하나를 알아보기 위해 한 각을 이루는 삼각형의 두 변을 활성화한 후, **측정(M) 메뉴**에 있는 **각의 크기(A)**를 클릭한다.

Step 03

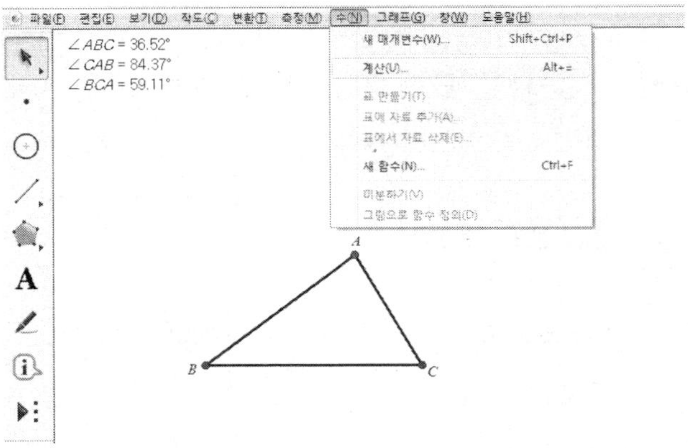

STEP 2의 방식으로 삼각형의 세 각을 구한 다음, **수(N) 메뉴**에 있는 **계산(U)**을 클릭한다.

Step 04

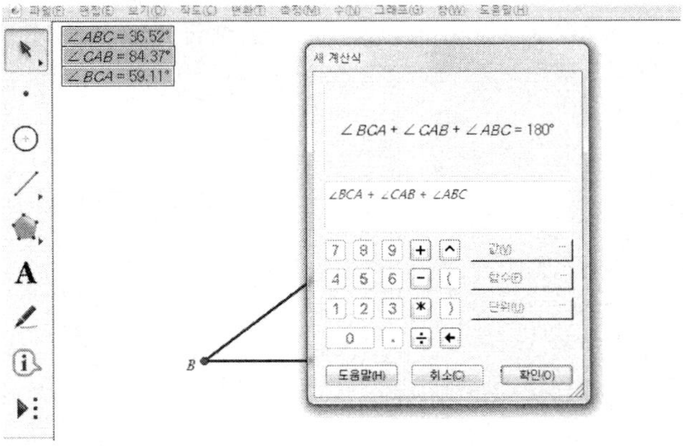

계산식 창이 나타나면 GSP 화면의 좌측상단에 나타나 있는 세 각을 합한다.

방법 2 벡터지정을 이용하여 삼각형의 세 각의 크기 합 알아보기

활/용/기/능

변환(T) 중심 지정(N) 회전이동(R) 벡터 지정(V) 평행이동(T)

Step 01

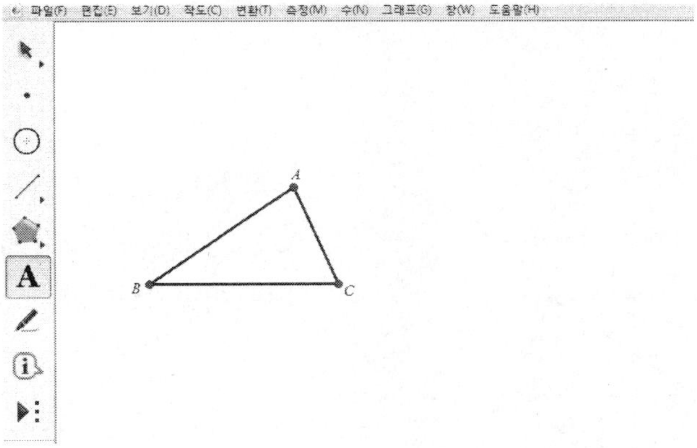

선분 도구를 이용하여 삼각형을 그린다.

Step 02

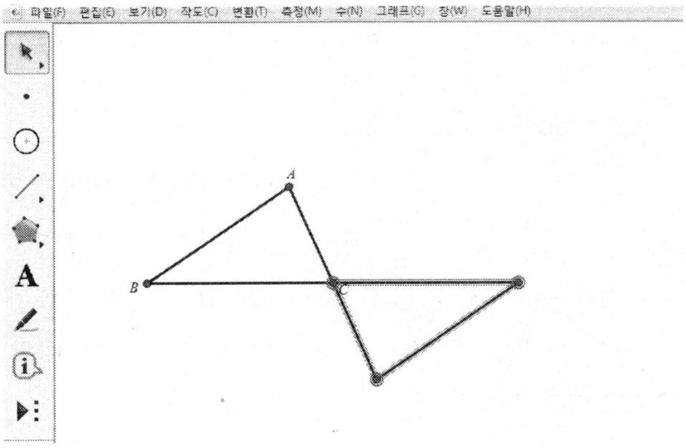

삼각형의 각 중 하나를 **변환(T) 메뉴**의 **중심 지정(N)**을 선택하여 중심축으로 잡은 후, **변환(T) 메뉴**에 있는 **회전이동(R)** 선택하여 180을 입력한다.

Step 03

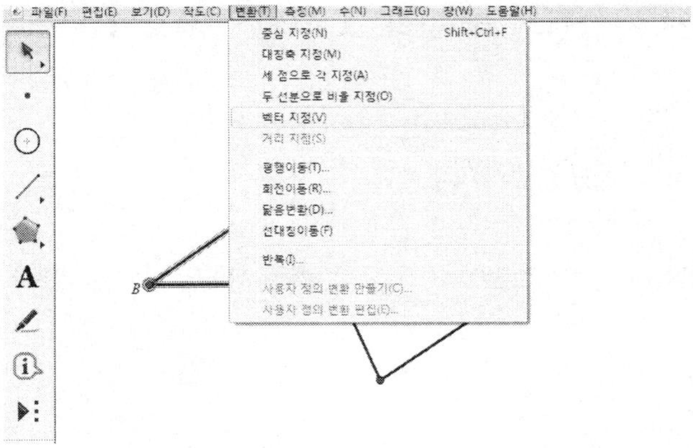

삼각형의 세 각을 닿게 하여 삼각형의 내각의 합을 구해야 하므로 점 B를 점 C로 **변환(T)** **메뉴**에 있는 **벡터 지정(V)** 을 선택한 후, **변환(T)** **메뉴**에 있는 **평행이동(T)** 으로 이동시킨다.

Step 04

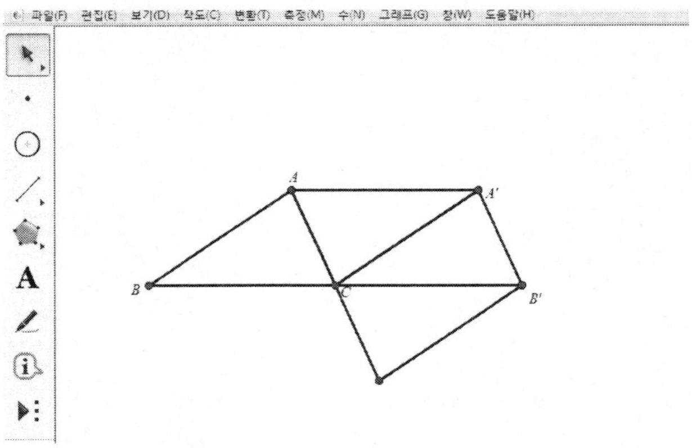

같은 방법으로 아래에 있는 뒤집어진 삼각형을 벡터 지정을 이용하여 이동시킨다.

Step 05

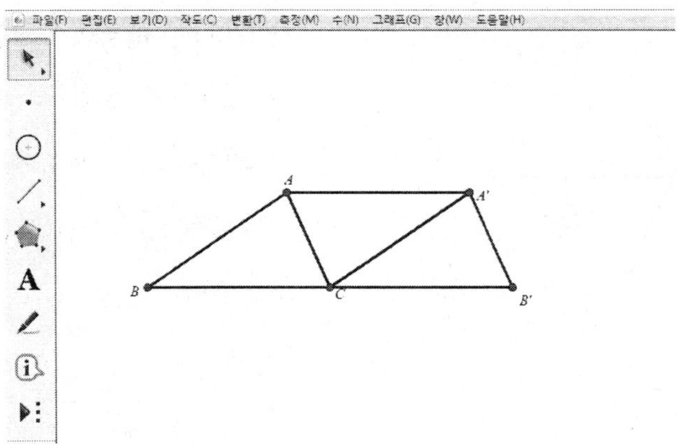

벡터 지정을 이용하여 평행이동한 삼각형의 세 각이 한 점에 모이면 한 직선은 180°라는 성질을 이용하여 삼각형 내각의 합을 알 수 있다.

탐구 과제 삼각형을 그려보고 세 내각의 크기와 그 합을 나타내봅시다.

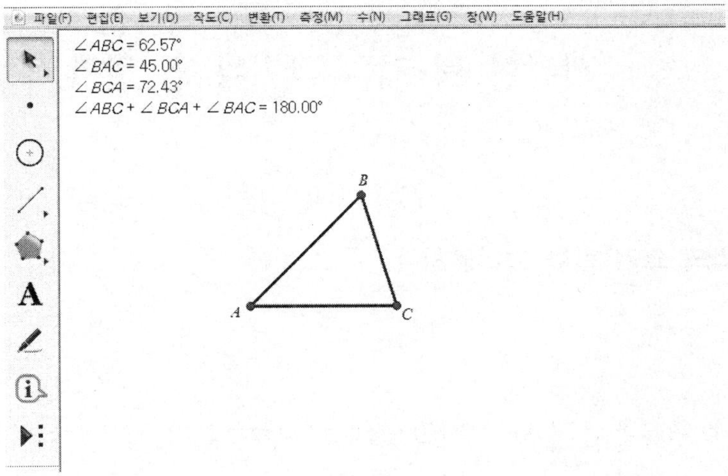

사각형 네 각의 크기의 합을 알 수 있다. **학습목표**

활동 1 사각형 네 각의 크기의 합 알아보기

사각형 네 각의 크기 합을 알아봅시다.

방법1 계산 메뉴를 이용하여 사각형의 네 각의 크기 합 알아보기

활/용/기/능

선분 도구	측정(M)	각의 크기(A)	수(N)	계산(U)

Step 01

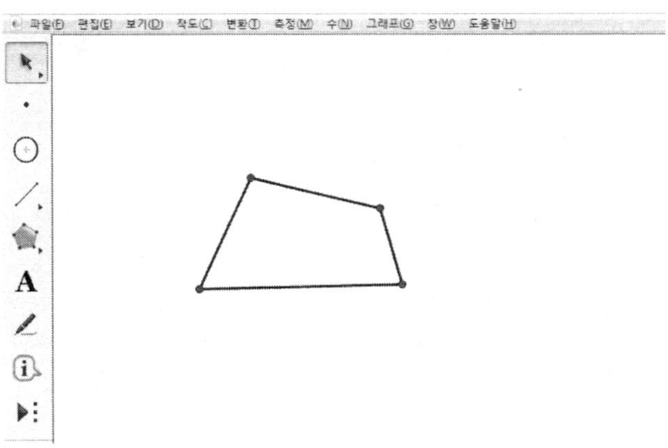

선분 도구를 이용하여 사각형을 그린다.

Step 02

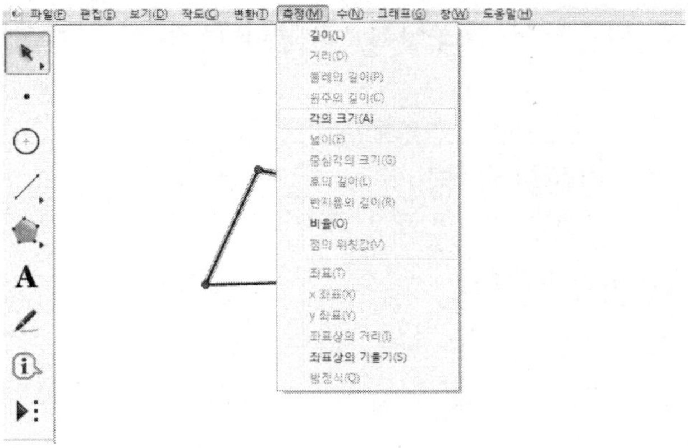

사각형의 각 중 하나를 알아보기 위해 한 각을 이루는 사각형의 두 변을 활성화한 후, **측정(M)** **메뉴**에 있는 **각의 크기(A)** 를 클릭한다.

Step 03

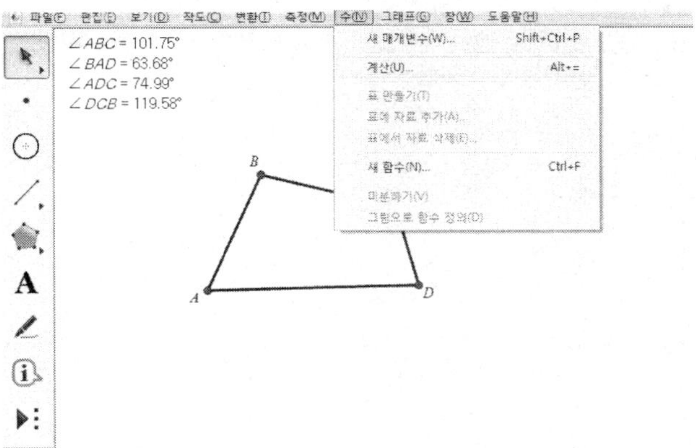

STEP 2와 같은 방식으로 사각형의 나머지 각들을 구한 다음, **수(N)** **메뉴**에 있는 **계산(U)** 을 클릭한다.

Step 04

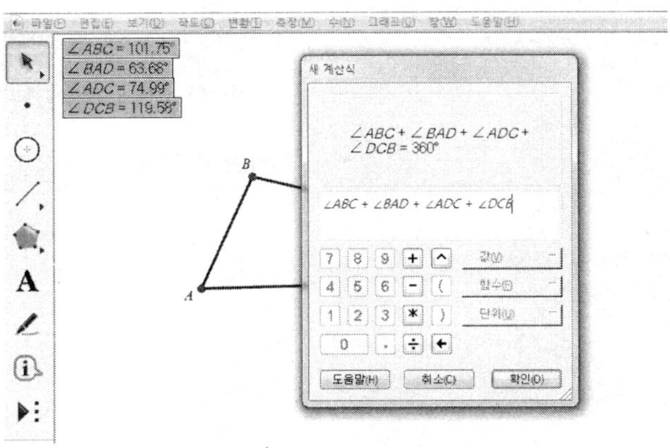

계산식 창이 나타나면 GSP 화면의 좌측상단에 나타나 있는 네 각을 합한다.

방법 2 삼각형의 2개의 합을 이용하여 사각형의 네 각의 크기 합 알아보기

활/용/기/능

(선분 도구) 측정(M) 각의 크기(A) 수(N) 계산(U)

Step 01

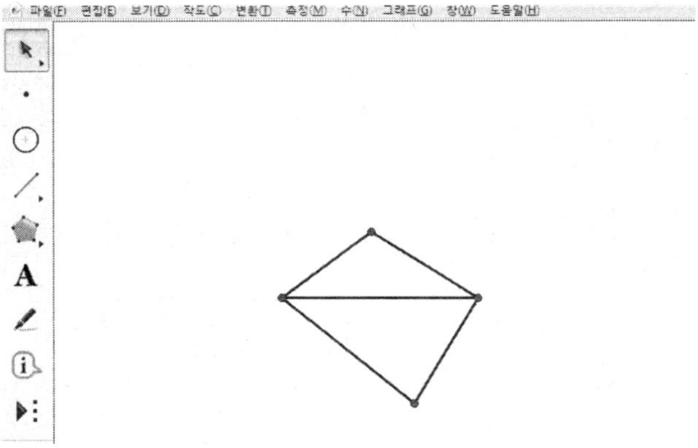

(선분 도구) **선분 도구**를 이용하여 2개의 삼각형이 합한 형태의 사각형을 그린다.

Step 02

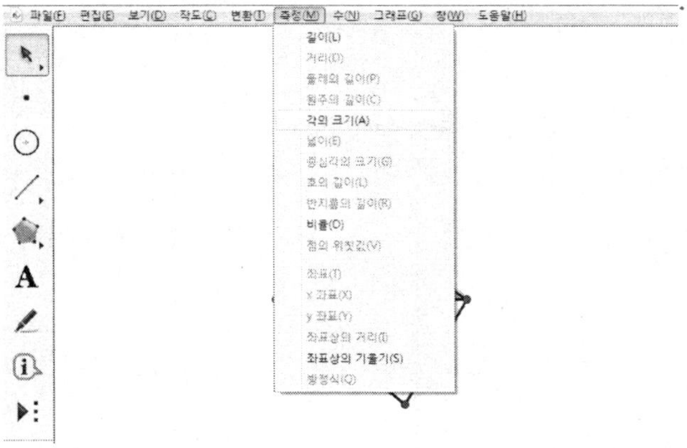

삼각형의 각 크기를 구하기 위해 삼각형의 두 변을 활성화한 후, **측정(M) 메뉴**에 있는 **각의 크기(A)**를 클릭한다.

Step 03

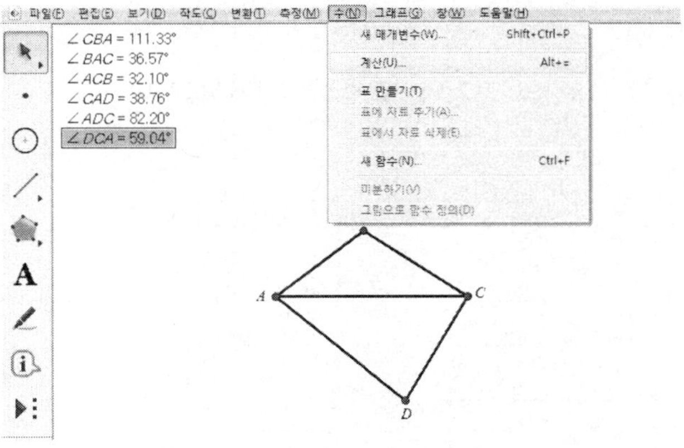

STEP 2와 같은 방식으로 삼각형의 나머지 각들을 구한 다음, 수(N) **메뉴**에 있는 계산(U) 을 클릭한다.

Step 04

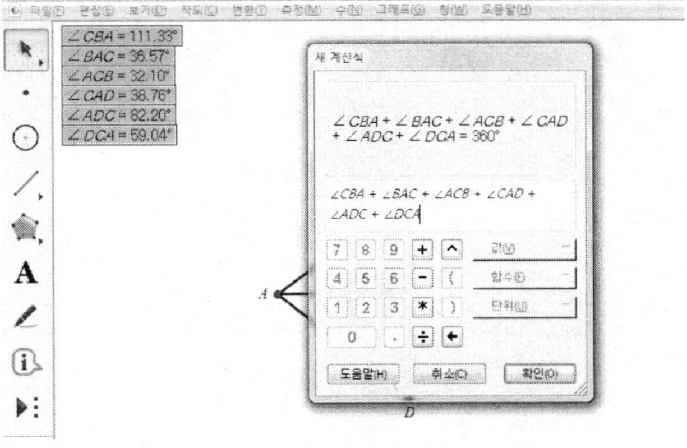

계산식 창이 나타나면 GSP 화면의 좌측상단에 나타나 있는 각들을 합한다.

탐구 과제 사각형을 그려보고 각각의 내각의 크기와 그 합을 나타내봅시다.

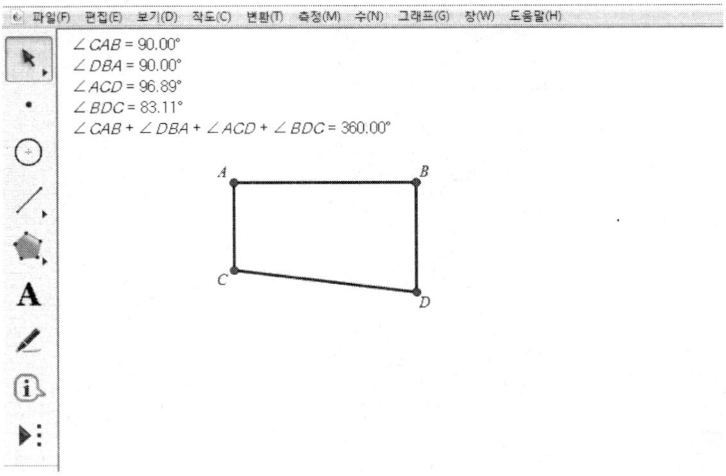

직각삼각형을 그릴 수 있다. **학습목표**

활동 1 직각과 나머지 두 각의 크기가 같은 삼각형 그리기

직각이등변삼각형을 그려봅시다.

방법1 회전이동을 이용하여 직각이등변삼각형 그리기

활/용/기/능

변환(T) 회전이동(R)

Step 01

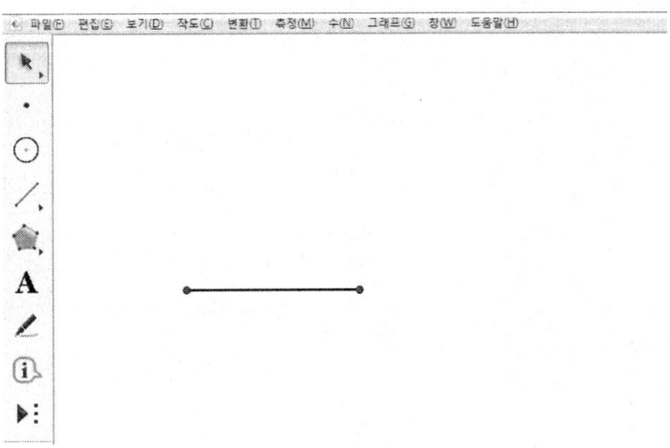

선분 도구를 이용하여 선분을 그린다.

Step 02

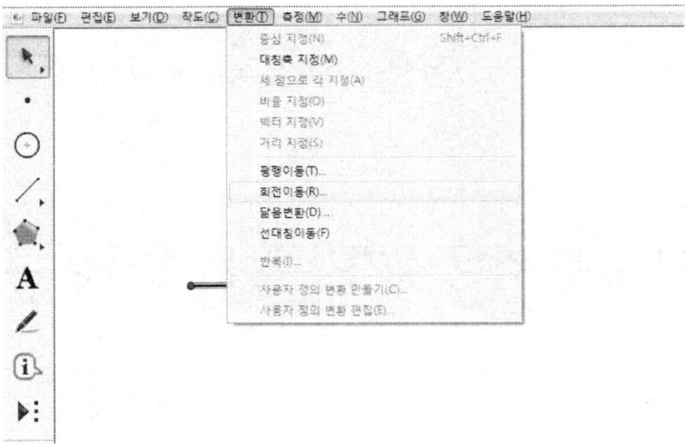

그려진 선분을 활성화한 후, 변환(T) **메뉴**에 있는 회전이동(R) 을 클릭한다.

Step 03

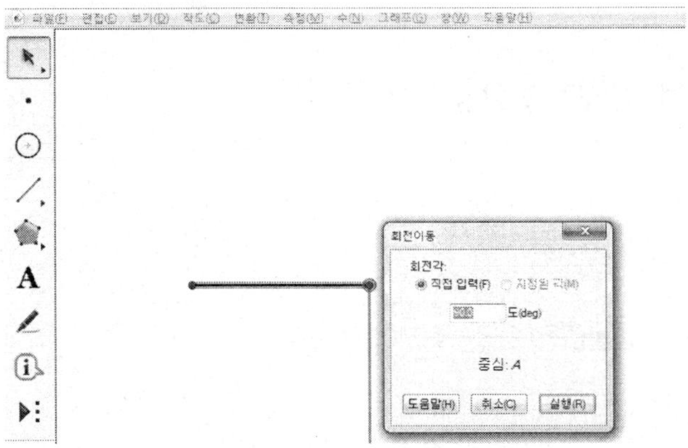

회전각에 90°를 입력한다.

Step 04

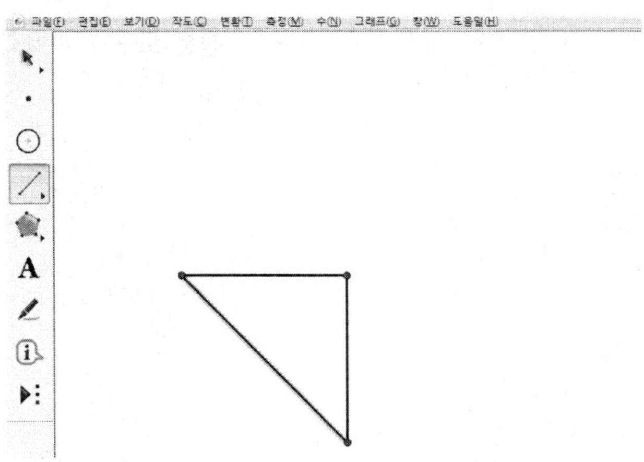

기존에 그려져 있던 선분과 같은 길이의 직각을 나타내는 선분이 화면에 나타나면 **선분 도구**를 이용하여 점과 회전이동된 선분을 이어 삼각형을 만든다.

활동 2 직각과 나머지 두 각의 크기가 다른 삼각형 그리기

직각과 나머지 두 각의 크기가 다른 각으로 이루어진 삼각형을 그려봅시다.

방법1 수선을 이용한 세 각의 크기가 다른 직각 삼각형 그리기

활/용/기/능

작도(C) | 선분 위의 한 점(R) | 수선(D) | 측정(M) | 각의 크기(A)

Step 01

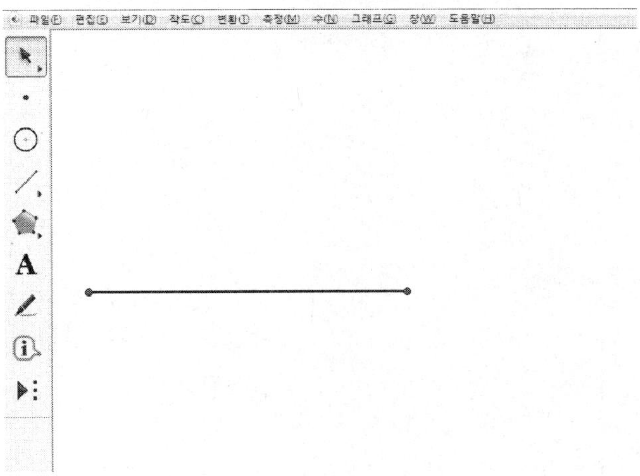

선분 도구를 이용하여 선분을 그린다.

Step 02

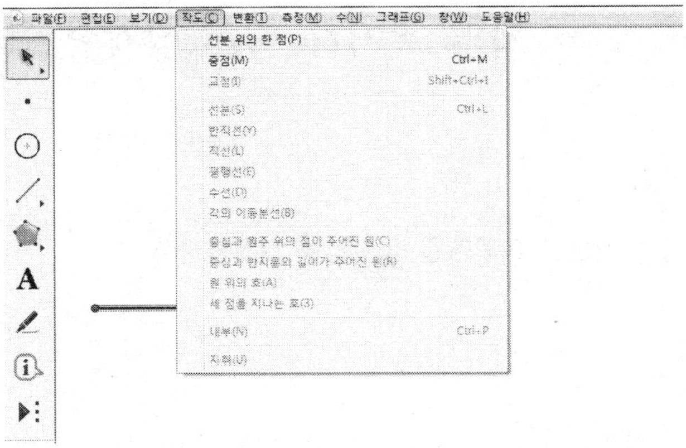

그려진 선분을 활성화한 후, **작도(C)** **메뉴**에 있는 **선분 위의 한 점(P)** 을 클릭한다.

Step 03

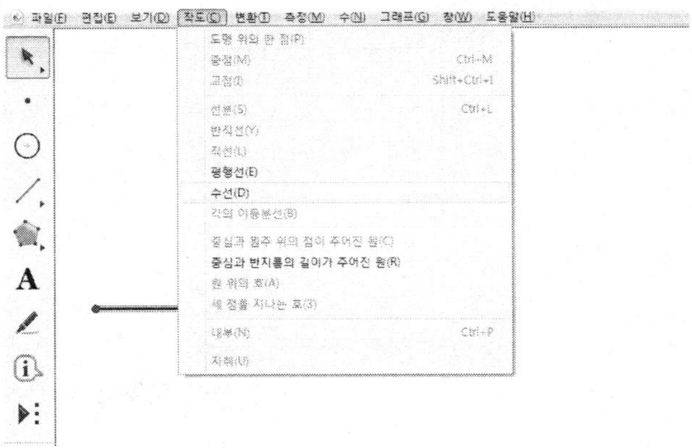

나타난 선분 위의 한 점과 선분을 활성화한 후, **작도(C)** **메뉴**에 있는 **수선(D)** 을 클릭한다.

Step 04

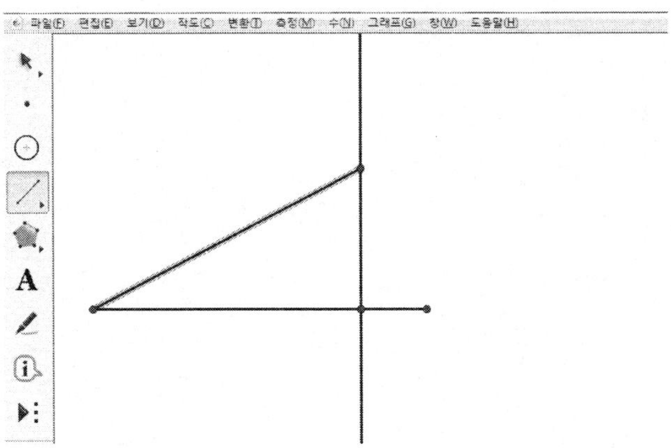

나타난 수선과 선분의 한 끝점을 연결한다.

둔각, 예각, 직각 삼각형을 그릴 수 있다. **학습목표**

활동 1 둔각 삼각형 그리기

둔각삼각형을 그려봅시다.

방법1 회전이동을 이용하여 둔각삼각형 그리기

활/용/기/능

선분 도구	변환(T)	회전이동(R)

Step 01

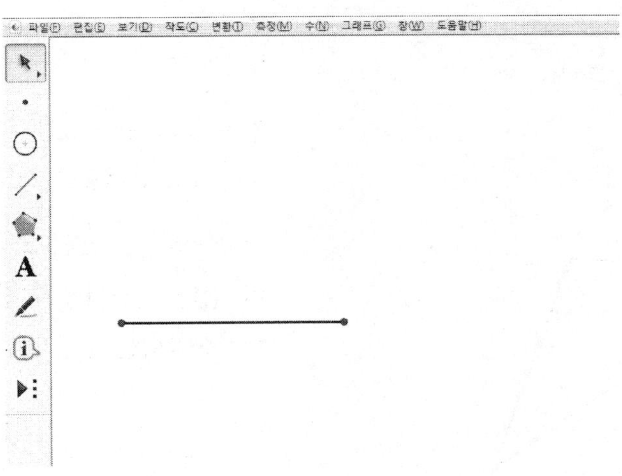

선분 도구를 이용하여 선분을 그린다.

Step 02

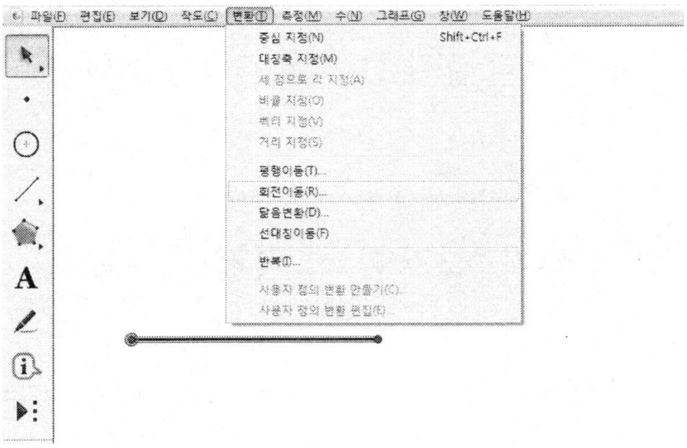

그려진 선분을 활성화한 후, **변환(T) 메뉴**에 있는 **회전이동(R)** 을 클릭한다.

Step 03

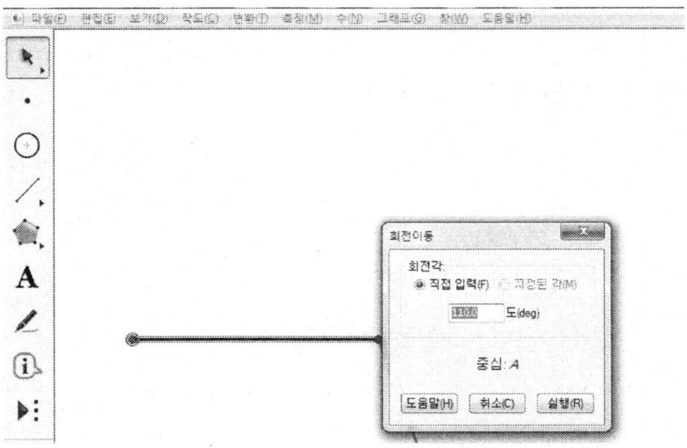

회전각에 90 초과 180 미만의 임의의 수를 입력한다.

Step 04

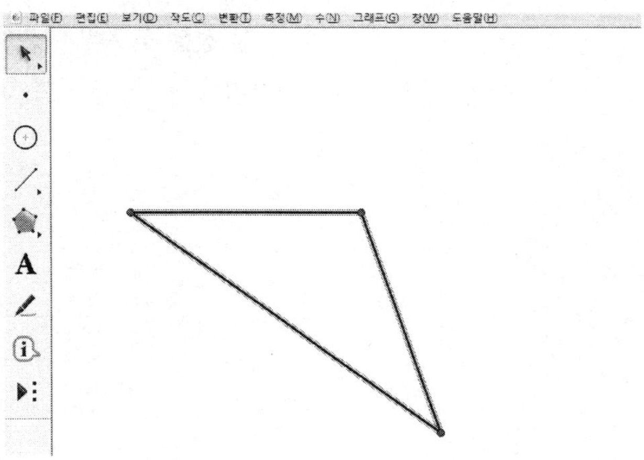

기존에 그려져 있던 선분과 같은 길이의 회전이동한 선분이 화면에 나타나면 **선분 도구**를 이용하여 점과 회전이동된 선분을 이어 둔각삼각형을 만든다.

활동 2 예각삼각형 그리기

예각삼각형을 그려봅시다.

방법1 회전이동을 이용하여 예각삼각형 그리기

활/용/기/능

변환(T) 회전이동(R)

Step 01

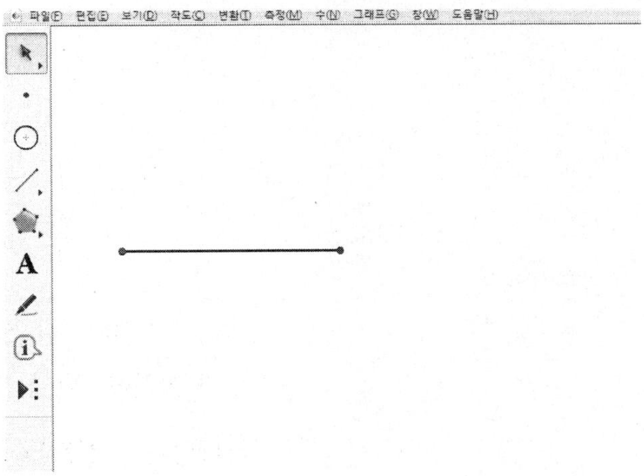

선분 도구를 이용하여 선분을 그린다.

Step 02

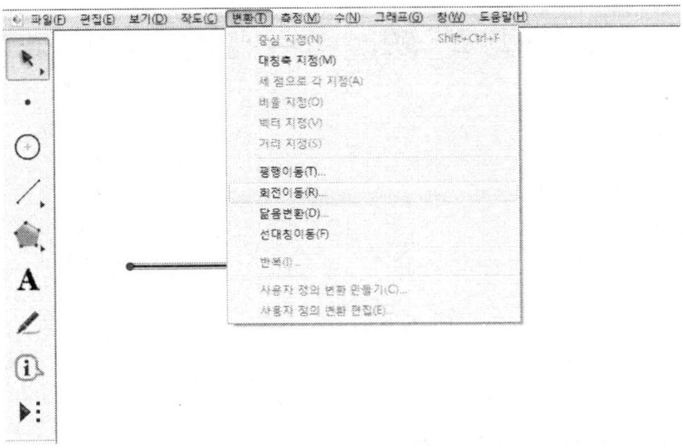

그려진 선분을 활성화한 후, **변환(T)** **메뉴**에 있는 **회전이동(R)** 을 클릭한다.

Step 03

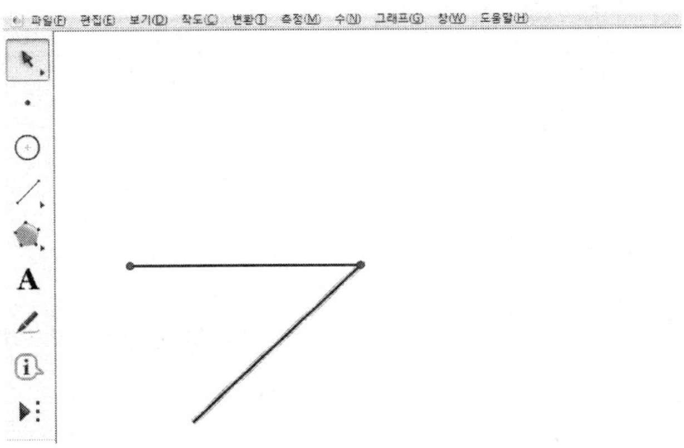

회전각에 1 이상 90 미만의 임의의 수를 입력한다.

Step 04

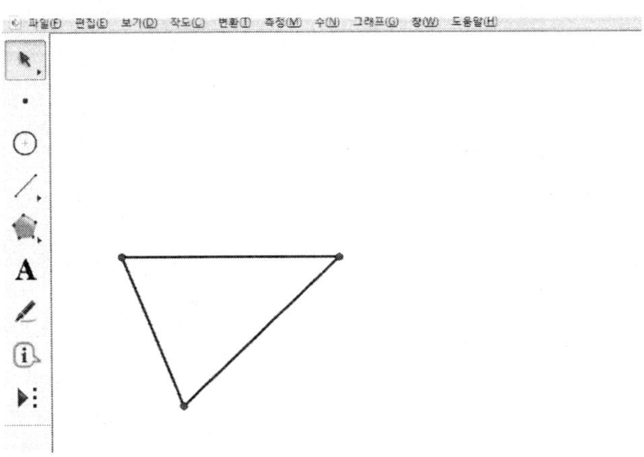

기존에 그려져 있던 선분과 같은 길이의 회전이동한 선분이 화면에 나타나면 **선분 도구**를 이용하여 점과 회전이동된 선분을 이어 예각삼각형을 만든다.

예각삼각형, 둔각삼각형이 무엇인지 설명해봅시다.

- 세 각이 모두 예각인 삼각형을 **예각삼각형**이라고 합니다.
- 한 각이 둔각인 삼각형을 **둔각삼각형**이라고 합니다.

삼각형을 변의 길이에 따라 분류할 수 있다.

학습목표

활동 1 이등변삼각형 그리기

이등변삼각형을 그려봅시다.

방법1 작도 메뉴를 이용하여 이등변삼각형 그리기

활/용/기/능

변환(T) | 회전이동(R)

Step 01

선분 도구를 이용하여 선분을 그린다.

Step 02

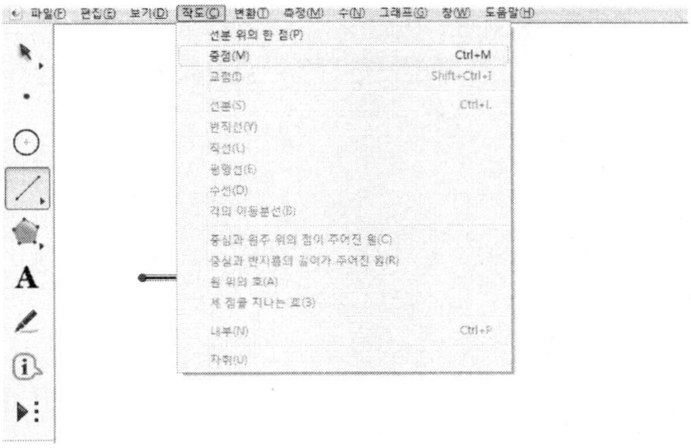

그려진 선분을 활성화한 후, **작도(C)** 메뉴에 있는 **중점(M)** 을 클릭한다.

Step 03

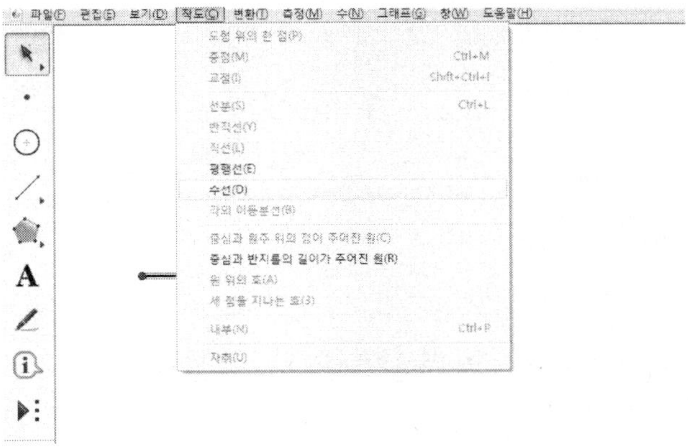

선분과 선분의 중점을 활성화한 후, **작도(C)** 메뉴에 있는 **수선(D)** 을 클릭한다.

Step 04

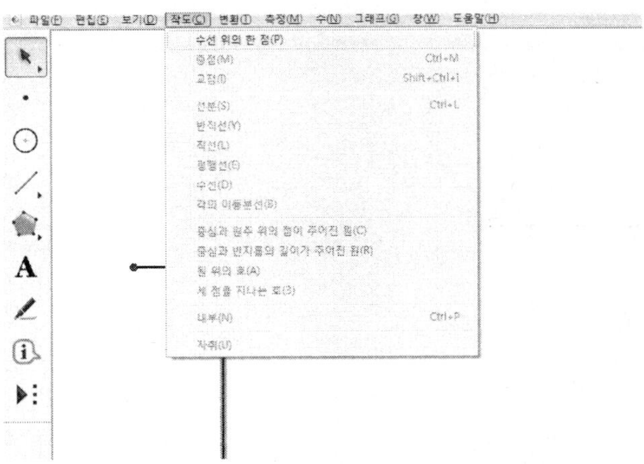

나타난 수선을 활성화한 후, **작도(C)** 메뉴에 있는 **수선 위의 한 점(P)** 을 클릭한다.

Step 05

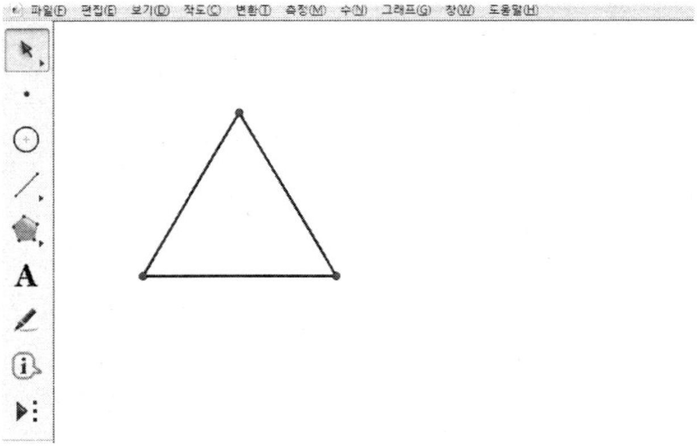

수선 위에 나타난 한 점과 선분의 양 끝점을 연결한다.

탐구과제 변환 메뉴의 회전이동을 이용하여 이등변삼각형을 나타내봅시다.

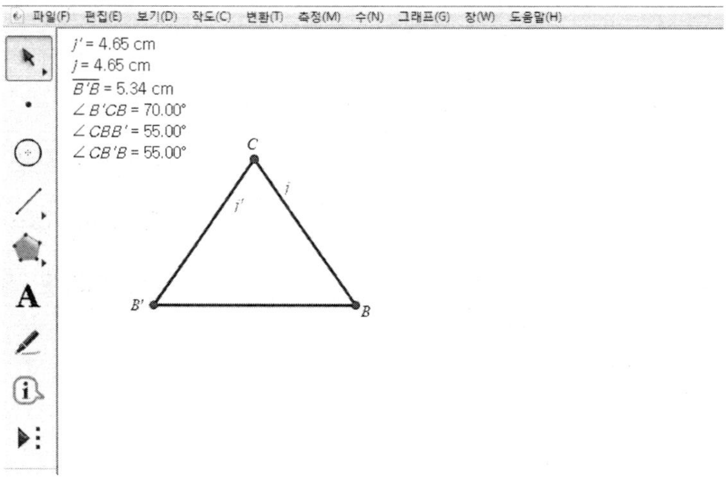

활동 2 정삼각형 그리기

정삼각형을 그려봅시다.

방법1 작도 메뉴를 이용하여 정삼각형 그리기

활/용/기/능

작도(C)	중심과 반지름의 길이가 주어진 원(R)

Step 01

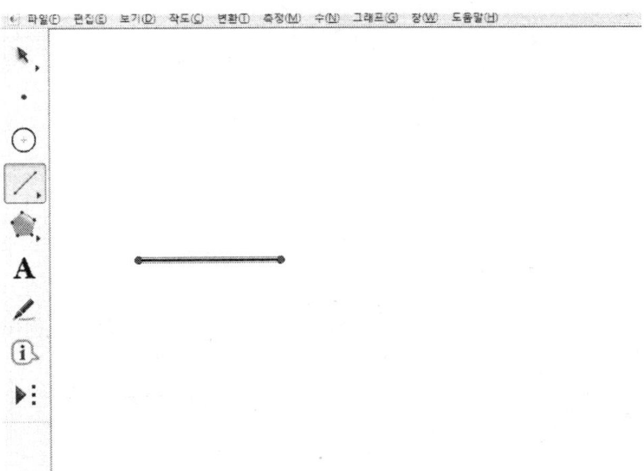

선분 도구를 이용하여 선분을 그린다.

Step 02

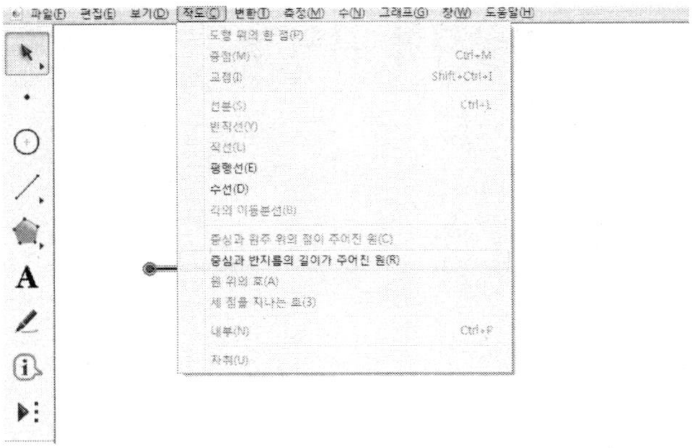

그려진 선분과 선분 끝의 한 점을 활성화한 후, 작도(C) **메뉴**에 있는 중심과 반지름의 길이가 주어진 원(R) 을 클릭한다.

Step 03

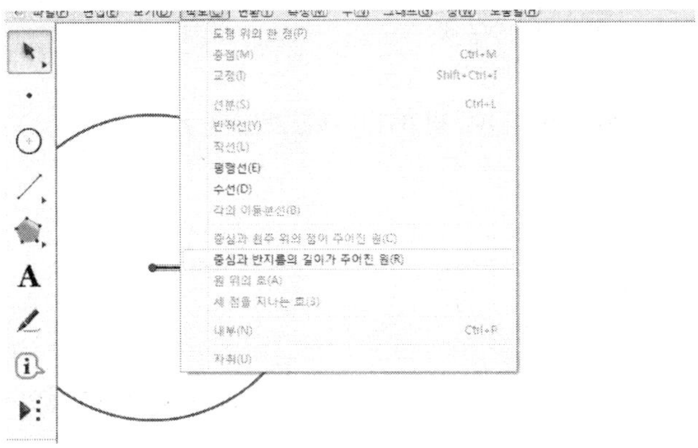

선분과 선분의 다른 끝점을 활성화한 후, 작도(C) **메뉴**에 있는 중심과 반지름의 길이가 주어진 원(R) 을 클릭한다.

Step 04

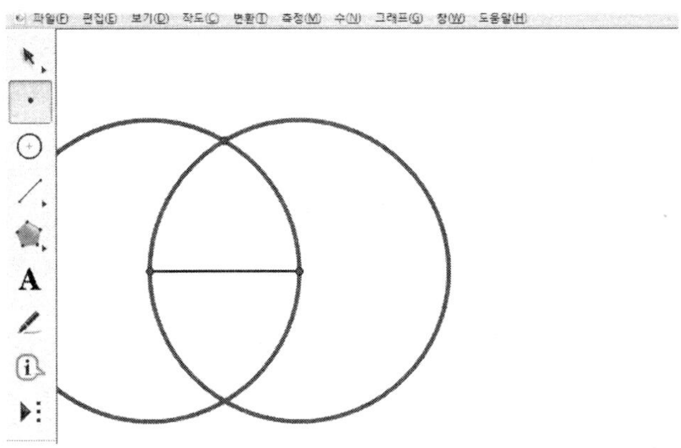

나타난 두 원이 교차하는 곳에 **점 도구**를 이용하여 점을 찍는다.

Step 05

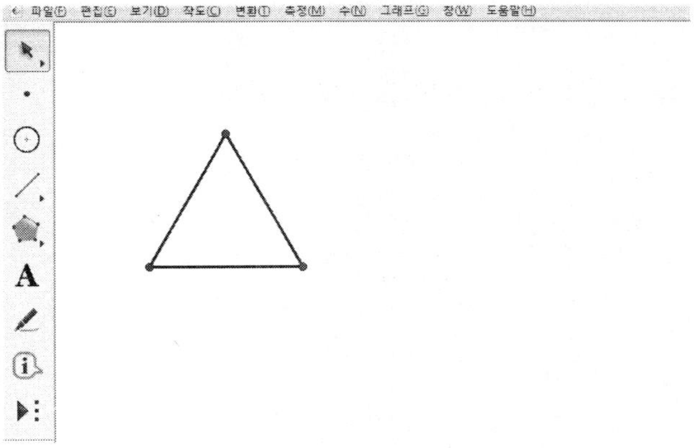

두 원이 교차하는 점과 선분의 양 끝점을 연결하여 정삼각형을 그린다.

이등변삼각형, 정삼각형이 무엇인지 설명해봅시다.

- 두 변의 길이가 같은 삼각형을 **이등변삼각형**이라고 합니다.
- 세 변의 길이가 같은 삼각형을 **정삼각형**이라고 합니다.

탐구 과제 변환 메뉴의 회전이동을 이용하여 정삼각형을 나타내봅시다.

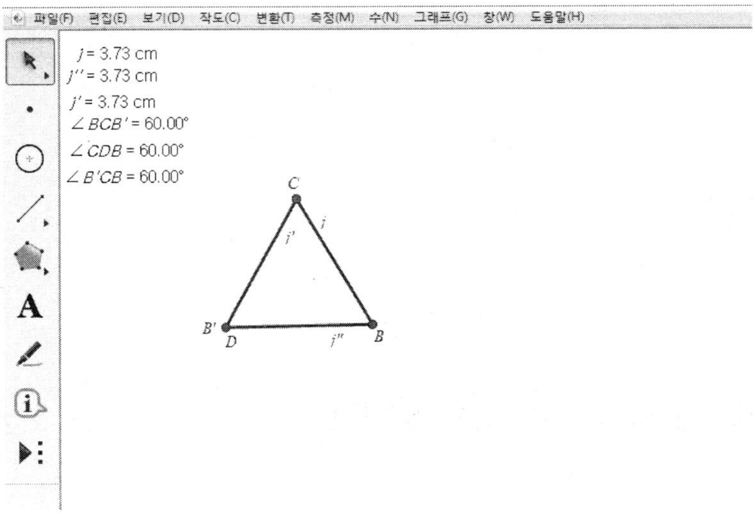

이등변삼각형의 성질을 알 수 있다. **학습목표**

활동 1 이등변삼각형의 길이와 관련된 성질을 알아보기

이등변삼각형 변의 길이에 따른 성질을 알아봅시다.

방법 1 이등변삼각형을 나타내어 변의 길이 변화 알아보기

활/용/기/능

측정(M) 길이(L)

Step 01

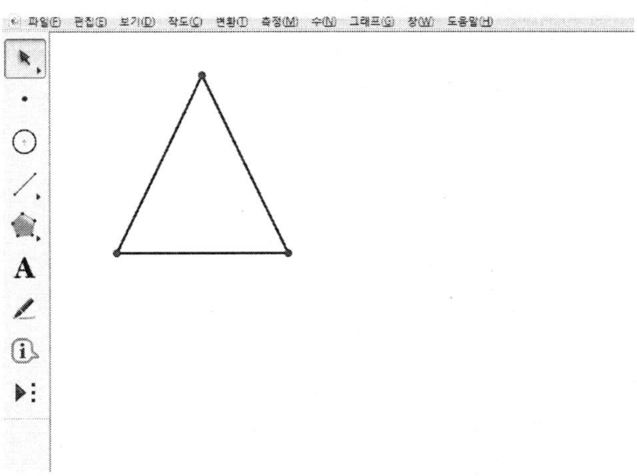

이등변삼각형을 그린다.

Step 02

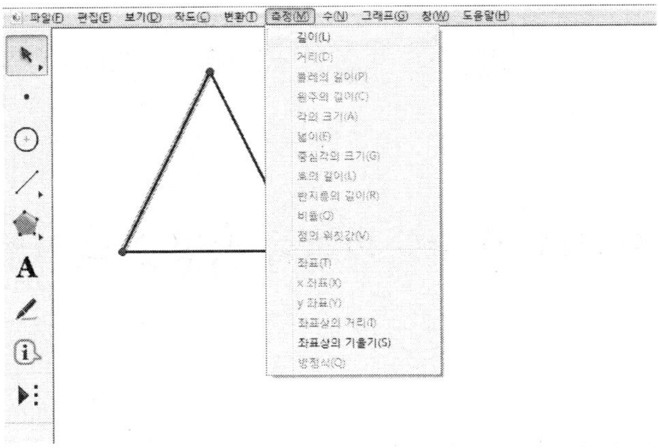

그려진 이등변삼각형의 한 변을 활성화한 후, **측정(M)** **메뉴**에 있는 **길이(L)** 를 클릭한다.

Step 03

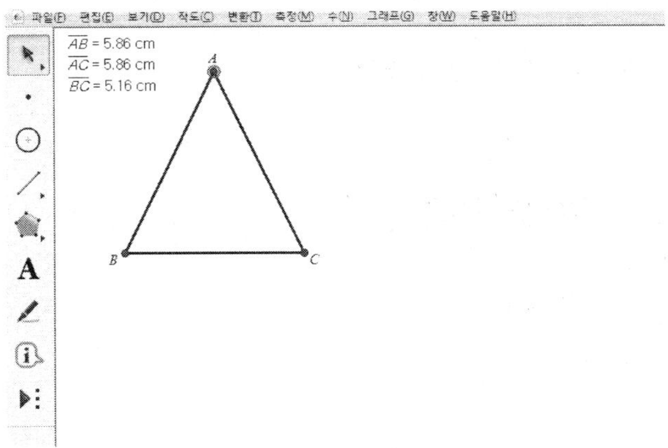

이등변삼각형의 각 변의 길이를 나타낸 후, 수선 위의 한 점이었던 이등변삼각형의 가운데 꼭짓점의 위치를 변화시키며 변의 길이 변화를 알아본다.

활동 2 이등변삼각형 밑각의 성질을 알아보기

이등변삼각형 각의 성질을 알아봅시다.

방법1 이등변삼각형을 나타내어 각의 성질 알아보기

활/용/기/능

측정(M) 각의 크기(A)

Step 01

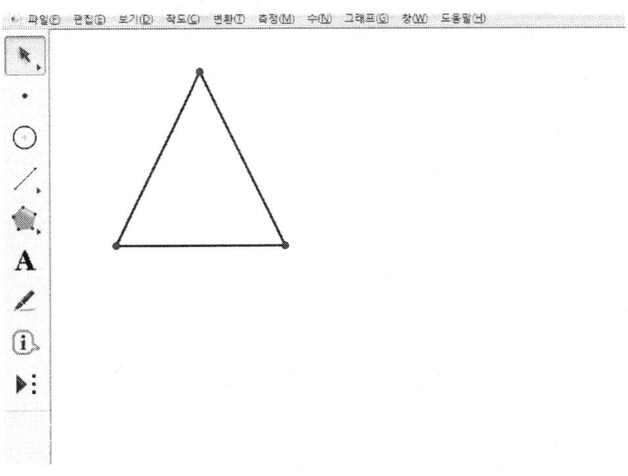

이등변삼각형을 그린다.

Step 02

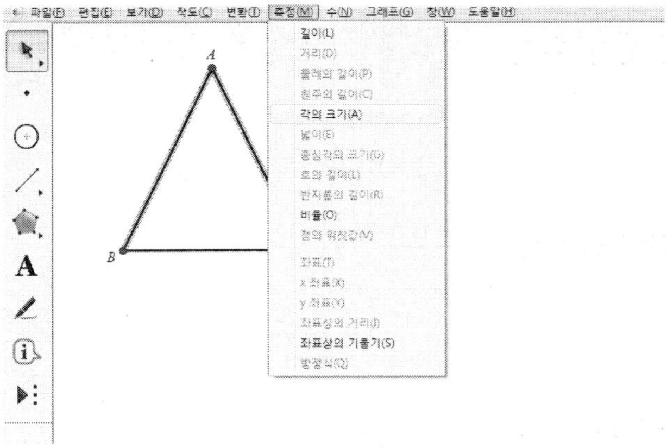

그려진 이등변삼각형의 두 변을 활성화한 후, **측정(M)** **메뉴**에 있는 **각의 크기(A)** 를 클릭한다.

Step 03

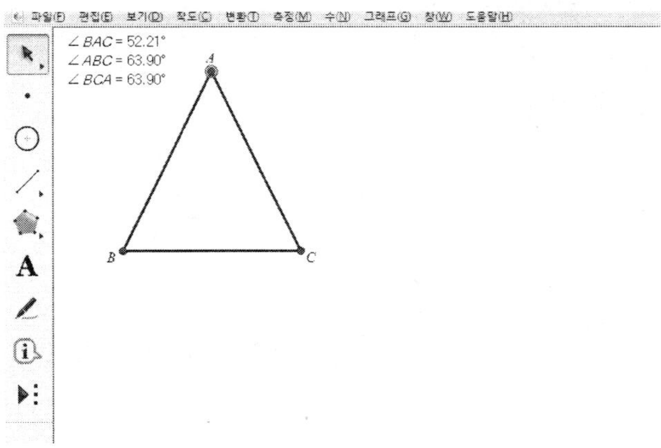

이등변삼각형의 세 각의 크기를 나타낸 후, 수선 위의 한 점이었던 이등변삼각형의 가운데 꼭짓점의 위치를 변화시키며 각의 크기 변화를 알아본다.

탐구 과제 변환 메뉴의 회전이동을 이용하여 양 끝각의 크기가 45°인 이등변삼각형을 나타내봅시다.

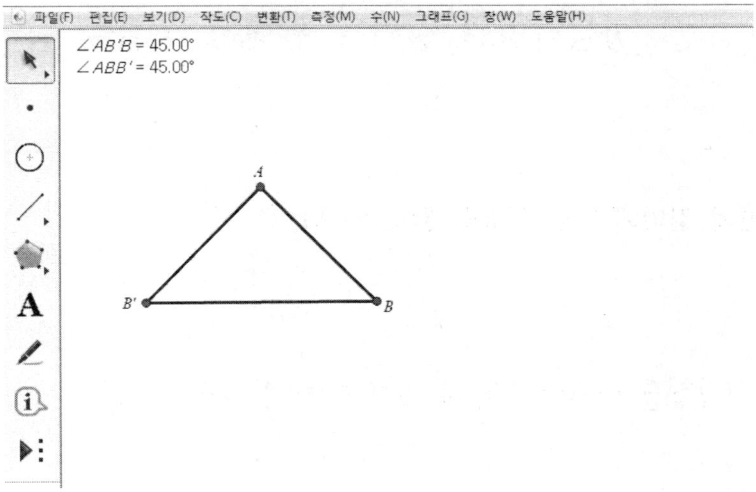

정삼각형의 성질을 알 수 있다. **학습목표**

활동 1 정삼각형의 길이와 관련된 성질을 알아보기

정삼각형 변의 길이에 따른 성질을 알아봅시다.

방법1 정삼각형을 나타내어 변의 길이 변화 알아보기

활/용/기/능

측정(M) 길이(L)

Step 01

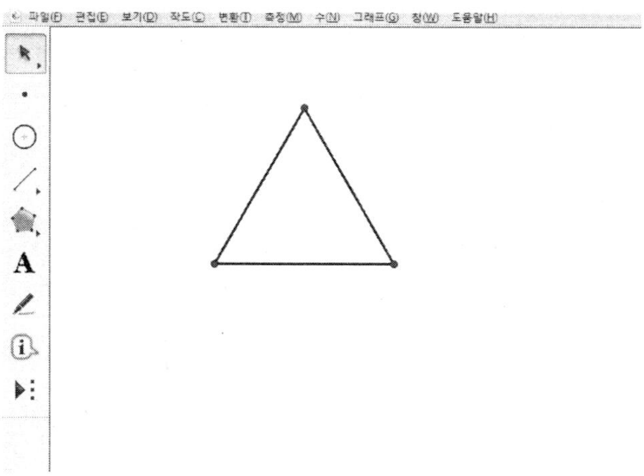

정삼각형을 그린다.

Step 02

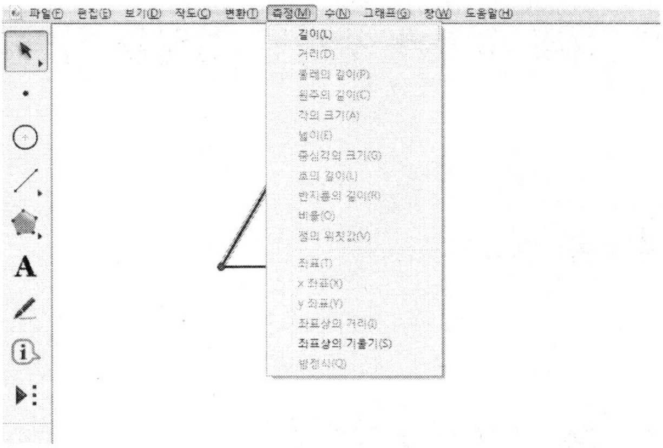

그려진 정삼각형의 한 변을 활성화한 후, **측정(M)** **메뉴**에 있는 **길이(L)** 를 클릭한다.

Step 03

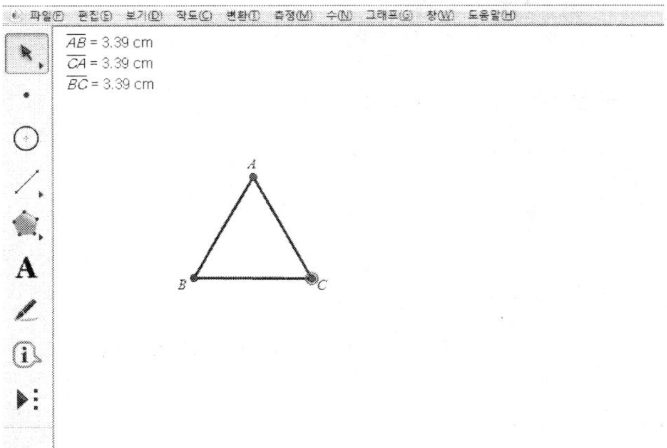

정삼각형의 각 변의 길이를 나타낸 후, 꼭짓점의 위치를 변화시키며 정삼각형 변의 길이 변화를 알아본다.

활동 2 정삼각형의 각의 크기와 관련된 성질을 알아보기

정삼각형 각의 크기에 따른 성질을 알아봅시다.

방법1 정삼각형을 나타내어 각의 크기 변화 알아보기

활/용/기/능

측정(M) 각의 크기(A)

Step 01

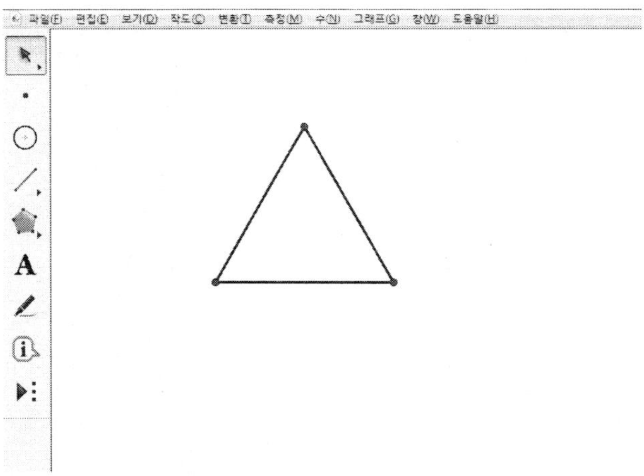

정삼각형을 그린다.

Step 02

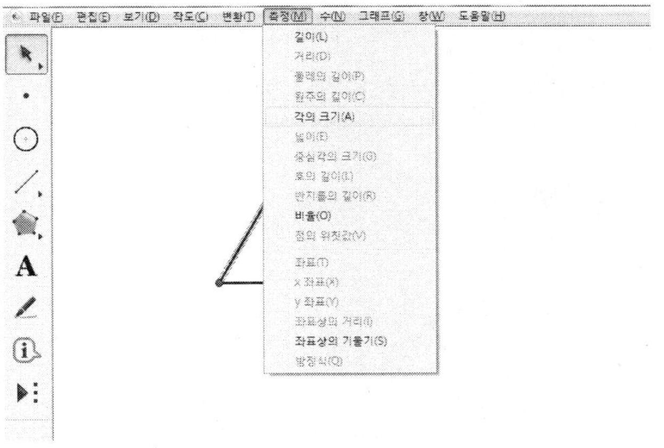

그려진 정삼각형의 한 변을 활성화한 후, **측정(M)** **메뉴**에 있는 **각의 크기(A)** 를 클릭한다.

Step 03

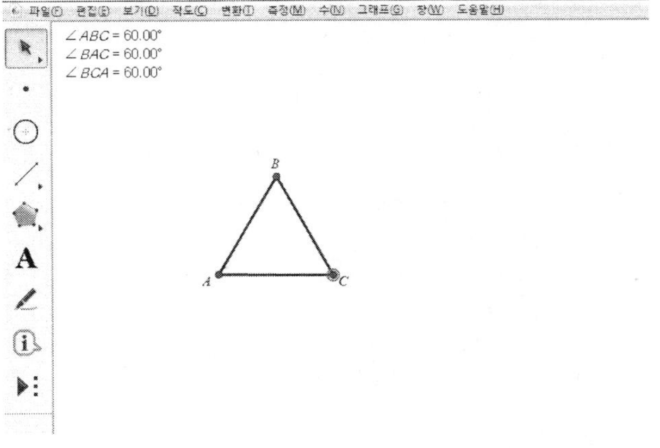

정삼각형의 세 각의 크기를 나타낸 후, 꼭짓점의 위치를 변화시키며 정삼각형 변의 길이 변화에 따른 각의 크기를 알아본다.

탐구 과제 한 변의 길이가 각기 다른 정삼각형 3개를 나타내봅시다.

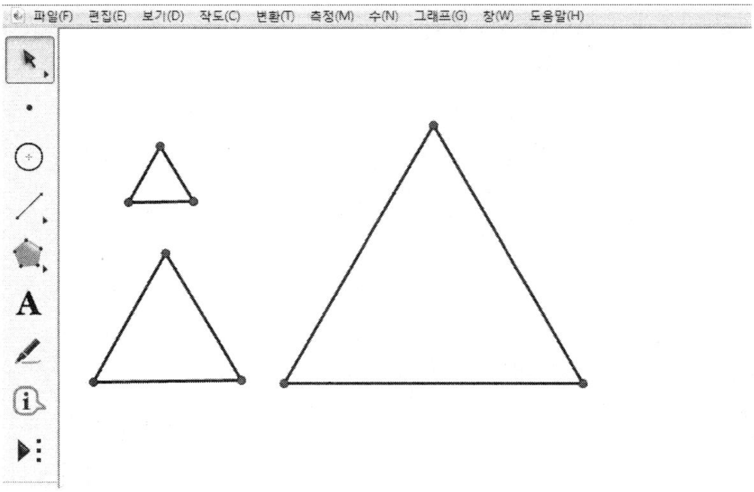

GSP

수직과 평행

수선의 의미를 알 수 있다. *학습목표*

활동 1 수선 알아보기

수선을 알아봅시다.

방법1 작도 메뉴를 이용하여 수선 그리기

활/용/기/능

작도(C) 수선(D) 보기(D) 수선 숨기기(D)

Step 01

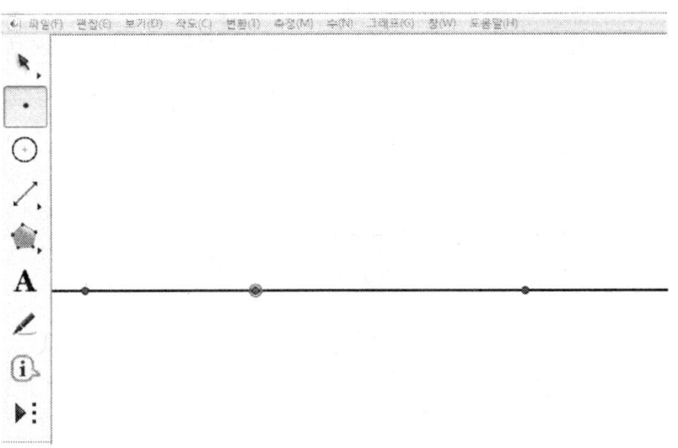

수선을 그리기 위해서는 한 직선과 직선 위의 한 점이 필요하다.

직선 도구로 직선을 그린 후, 직선 위에 한 점을 찍는다.

Step 02

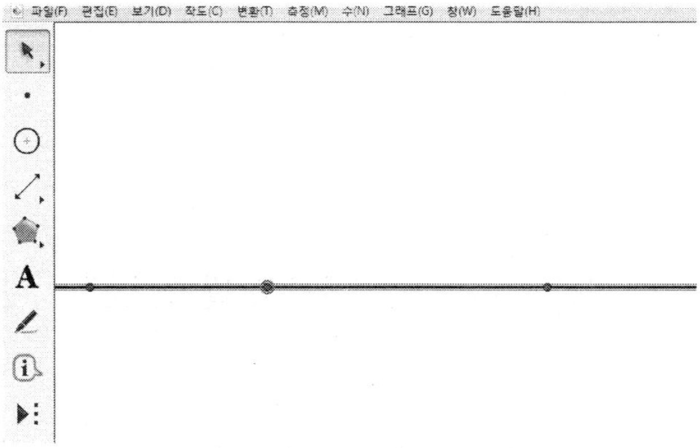

화살표 도구를 선택하여 직선과 한 점을 선택한다.

Step 03

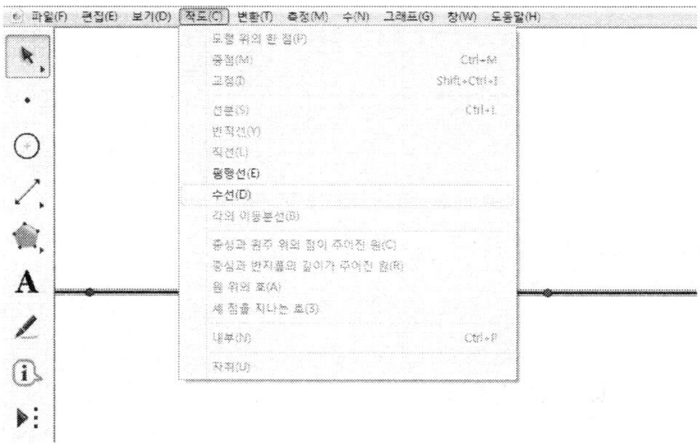

작도(C) **메뉴**를 선택하여 수선(D) 을 클릭한다.

Step 04

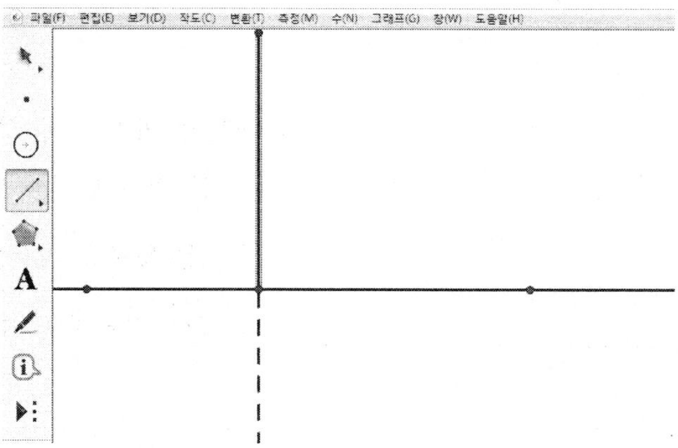

선분 도구를 클릭하여 두 직선의 교점을 클릭하여 선분을 그린다.

Step 05

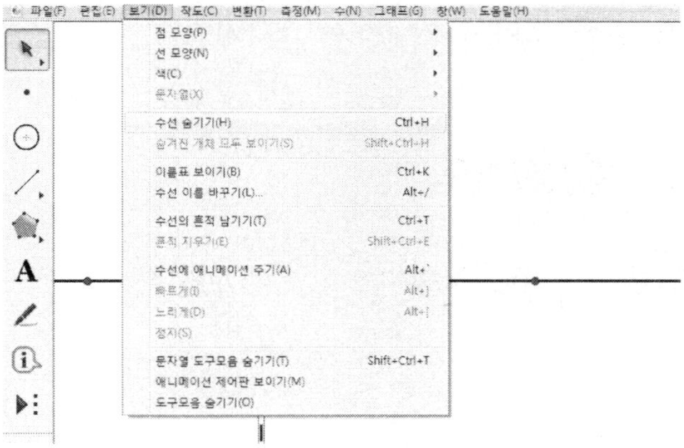

화살표 도구를 이용하여 점선으로 표시된 부분을 선택하고 보기(D) 의 수선 숨기기(D) 를 클릭한다.

Step 06

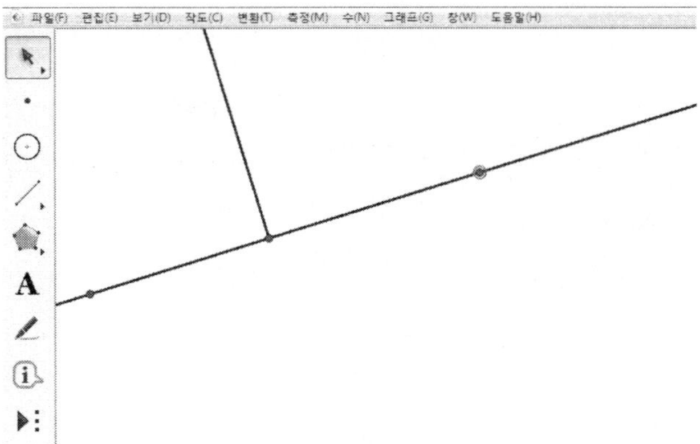

한 점 개체를 끌어서 위치를 변경하면 수선의 성질을 유지한 채로 직선의 위치가 변한다.

방법 2 회전이동을 이용하여 수선 그리기

활/용/기/능

변환(T) 중심 지정(N) 회전이동(R)

Step 01

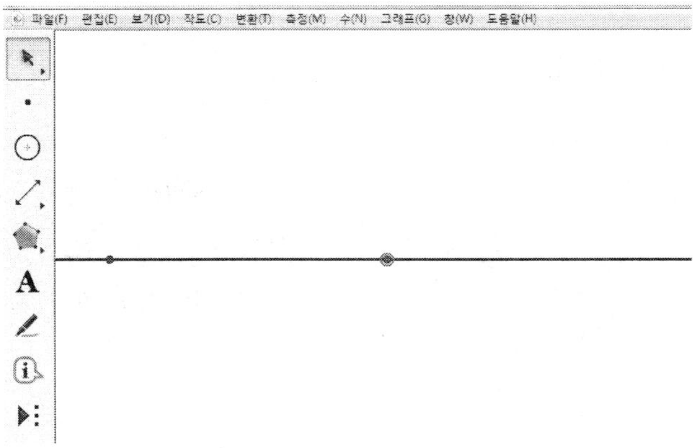

직선 도구로 선분을 그리면 직선 위의 점이 두 개 생긴다.

화살표 도구를 선택하고 둘 중 하나의 점을 선택한다.

Step 02

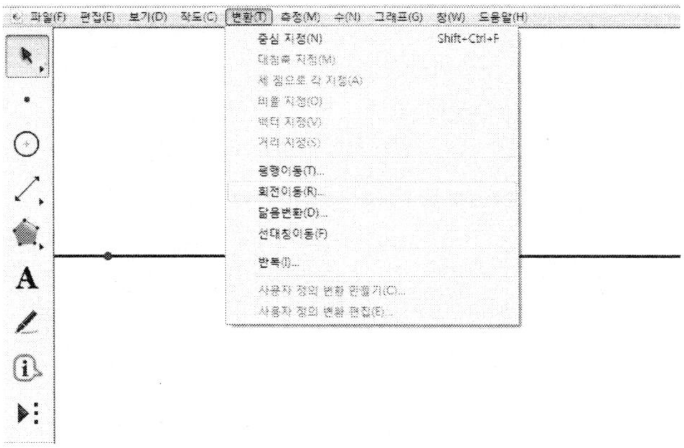

변환(T) 메뉴를 선택하여 **중심 지정(N)** 을 클릭한다.

Step 03

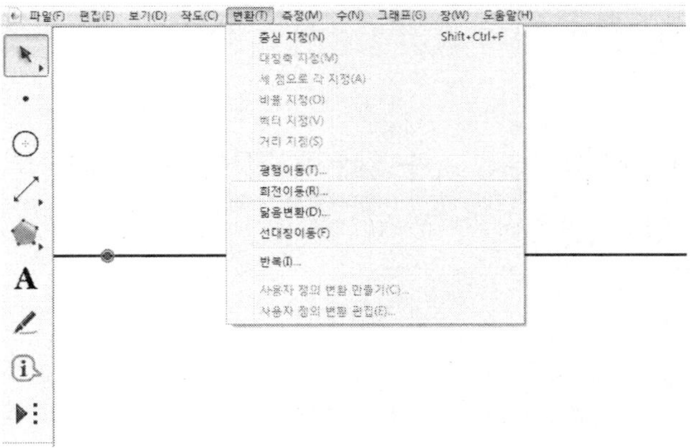

화살표 도구를 선택하여 나머지 점 하나를 클릭한 후 변환(T) 을 클릭하고 회전이동(R) 을 선택한다.

Step 04

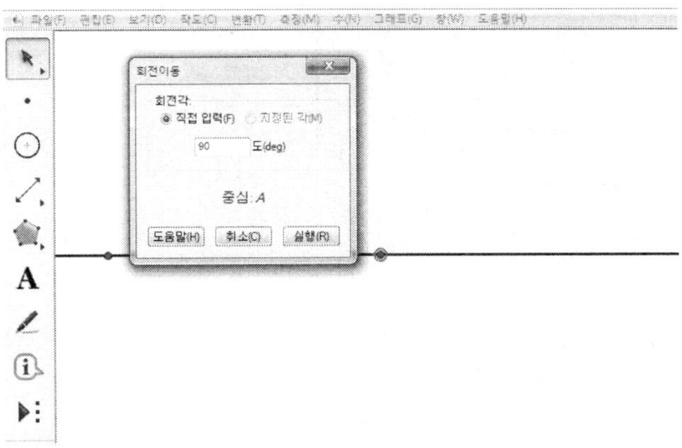

회전이동(R) 에서 90을 입력하고 실행을 클릭한다.

활용Tip

1. 중심 지정(N) 은 점을 더블클릭 해도 지정할 수 있다.
2. **화살표 도구**를 이용하여 선분의 크기를 조절할 수 있다.
3. **화살표 도구**로 이름표를 더블클릭하면 이름을 수정할 수 있다.

수선이 무엇인지 설명해봅시다.

- 두 직선이 만나서 이루는 각이 직각일 때, 두 직선은 서로 **수직**이라고 합니다. 또 두 직선이 서로 수직으로 만나면 한 직선을 다른 직선에 대한 **수선**이라 합니다.

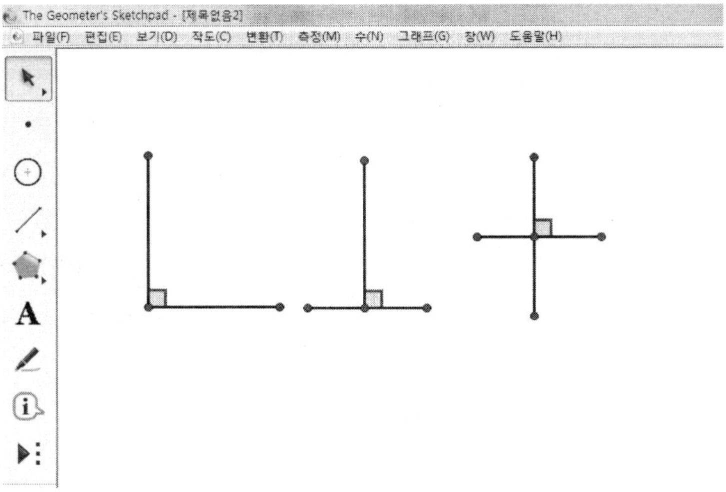

탐구 과제 다음 그림을 보고 점 ㄱ을 지나고 직선 가에 수직인 직선을 그어 보시오.

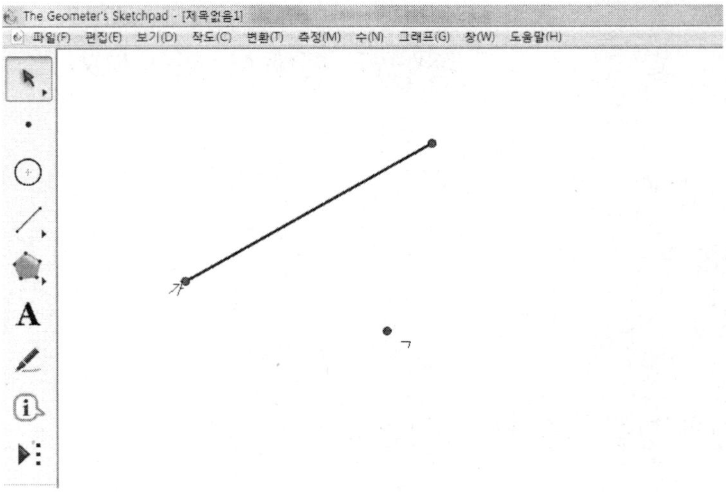

평행과 평행선의 의미를 알 수 있다. **학습목표**

활동 1 평행과 평행선 알아보기

평행을 알아봅시다.

방법1 직선과 점을 이용하여 평행선 그리기

활/용/기/능

작도(C) | 수선(D) | 보기(D) | 수선 숨기기(D)

Step 01

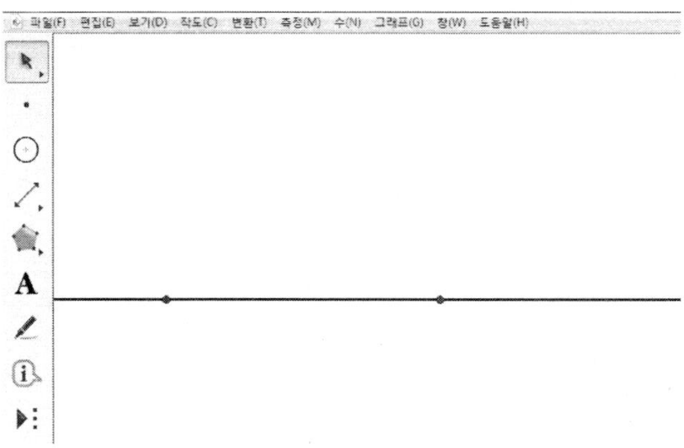

평행선을 그리기 위해서는 한 직선과 한 점이 필요하다.

직선 도구로 한 직선을 그린다.

Step 02

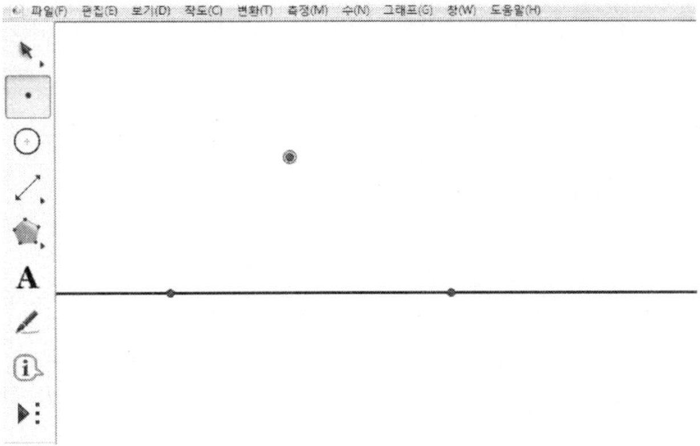

점 도구를 이용하여 직선과 떨어진 임의의 공간에 점을 찍는다.

Step 03

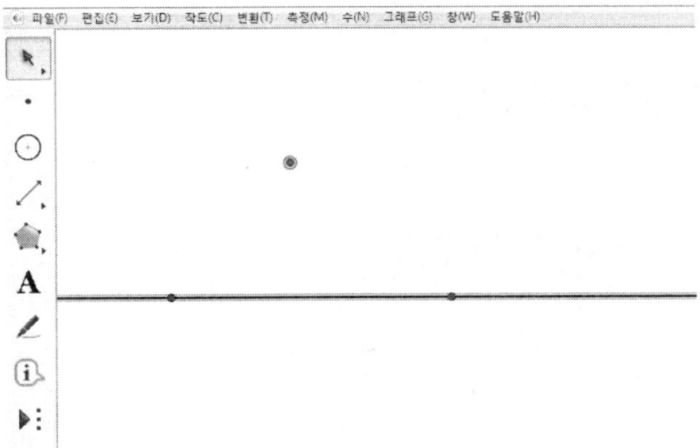

화살표 도구로 직선과 점을 차례로 선택한다.

Step 04

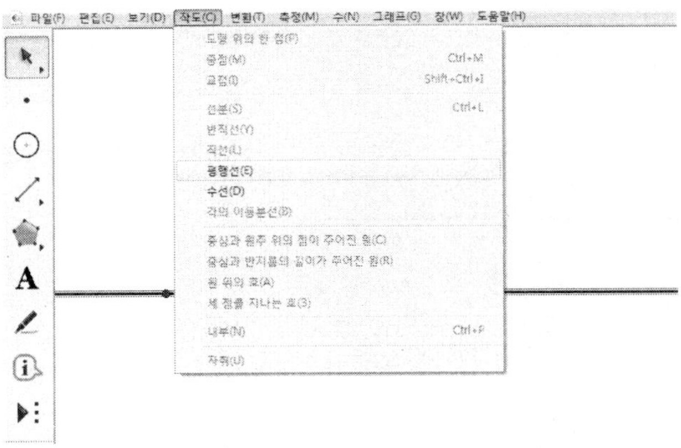

작도(C) **메뉴**를 누르면 평행선이 활성화되어 있다.

평행선(E) 을 클릭한다.

Step 05

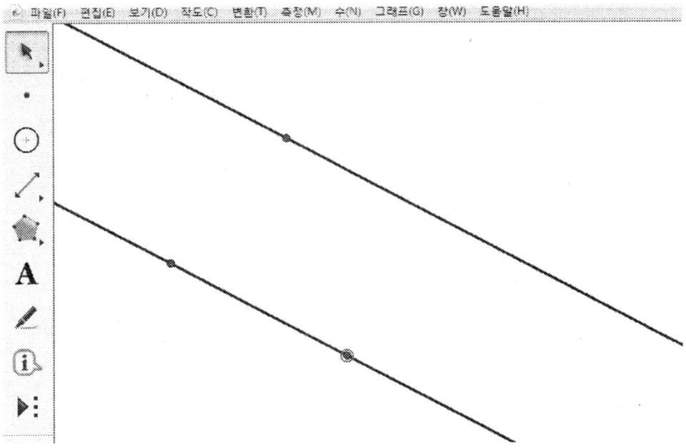

점 개체 중 하나를 끌어서 위치를 변경하면 평행선의 크기와 모양이 변한다.

방법 2 한 직선 위에 두 직선을 그려 평행선 그리기

활/용/기/능

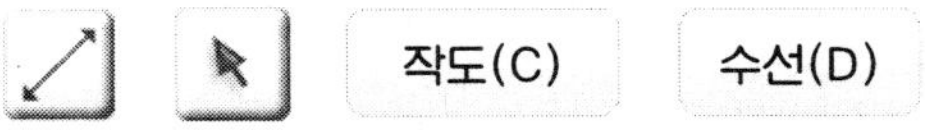

Step 01

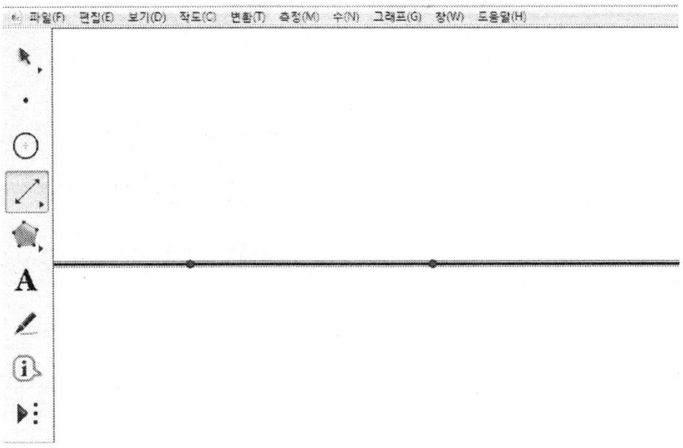

한 직선에 수직인 두 직선을 그리기 위해 직선 도구를 활용한다.

직선 도구로 한 직선을 그린다.

Step 02

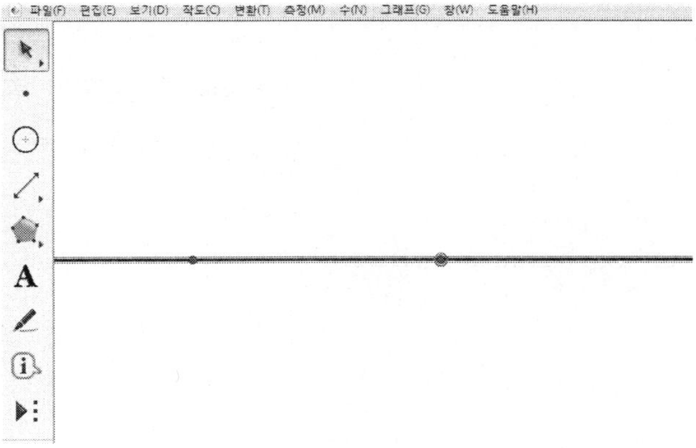

화살표 도구로 두 개의 점 중 한 개와 직선을 차례로 선택한다.

Step 03

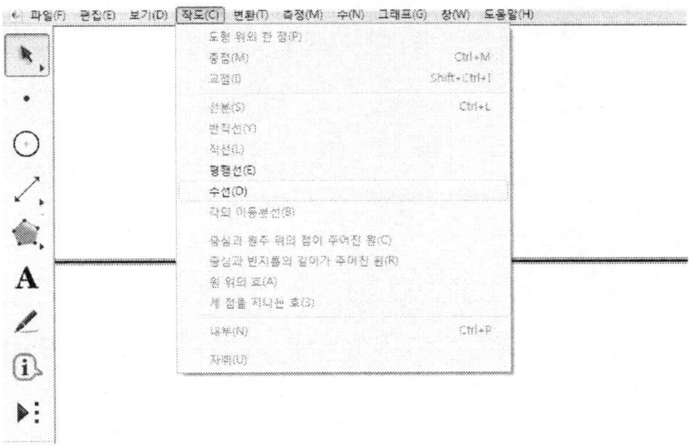

작도(C) **메뉴**를 누르고 활성화된 수선(D) 을 클릭한다.

Step 04

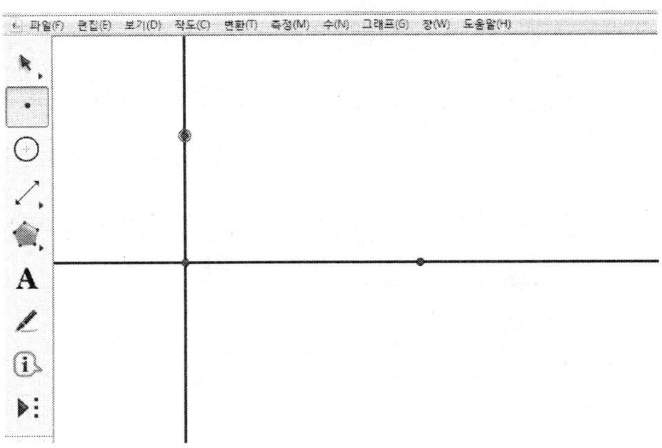

점 도구를 이용하여 수선 위에 임의의 점 하나를 그린다.

Step 05

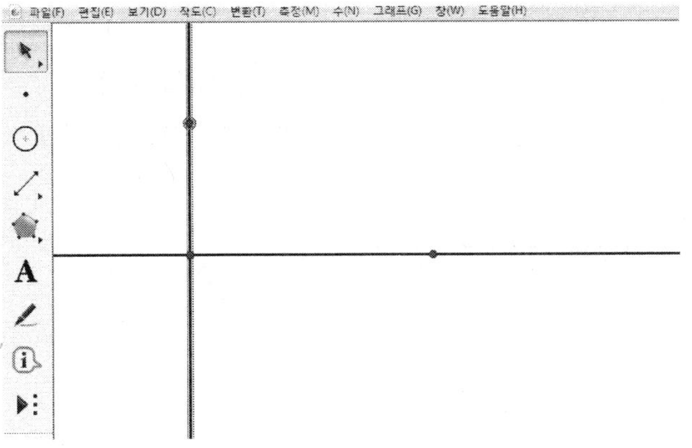

화살표 도구로 수선과 수선 위에 그린 임의의 점을 차례로 선택한다.

Step 06

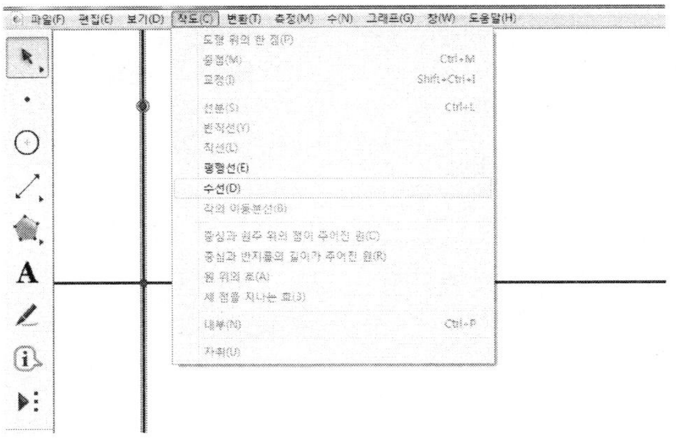

작도(C) 를 선택하여 활성화된 수선(D) 을 선택한다.

Step 07

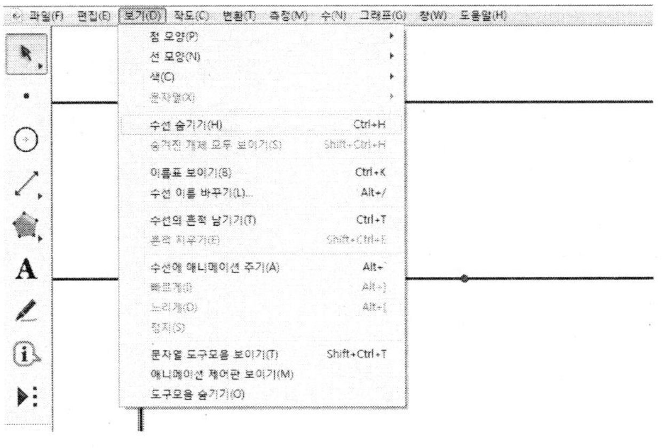

화살표 도구로 수선을 선택하고 보기(D) 의 활성화된 수선 숨기기(H) 를 선택한다.

Step 08

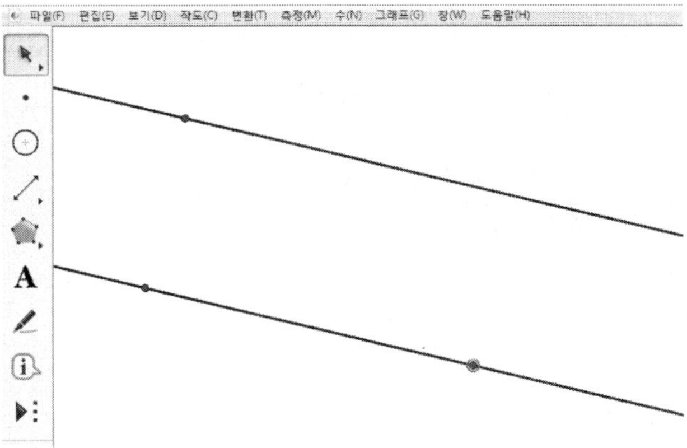

점 개체 중 하나를 끌어서 위치를 변경하면 평행선의 크기와 모양이 변한다.

평행과 평행선이 무엇인지 설명해봅시다.

- 한 직선에서 수직인 두 직선을 그었을 때, 그 두 직선은 서로 만나지 않습니다.
- 이와 같이 서로 만나지 않는 두 직선을 **평행**하다고 합니다.
- 이때 평행한 두 직선을 **평행선**이라고 합니다.

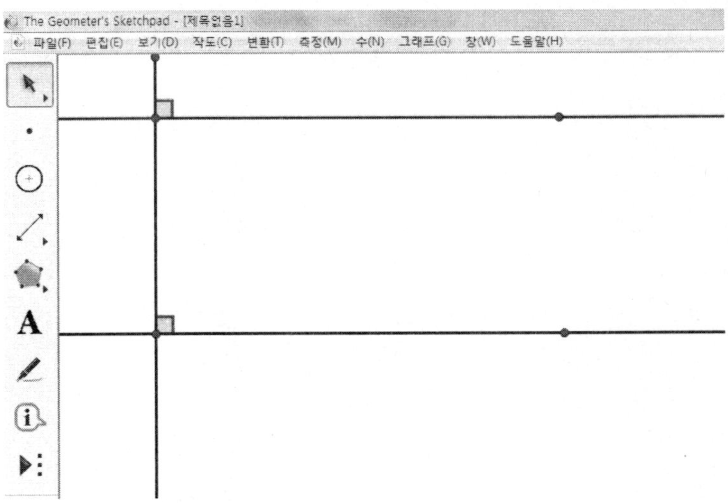

탐구 과제 주어진 두 선분을 사용하여 직사각형을 그려 보시오.

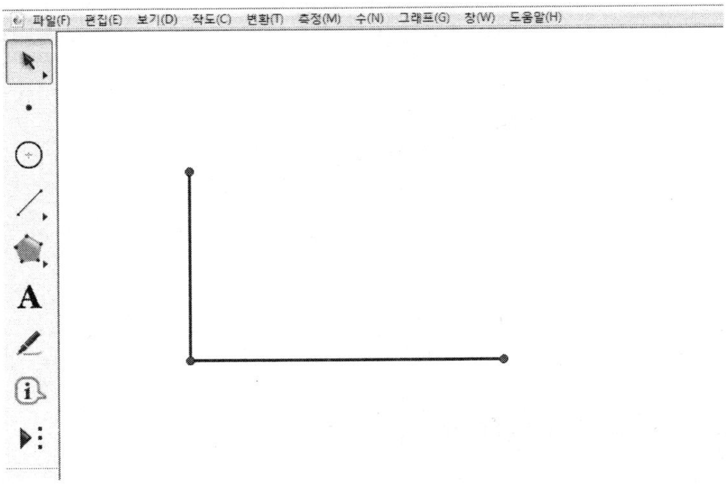

평행선 사이의 거리를 이해하고 잴 수 있다. **학습목표**

활동 1 평행선 사이의 거리 알기

평행선 사이의 거리를 알아봅시다.

방법1 수선 그리기를 활용하여 평행선 사이의 거리 알기

활/용/기/능

작도(C) | 수선(D) | 보기(D) | 수선 숨기기(D)

Step 01

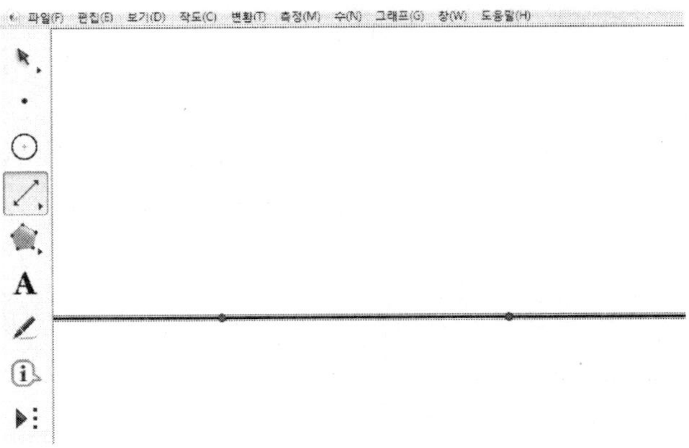

직선 도구를 이용해 직선을 그린다.

Step 02

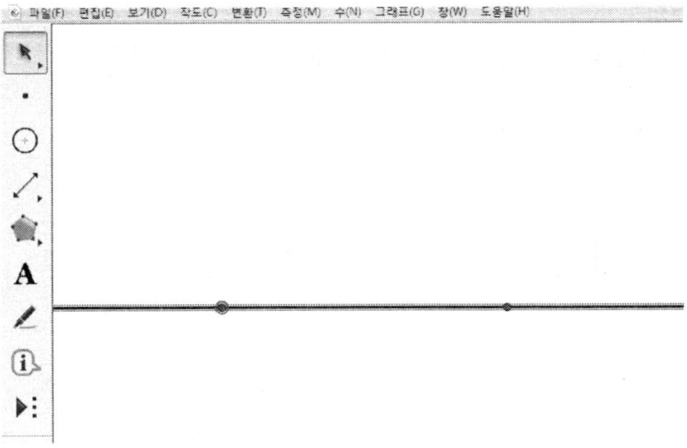

화살표 도구로 직선 위의 한 점과 직선을 차례로 선택한다.

Step 03

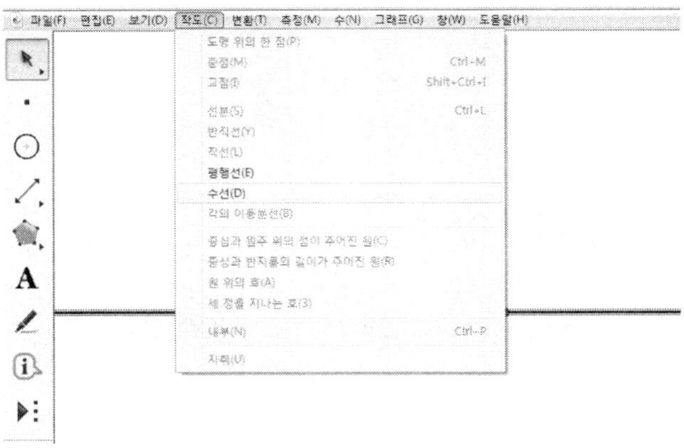

작도(C) 의 활성화된 수선(D) 을 선택하여 수선을 그린다.

Step 04

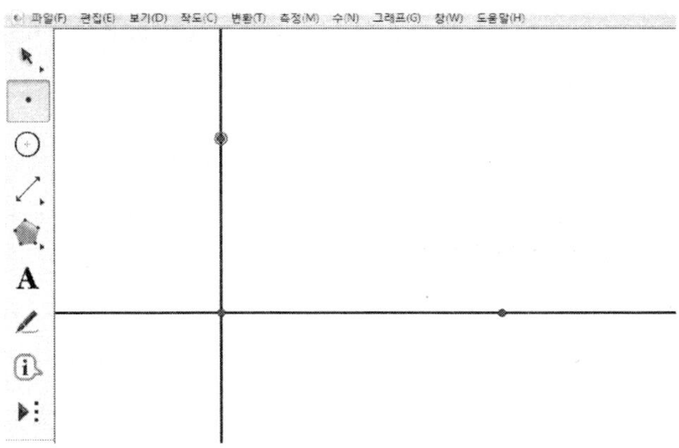

점 도구를 선택하여 수선위에 임의의 점을 그린다.

Step 05

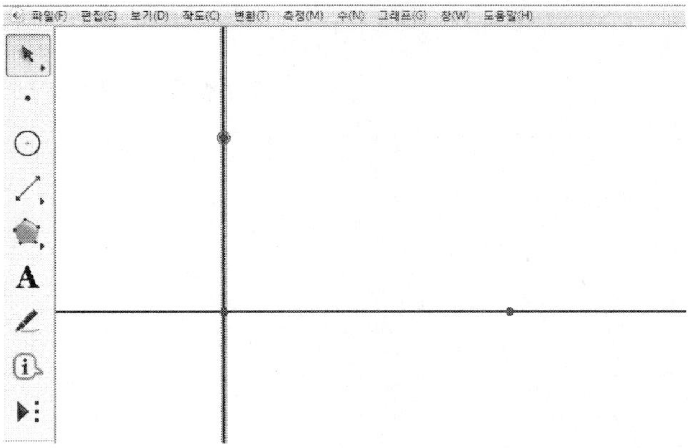

화살표 도구로 수선과 수선위의 임의의 점을 차례로 선택한다.

Step 06

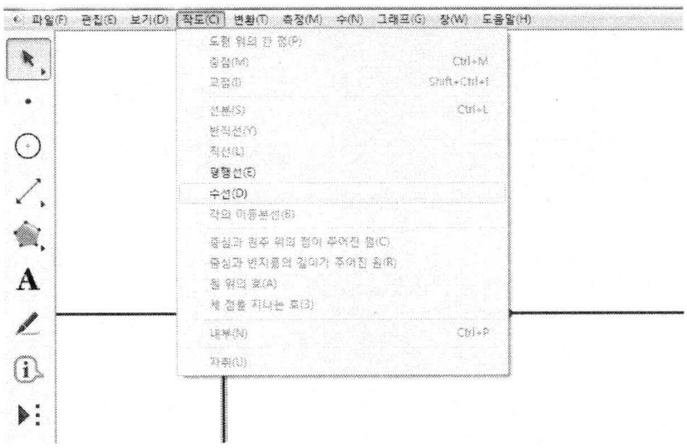

작도(C) **메뉴**의 활성화된 수선을 선택하여 수선을 그린다.

Step 07

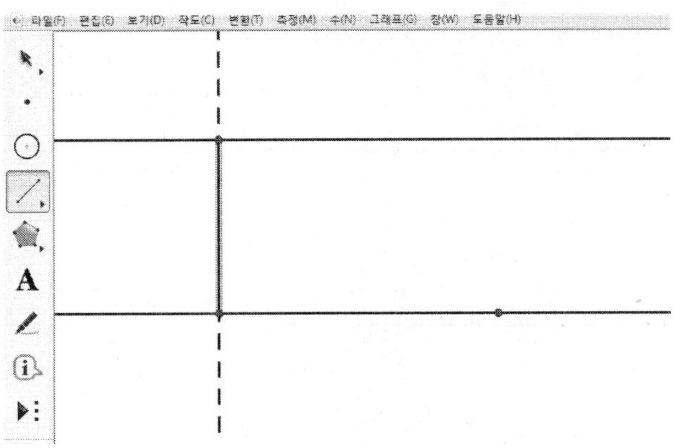

선분 도구를 선택하여 평행선의 거리에 해당하는 선분을 겹쳐 그린다.

Step 08

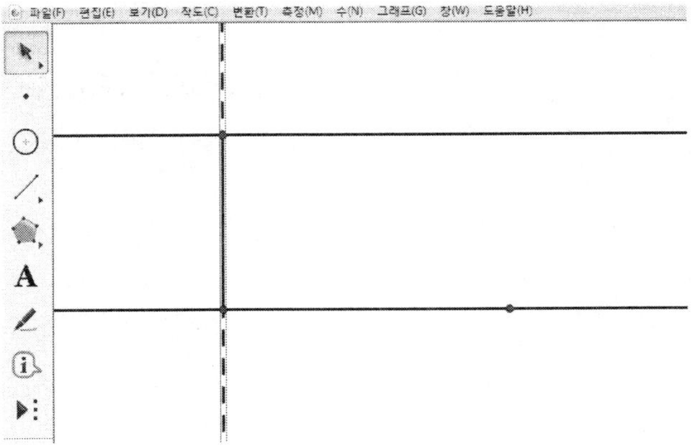

화살표 도구로 파선으로 바뀐 부분을 선택한다.

Step 09

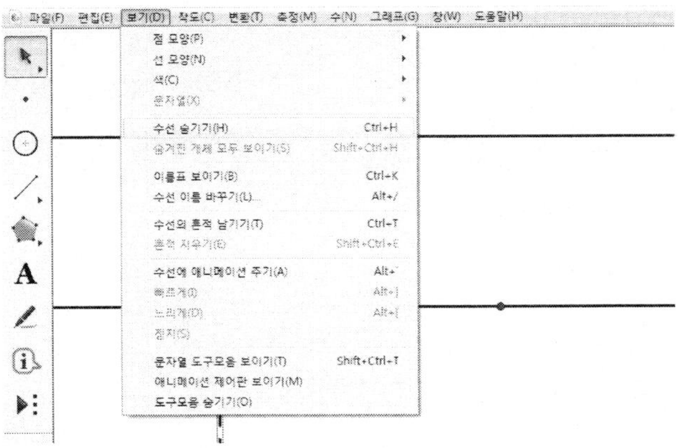

보기(D) **메뉴**의

수선 숨기기(H) 를 선택한다.

Step 10

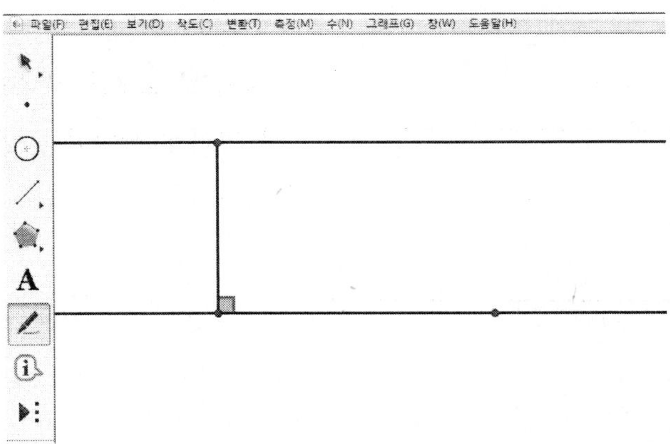

펜 도구로 각 부분을 드래그하여 직각 표시를 그린다.

평행선 사이의 거리에 대해 설명해봅시다.

- 평행선의 한 직선에서 다른 직선에 수선을 긋습니다. 이때 이 수선의 길이를 **평행선 사이의 거리**라고 합니다.

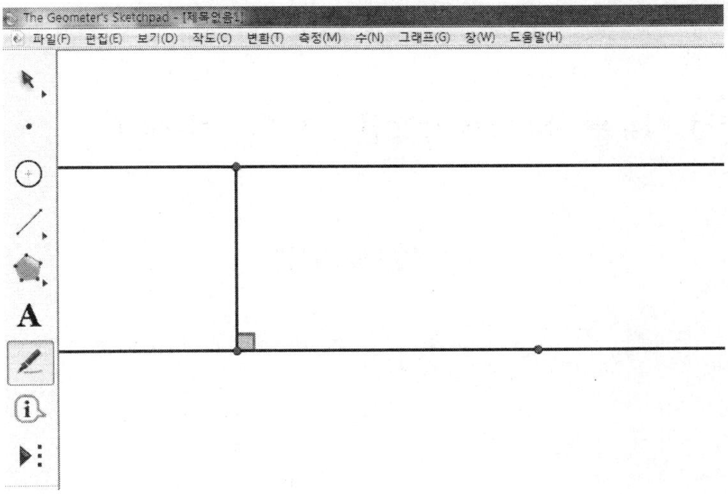

활용Tip

1. 각을 표시한 뒤 **펜 도구**로 각 부분을 클릭하면 각 표시선을 여러 개 그릴 수 있다.
2. 각의 회전 방향 표시를 없애고 싶을 때는 **펜 도구**를 지정한 후 각을 오른쪽 클릭하여 속성(O) **메뉴**를 클릭하여 '각 표시' 탭에서 '회전 방향 표시'의 체크를 해제하면 된다.

활동 2 평행선 사이의 거리 재기

평행선 사이의 거리를 재어봅시다.

방법1 측정 메뉴를 사용하여 평행선 사이의 거리 재기

활/용/기/능

측정(M) 길이(L)

Step 01

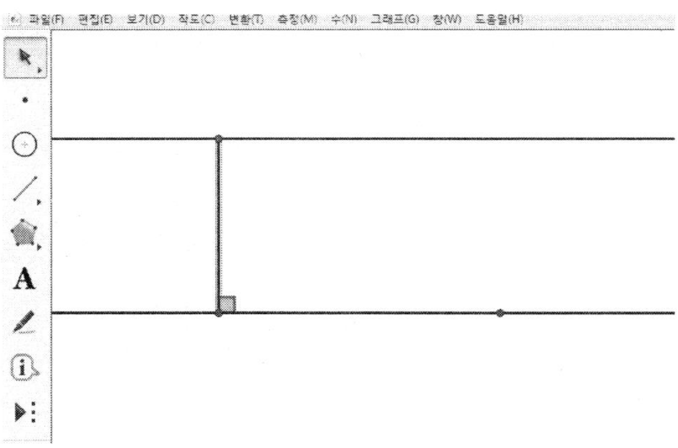

화살표 도구로 '활동 1'에서 그렸던 평행선 사이의 거리에 해당하는 선분을 선택한다.

Step 02

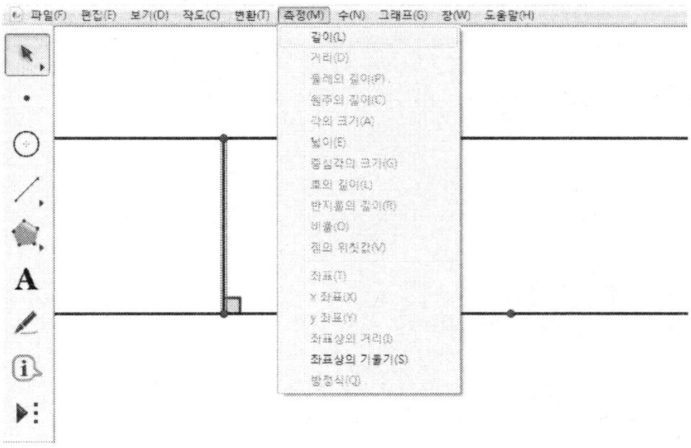

측정(M) **메뉴**의 활성화 된 길이(L) 를 선택한다.

Step 03

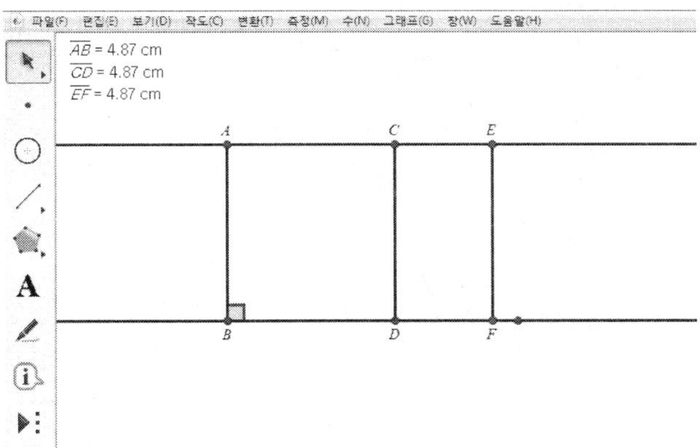

'활동 1'의 방법을 활용하여 여러 개의 수선을 그려보고 평행선 사이의 거리는 어디서 재어도 같음을 알 수 있다.

활용Tip

1. 점의 이름을 바꾸고 싶을 땐 **화살표 도구**로 점의 이름을 더블클릭한다.
2. 화살표 도구로 길이값을 오른쪽 클릭하여 속성(O) **메뉴**의 '값' 탭에서 자릿수를 설정할 수 있다.

탐구 과제 도형에서 평행선을 찾아 평행선 사이의 거리를 재어 보시오.

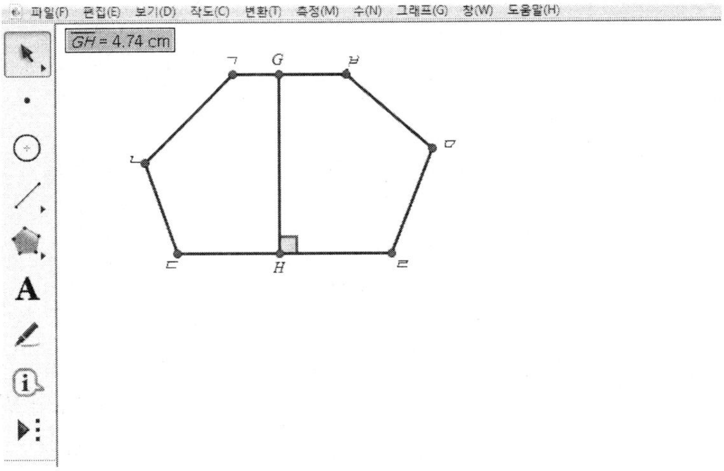

평행선을 그어 여러 가지 규칙적인 무늬를 만들 수 있다. **학습목표**

활동 1 평행선을 여러개 그어 무늬 만들기

평행선을 여러 개 그어 무늬를 만들어봅시다.

방법1 서로 다른 두 개의 평행선을 여러 번 그려 무늬 만들기

활/용/기/능

변환(T)

Step 01

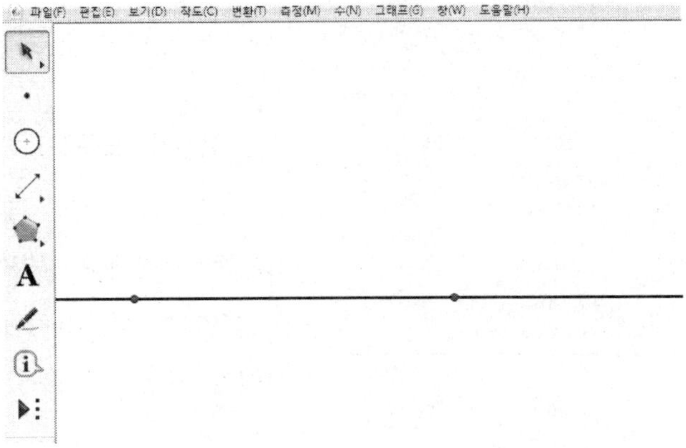

직선 도구를 이용해 직선을 그린다.

Step 02

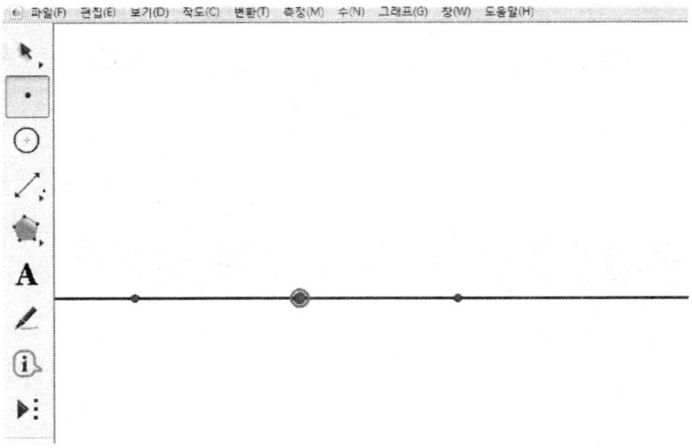

점 도구를 이용해 직선 위에 임의의 점을 찍는다.

Step 03

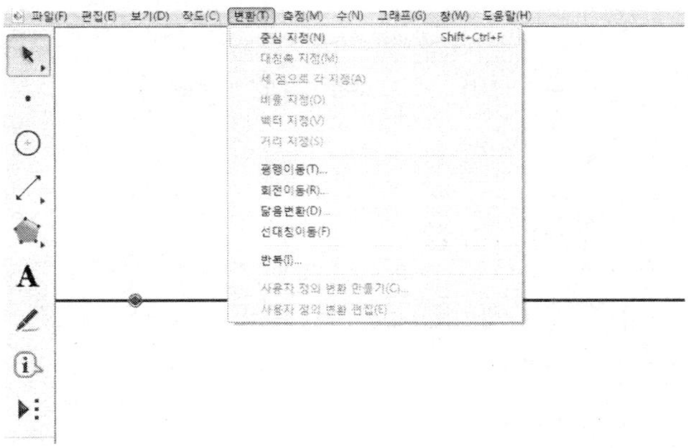

화살표 도구로 직선 위의 한 점을 선택하고 중심 지정 한다.

Step 04

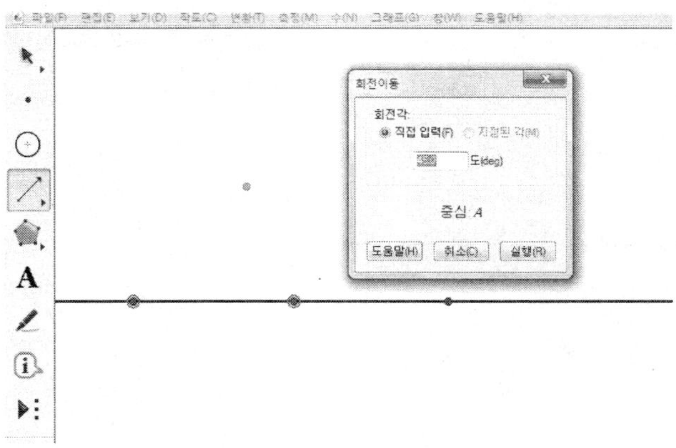

화살표 도구로 중심 지정이 된 점과 직선 위의 임의의 점을 차례로 선택하고 **변환(T)** **메뉴**의 회전이동을 선택한다. (각도는 임의로 지정 가능)

Step 05

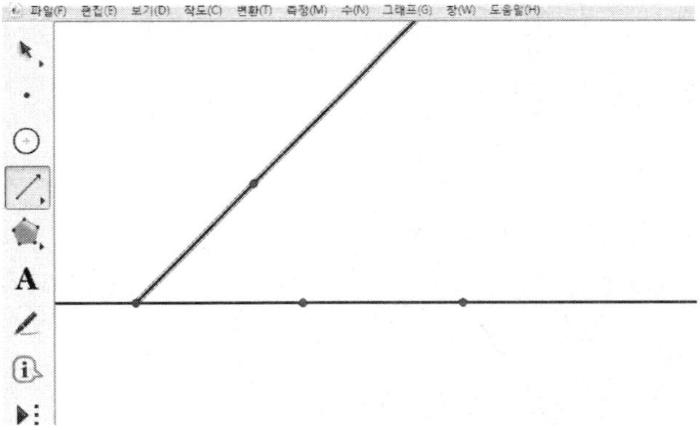

반직선 도구를 이용하여 중심과 회전이동된 점을 연결한다.

Step 06

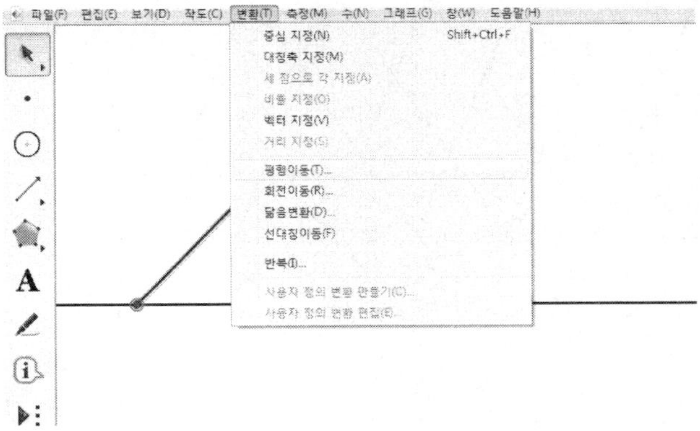

화살표 도구로 반직선을 선택하고 변환(T) 메뉴의 평행이동(T) 을 선택한다.

Step 07

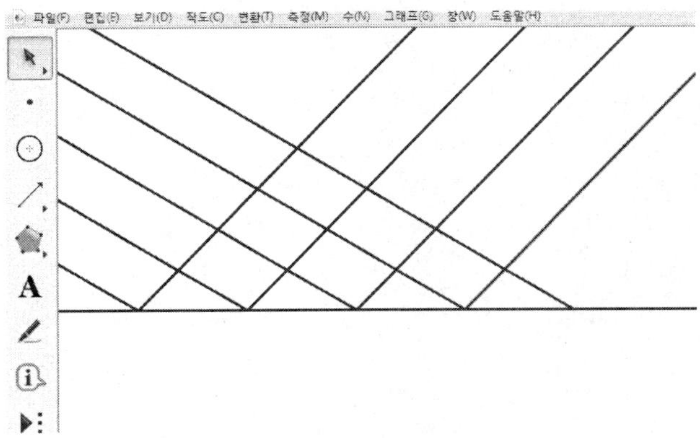

여러 번 반복하여 평행선을 그려 무늬를 만든다.

활용Tip

1. 변환(T) 메뉴의 평행이동을 클릭하면 벡터종류가 3가지 있다. 거리/방향 개념이 어려운 학생들에게는 가로/세로 개념으로 접근하도록 한다.
2. 화살표 도구로 점을 모두 선택하여 보기(D) 의 점 숨기기(H)를 클릭하면 선만 남는다.

탐구 과제 평행선을 그려 무늬를 만들어 보시오.

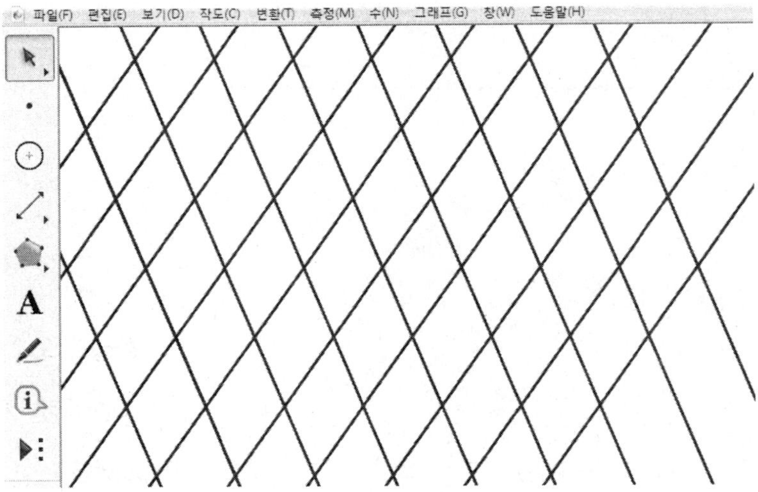

다각형

사다리꼴을 알 수 있다. **학습목표**

활동 1 사다리꼴 그리기

사다리꼴을 그려봅시다.

방법1 평행이동 이용하여 사다리꼴 그리기

활/용/기/능

변환(T)	벡터 지정(V)	평행이동(T)	직선 숨기기(H)

Step 01

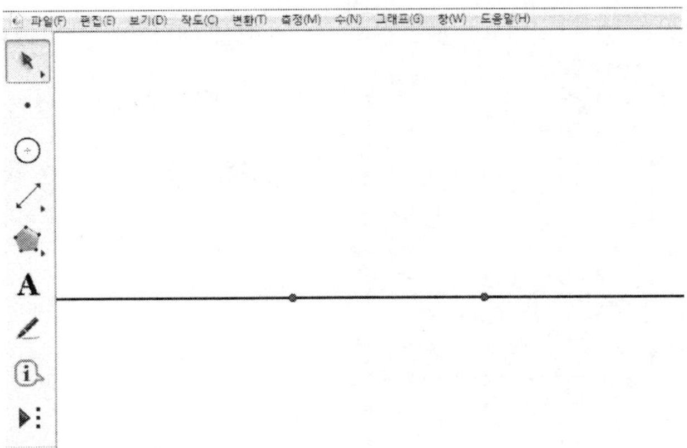

직선 도구를 활용하여 두 점을 지나는 직선을 그린다.

Step 02

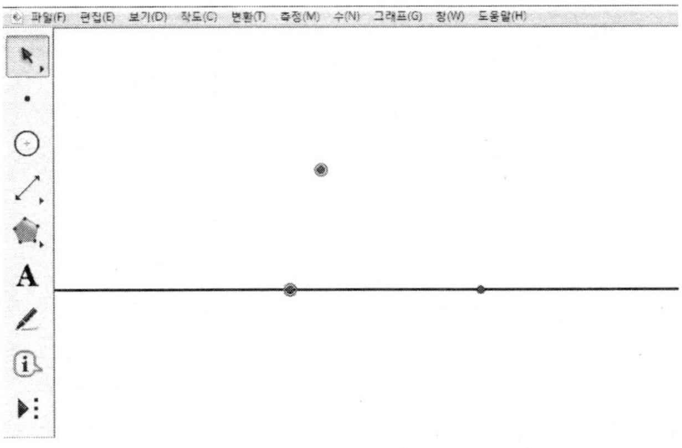

점 도구를 활용하여 한 점을 그린다. 화살표 도구로 직선 위의 왼쪽 점과 새로이 그린 점을 순서대로 선택한다.

Step 03

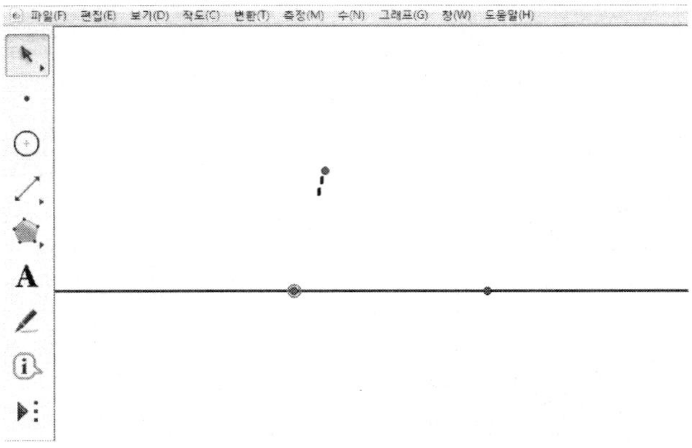

변환(T) 메뉴를 눌러 활성화된 벡터 지정(V) 을 클릭한다.

Step 04

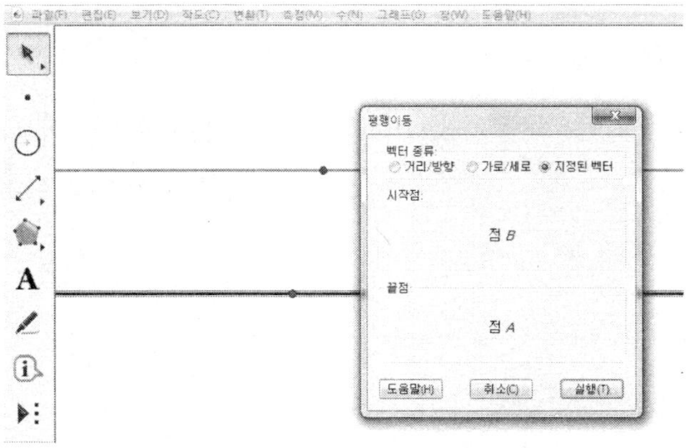

직선을 선택한 상태에서 변환(T) 메뉴를 눌러 활성화된 평행이동(T) 을 클릭한다.

Step 05

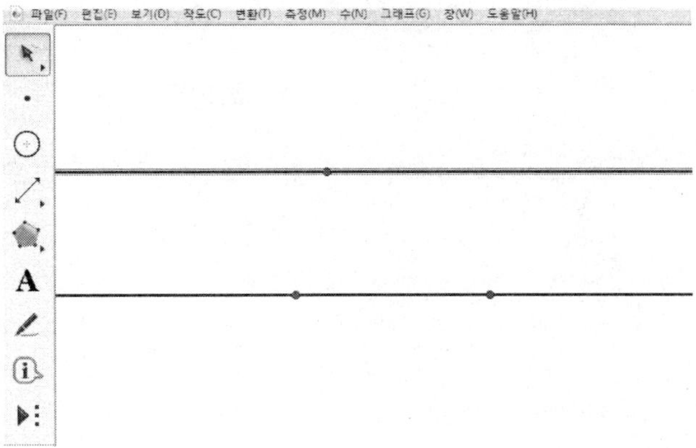

지정된 벡터를 선택한 후 실행(R) 을 클릭한다.

Step 06

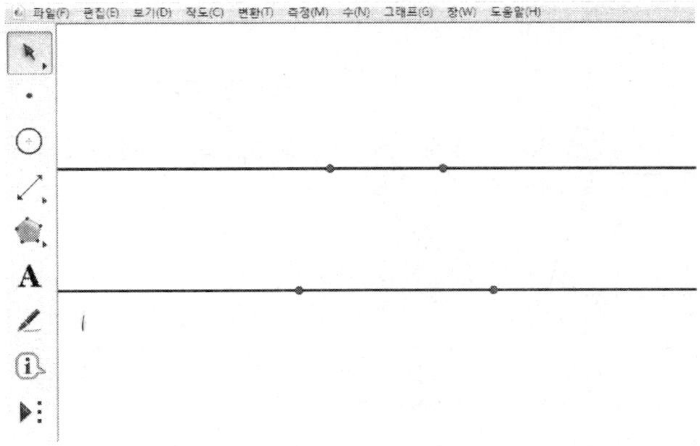

점 도구를 이용하여 평행이동된 직선 위에 한 점을 그린다.

Step 07

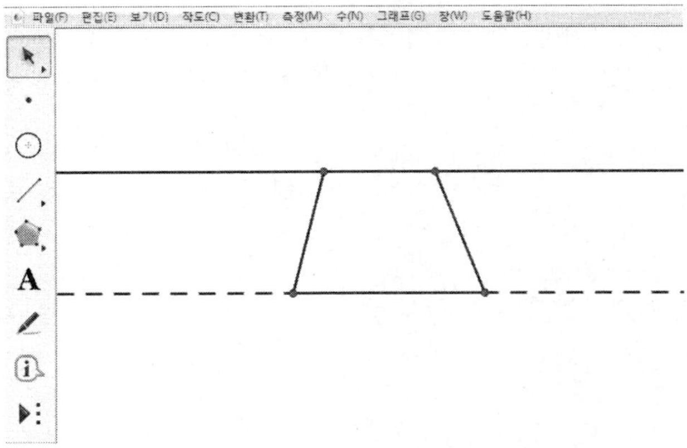

선분 도구를 이용하여 네 개의 점을 잇는 선분을 순서대로 그린다.

Step 08

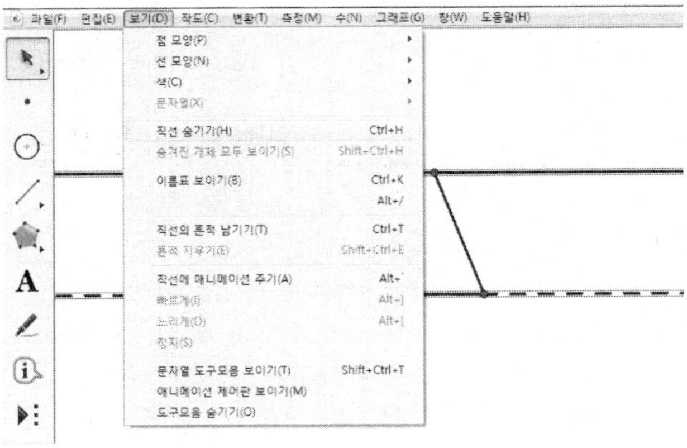

화살표 도구로 두 직선을 선택한 후 보기(D) 메뉴의 직선 숨기기(H) 를 클릭한다.

Step 10

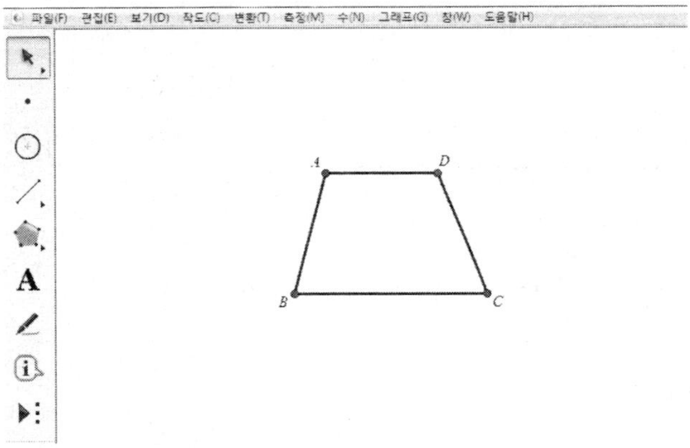

A 글 도구를 사용하여 사다리꼴의 네 점에 이름표를 붙인다.

Step 11

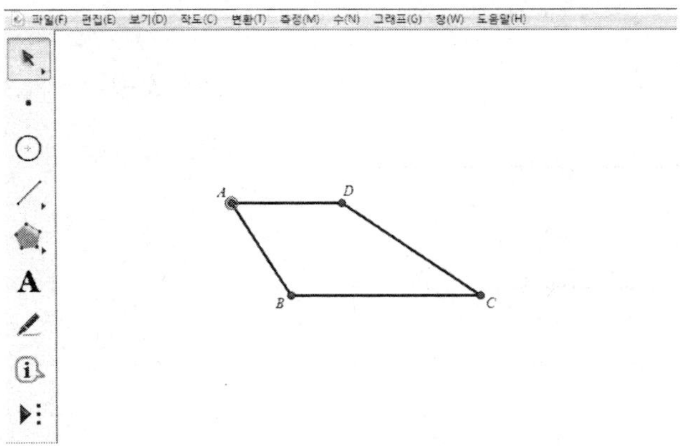

한 점 개체를 끌어서 위치를 변경하여도 사다리꼴의 성질은 유지된다.

활동 2 여러 가지 모양의 사다리꼴 그리기

여러 가지 모양의 사다리꼴을 그려봅시다.

방법1 수선을 이용하여 여러 가지 모양의 사다리꼴 그리기

활/용/기/능

수선(D) | 직선 숨기기(H) | 사각형 내부(N)

Step 01

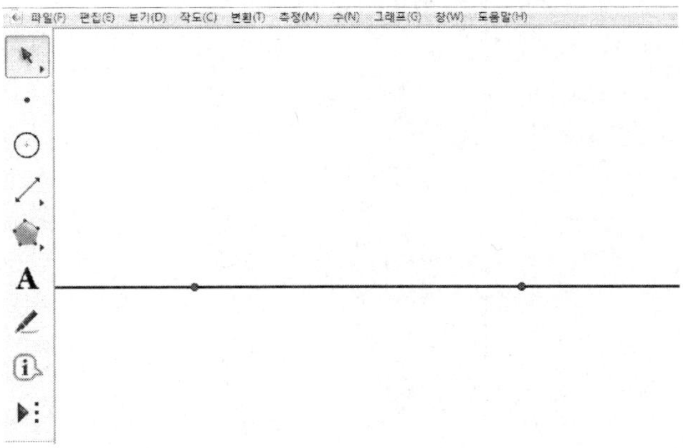

직선 도구를 활용하여 두 점을 지나는 직선을 그린다.

Step 02

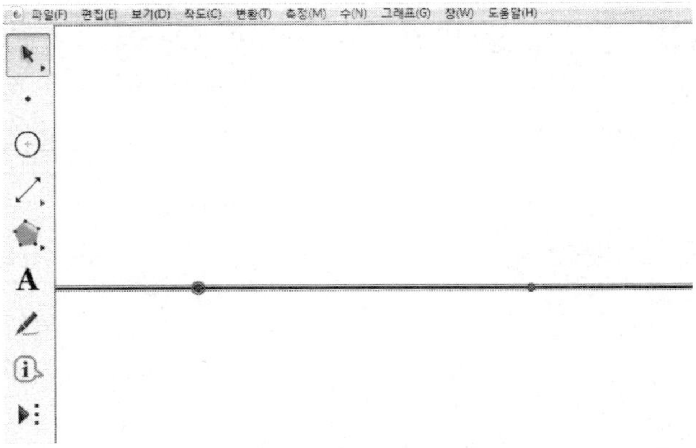

화살표 도구로 한 점과 선분을 선택한다.

Step 03

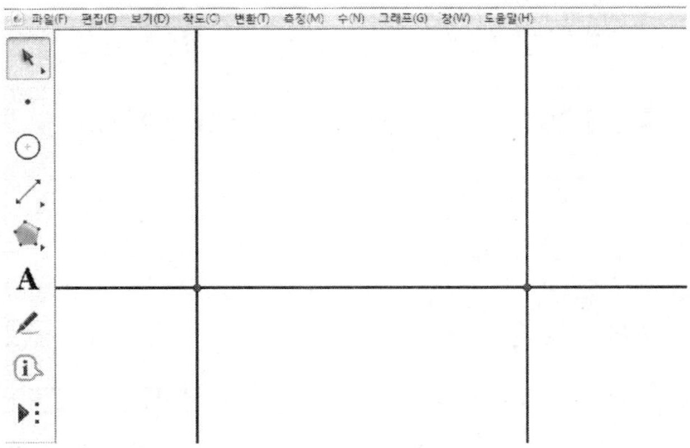

화살표 도구로 한 점과 직선을 선택한다. 작도(C) **메뉴**를 눌러 활성화된 수선(D) 을 선택한다. 반복하여 두 개의 수선을 그린다.

Step 04

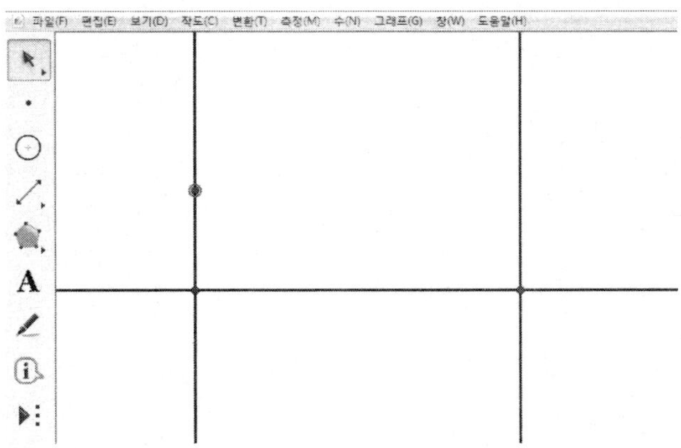

새로이 그려진 수선 위에 **점 도구**를 이용하여 한 점을 그린다.

Step 05

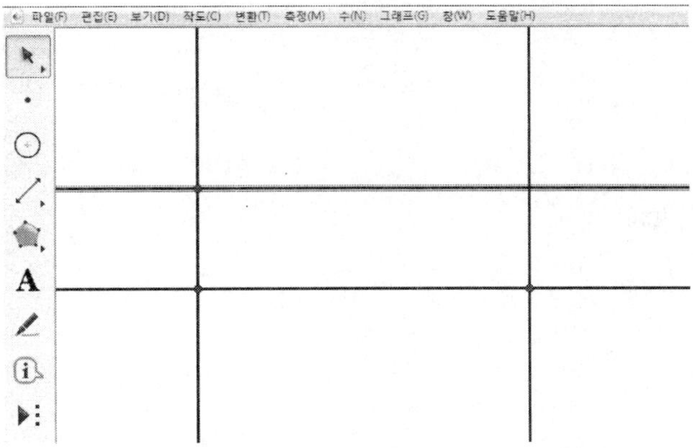

화살표 도구로 한 점과 수선 위의 한 점을 선택한다. 작도(C) 메뉴를 눌러 활성화된 수선(D)을 선택한다.

Step 06

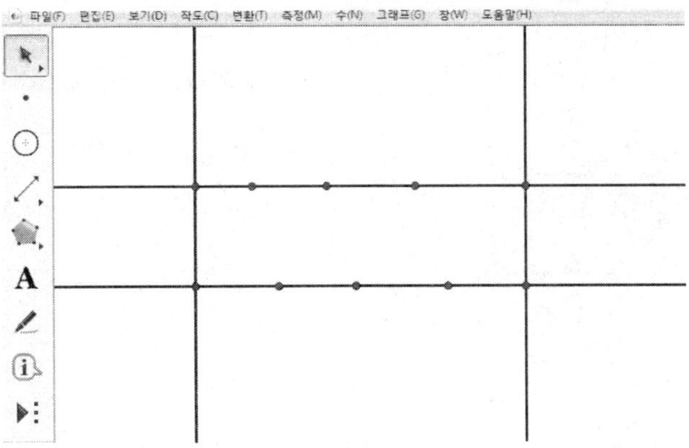

점 도구를 이용하여 수선과 수선이 만나는 지점에 점을 그린 후 처음 그린 직선과 평행하는 직선 위에 같은 수의 점을 그린다.

Step 07

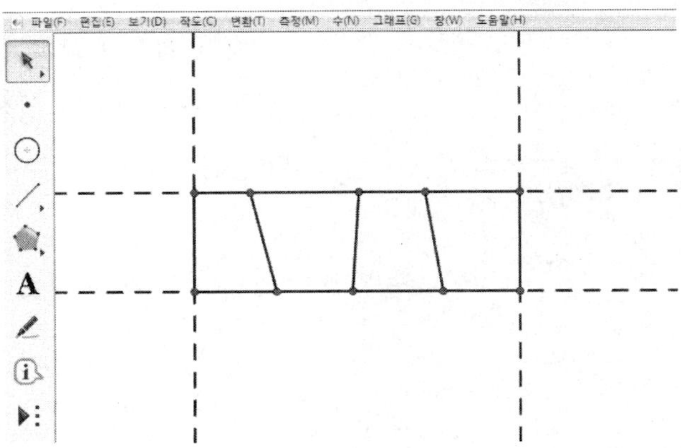

선분 도구로 여러 가지 사다리꼴을 완성한다.

Step 08

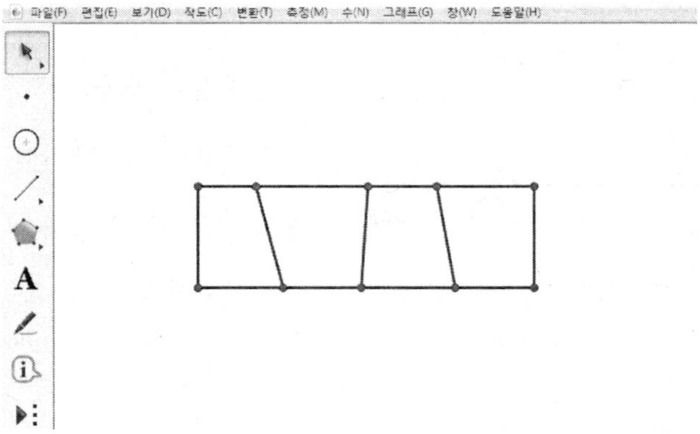

화살표 도구로 네 개의 직선을 선택한 후 보기(D) 메뉴의 직선 숨기기(H) 를 클릭하여 숨긴다.

Step 09

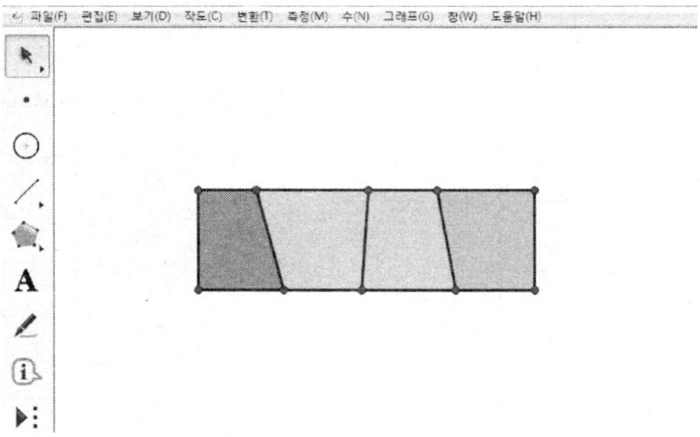

화살표 도구로 각 사다리꼴의 네 꼭짓점을 선택한다. 작도(C) 메뉴를 선택하고 사각형 내부(N) 를 클릭하여 사다리꼴을 색칠한다.

Step 10

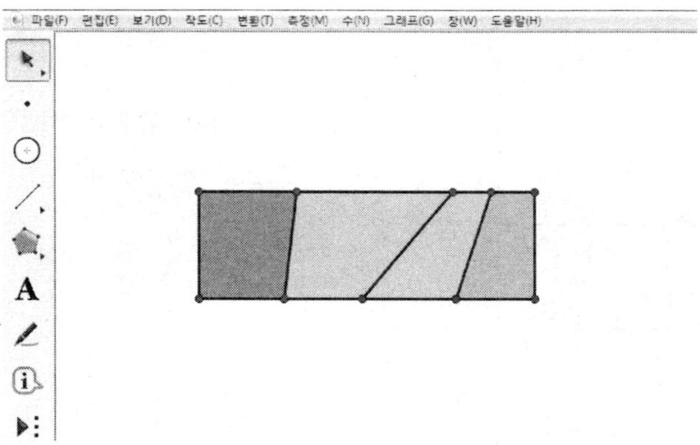

한 점 개체를 끌어서 위치를 변경하여도 사다리꼴의 성질은 유지된다.

사다리꼴이 무엇인지 설명해봅시다.

• 평행한 변이 있는 사각형, 즉 마주 보는 한 쌍의 변이 서로 평행한 사각형을 **사다리꼴**이라고 합니다.

탐구 과제 주어진 선분을 사용하여 사다리꼴을 그려봅시다.

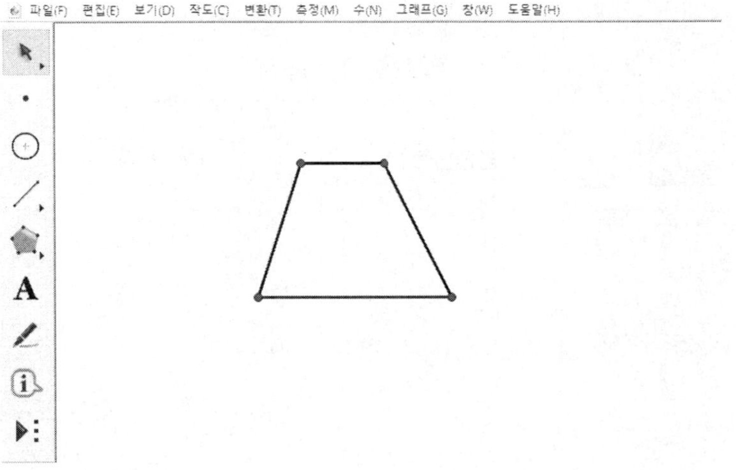

활용Tip

1. 중심 지정을 하지 않고 회전이동 명령을 실행하면, 자동으로 한 점이 중심으로 지정된다.
2. 개체를 선택한 후 보기(D) 메뉴의 숨기기를 선택할 때, 단축키 Ctrl+H를 활용하여 빠르게 개체를 숨길 수 있다.

평행사변형을 알 수 있다. **학습목표**

활동 1 평행사변형 그리기

평행사변형을 그려봅시다.

방법1 평행선 이용하여 평행사변형 그리기

활/용/기/능

평행선(E) | 개체 숨기기(H)

Step 01

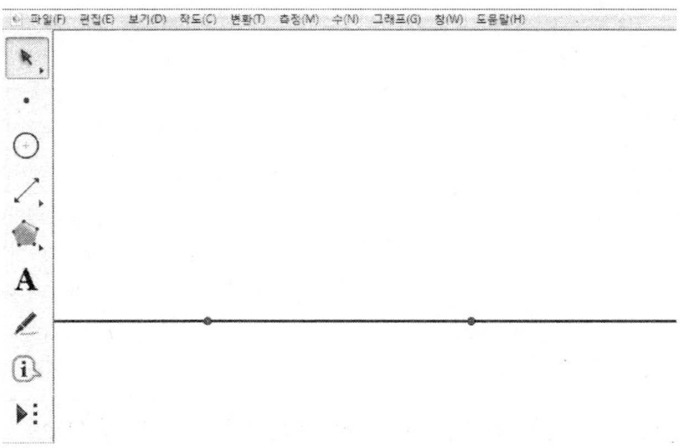

직선 도구를 활용하여 두 점을 지나는 직선을 그린다.

Step 02

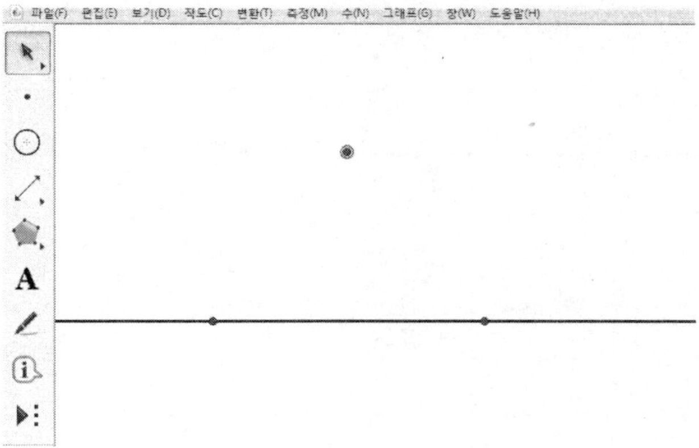

점 도구를 활용하여 한 점을 그린다.

Step 03

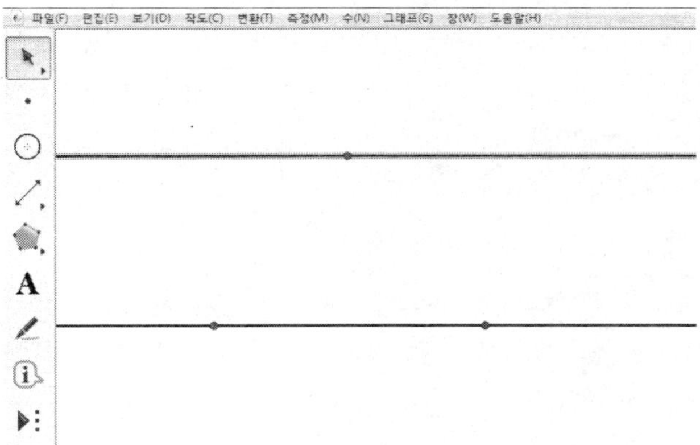

화살표 도구로 직선과 점을 선택한다. **작도(C)** **메뉴**의 **평행선(E)** 을 선택하여 직선과 평행한 직선을 그린다.

Step 04

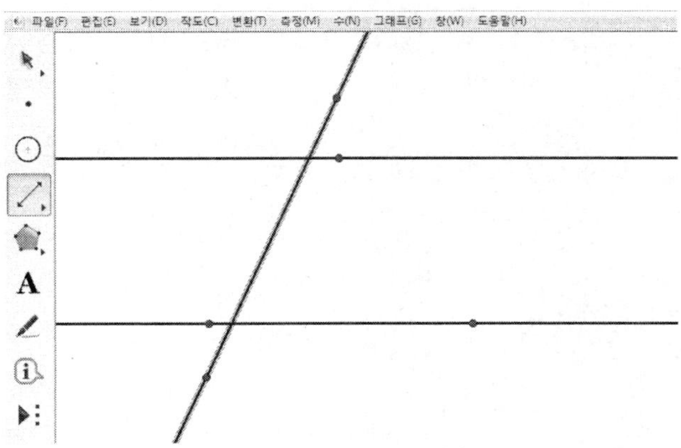

직선 도구를 이용하여 평행하는 두 직선과 교차하는 새로운 직선을 그린다.

Step 05

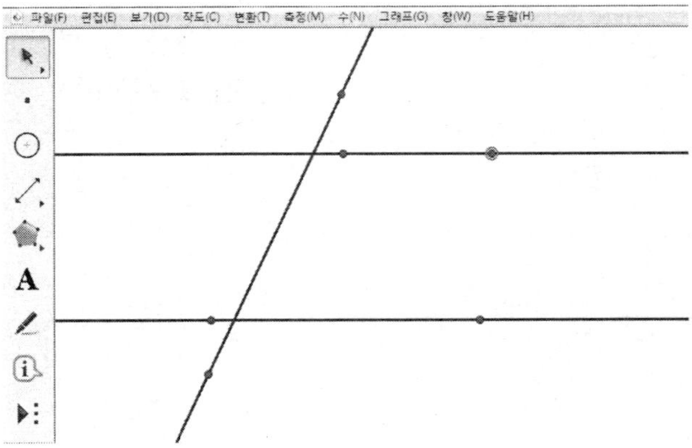

점 도구를 이용하여 평행하는 두 직선 중 한 직선 위에 점을 그린다.

Step 06

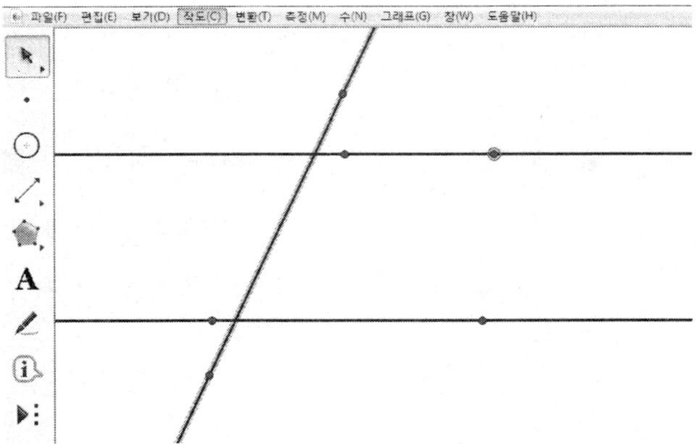

화살표 도구로 새로이 그린 직선과 점을 선택한다.

Step 07

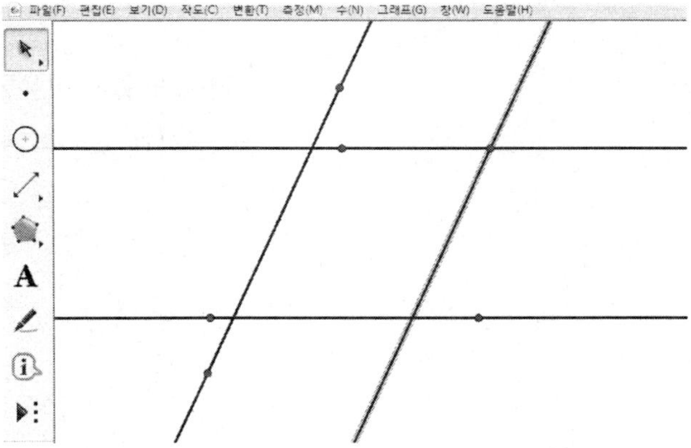

작도(C) 메뉴의 평행선(E) 을 선택하여 직선과 평행한 직선을 그린다.

Step 08

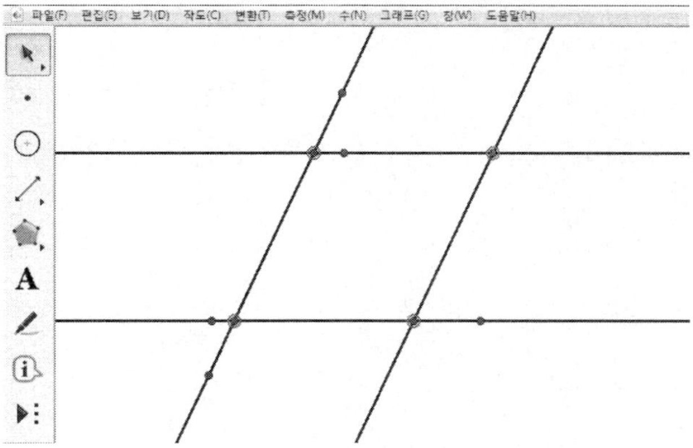

점 도구를 이용하여 두 쌍의 평행선이 교차하는 지점에 네 개의 점을 그린다.

Step 09

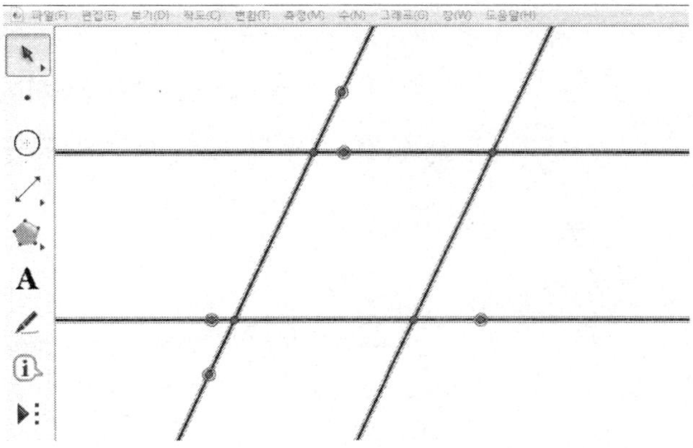

화살표 도구로 평행사변형을 이루는 네 개의 점 이외의 직선과 점을 모두 선택한다.

Step 10

보기(D) **메뉴**의

개체 숨기기(H) 를 클릭하여

숨긴다.

Step 11

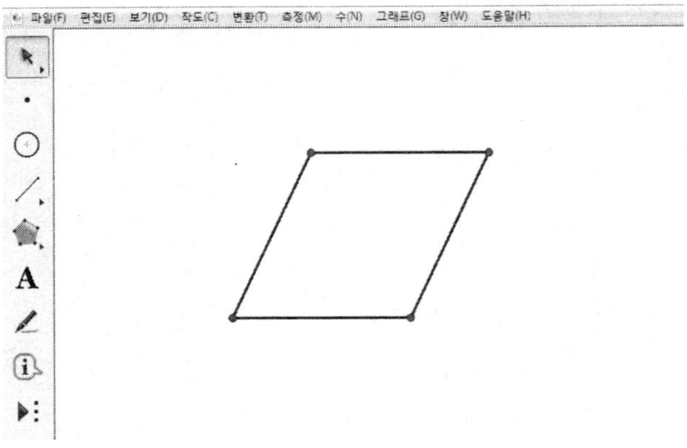

선분 도구를 이용하여 네 점을 이어 평행사변형을 완성한다.

Step 12

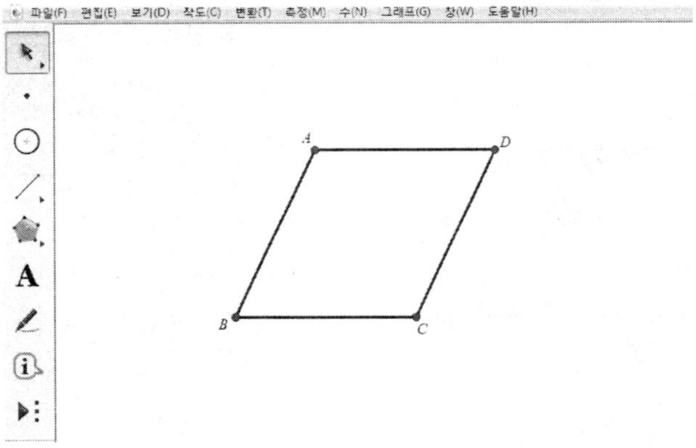

A 글 도구를 사용하여 평행사변형의 네 점에 이름표를 붙인다.

Step 13

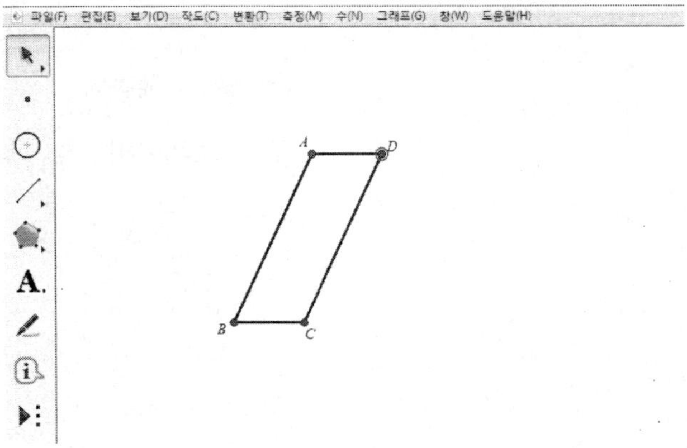

한 점 개체를 끌어서 위치를 변경하여도 평행사변형의 성질은 유지된다.

방법 2 벡터 지정을 이용하여 평행사변형 그리기

활/용/기/능

벡터 지정(V) | 평행이동(T) | 개체 숨기기(H)

Step 01

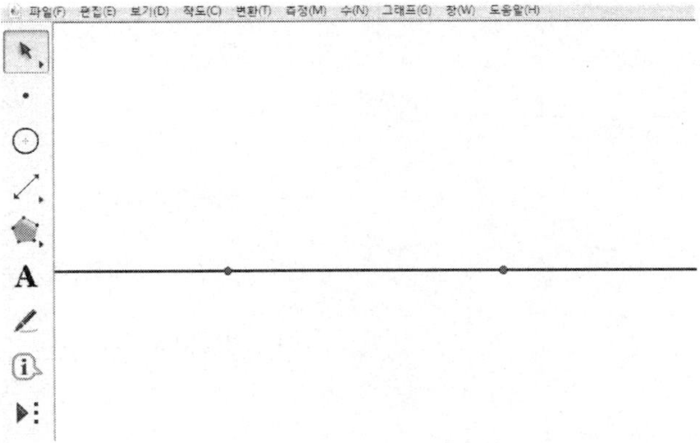

직선 도구를 활용하여 두 점을 지나는 직선을 그린다.

Step 02

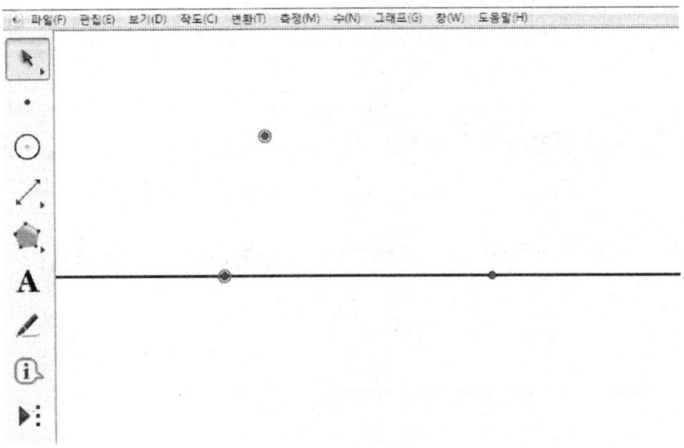

점 도구를 활용하여 한 점을 그린다. **화살표 도구**로 직선 위의 왼쪽 점과 새로이 그린 점을 순서대로 선택한다.

Step 03

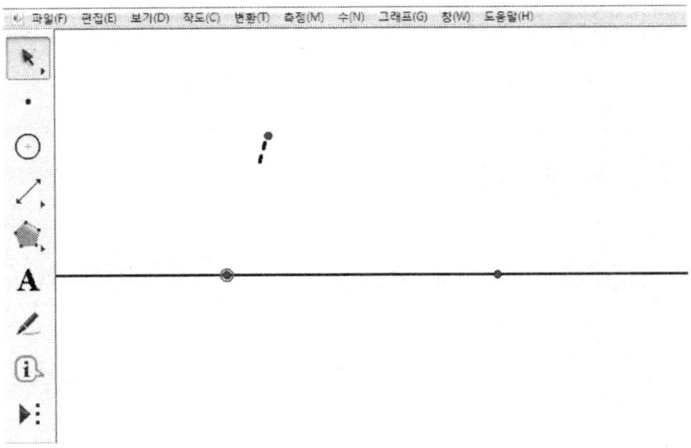

변환(T) **메뉴**를 눌러 활성화된 **벡터 지정(V)** 을 클릭한다.

Step 04

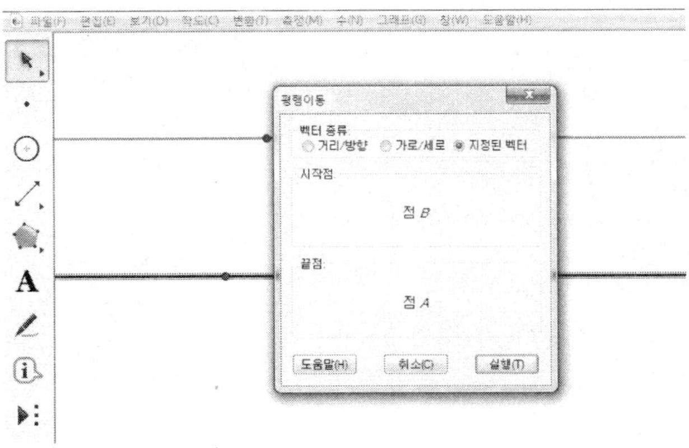

화살표 도구로 직선을 선택한 후 **변환(T)** **메뉴**를 눌러 활성화된 **평행이동(T)** 을 클릭한다.

Step 05

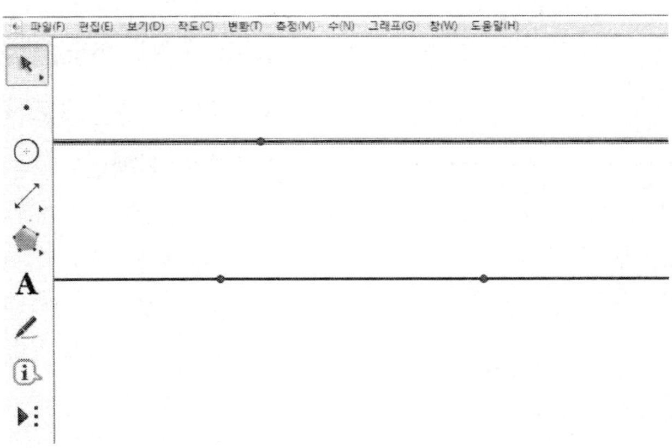

지정된 벡터를 선택한 후 **실행(R)** 을 클릭한다.

Step 06

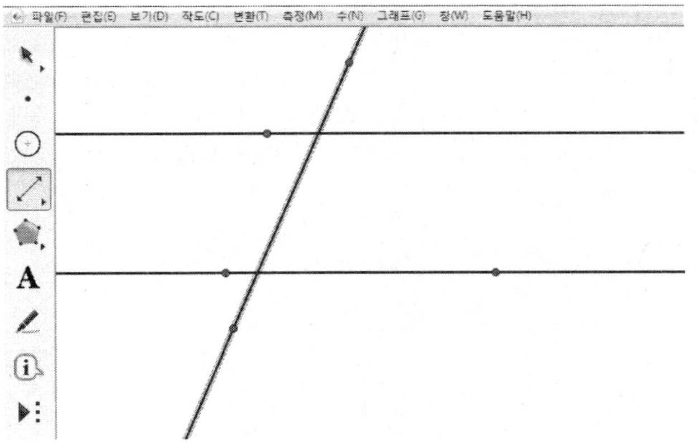

직선 도구를 이용하여 평행하는 두 직선과 교차하는 새로운 직선을 그린다.

Step 07

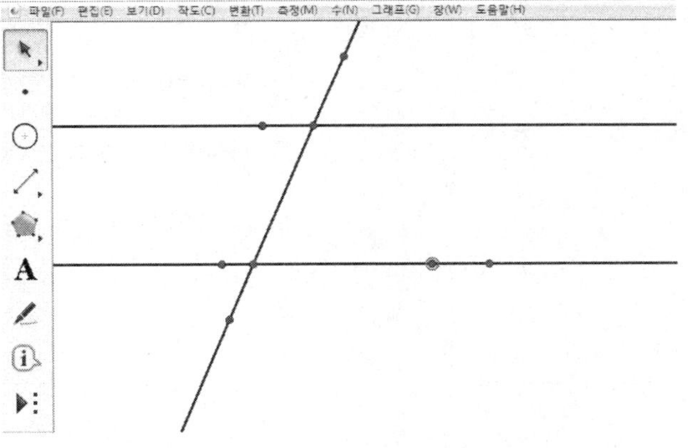

점 도구를 이용하여 직선이 교차하는 지점과 기존의 평행선 위에 한 점을 그린다.

Step 08

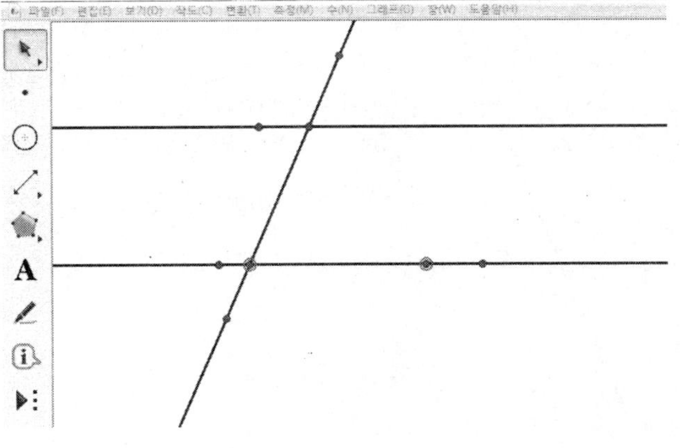

화살표 도구로 직선이 교차하는 점과 평행선 위의 한 점을 순서대로 선택한다.

Step 09

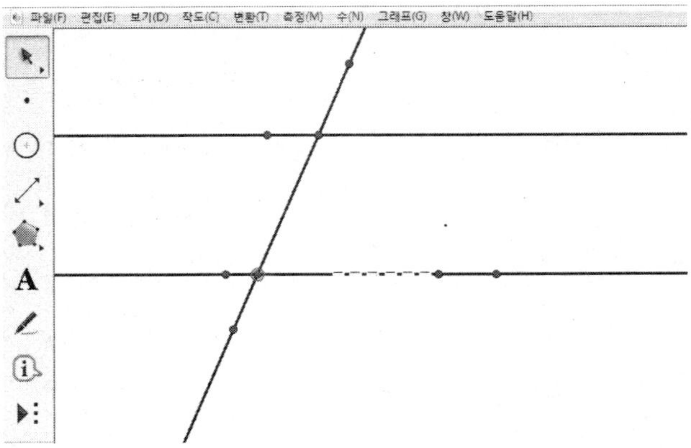

변환(T) **메뉴**를 눌러 활성화된 벡터 지정(V) 을 클릭한다.

Step 10

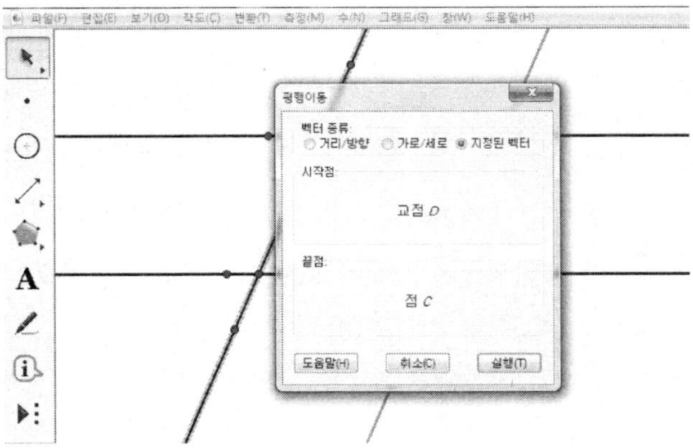

화살표 도구로 직선을 선택한 후 변환(T) **메뉴**를 눌러 활성화된 평행이동(T) 을 클릭한다.

Step 11

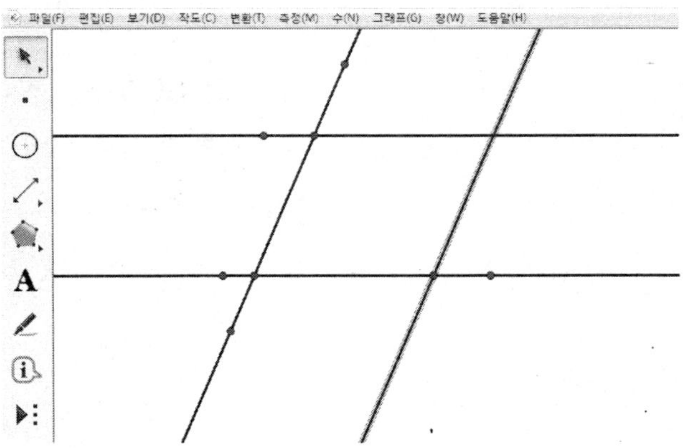

화살표 도구로 직선을 선택한다. 지정된 벡터를 선택한 후 실행(R) 을 클릭한다.

Step 12

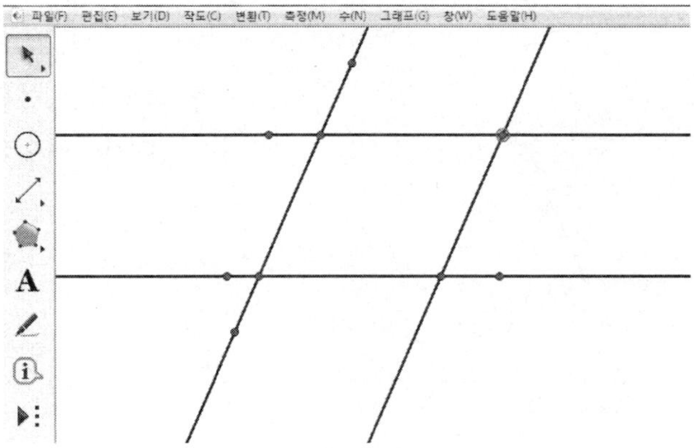

점 도구를 이용하여 두 쌍의 평행선이 교차하는 지점에 네 개의 점을 그린다.

Step 13

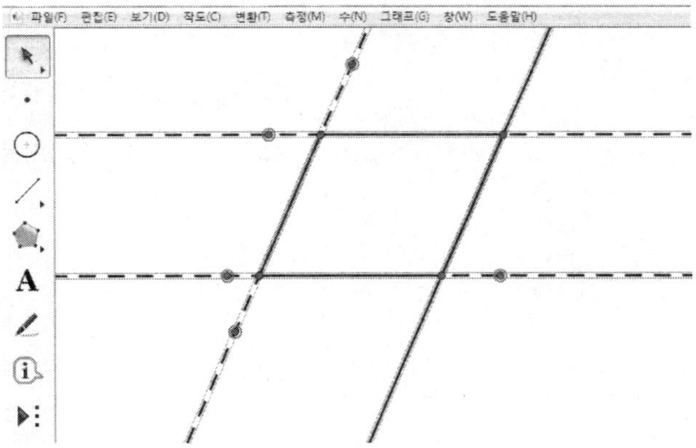

화살표 도구로 평행사변형을 이루는 네 개의 점 이외의 직선과 점을 모두 선택한다.

Step 14

보기(D) **메뉴**의

개체 숨기기(H) 를 클릭하여

숨긴다.

Step 15

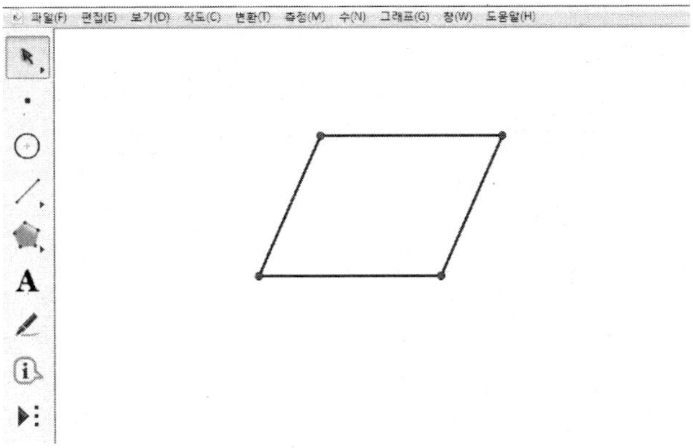

선분 도구를 이용하여 네 점을 이어 평행사변형을 완성한다.

Step 16

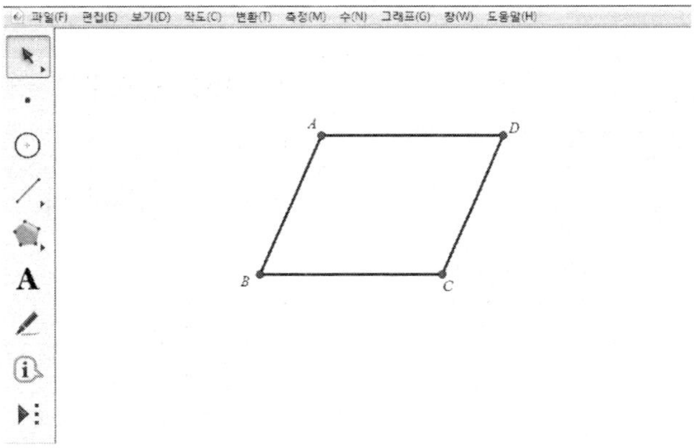

A **글 도구**를 사용하여 평행사변형의 네 점에 이름표를 붙인다.

Step 17

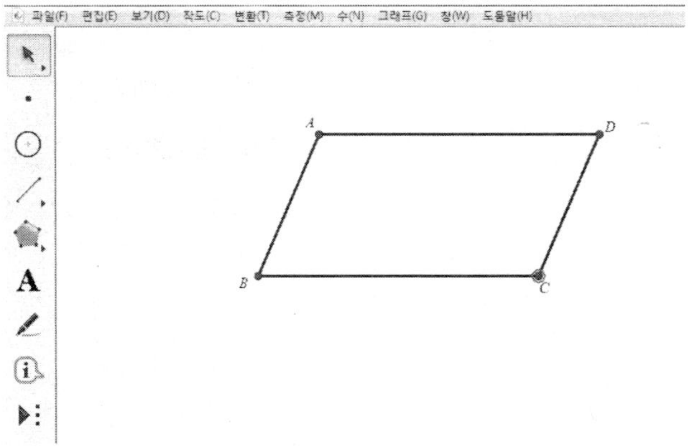

한 점 개체를 끌어서 위치를 변경하여도 평행사변형의 성질은 유지된다.

평행사변형이 무엇인지 설명해봅시다.

• 마주 보는 두 쌍의 변이 서로 평행한 사각형을 **평행사변형**이라고 합니다.

탐구 과제 주어진 선분을 사용하여 평행사변형을 그려봅시다.

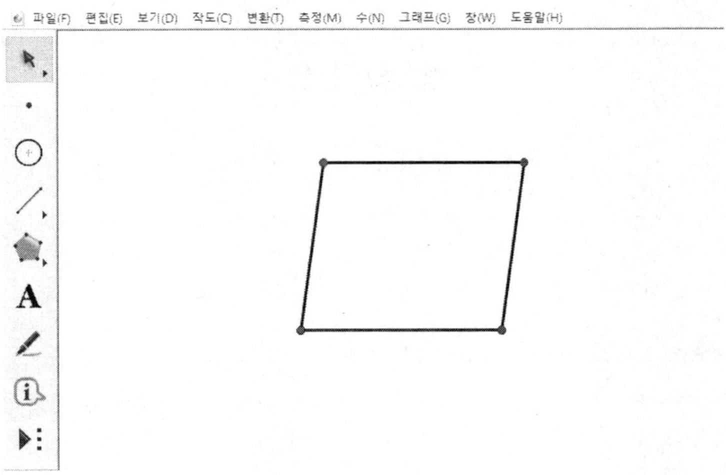

활용Tip

1. 벡터 지정 시 두 점을 선택하는 순서대로 벡터의 방향이 정해진다.
2. 개체가 겹쳐서 파선으로 표시되는 경우 개체를 선택한 후 마우스 오른쪽 버튼을 눌러 실선이나 점선으로 수정할 수 있다.

평행사변형의 성질을 알 수 있다. 학습목표

활동 1 마주 보는 두 변의 길이 비교하기

마주 보는 두 변의 길이를 비교해봅시다.

방법1 측정을 이용하여 마주 보는 두 변의 길이 비교하기

활/용/기/능

측정(M) 길이(L)

Step 01

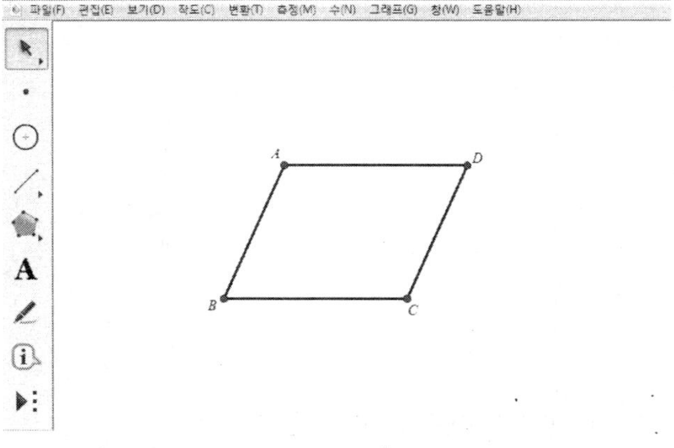

평행사변형을 그린다.

Step 02

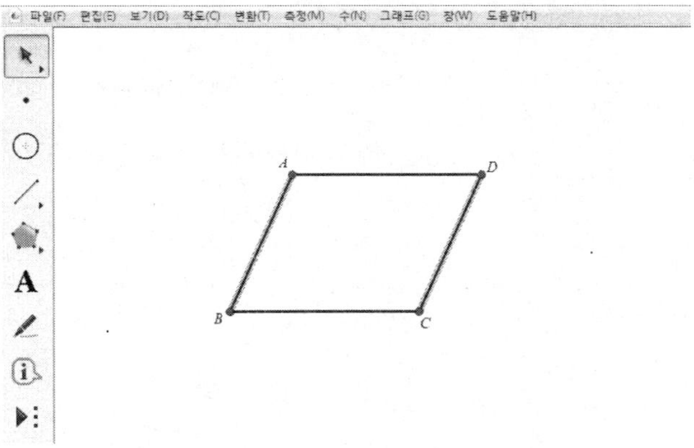

화살표 도구를 이용하여 평행산변형의 마주 보는 두 변을 선택한다.

Step 03

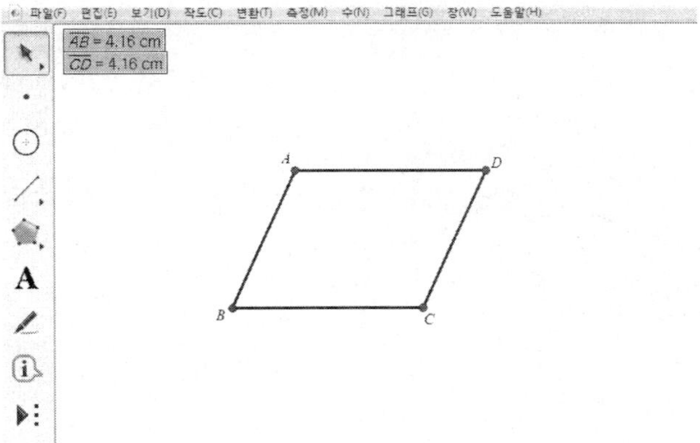

측정(M) 메뉴의 길이(L) 를 선택하여 제시된 두 변의 길이를 확인한다.

Step 04

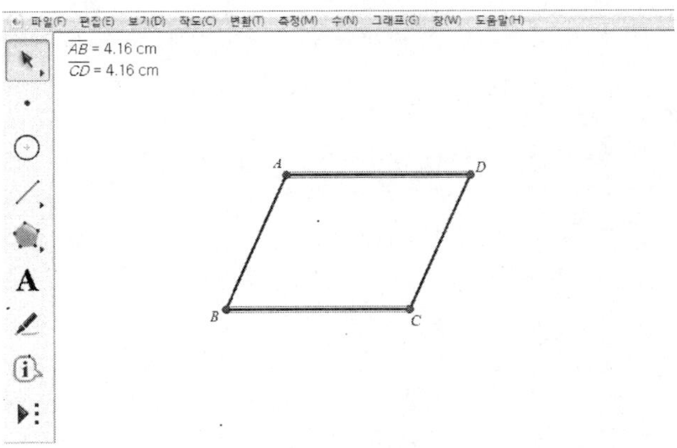

화살표 도구를 이용하여 평행산변형의 또 다른 마주 보는 두 변을 선택한다.

Step 05

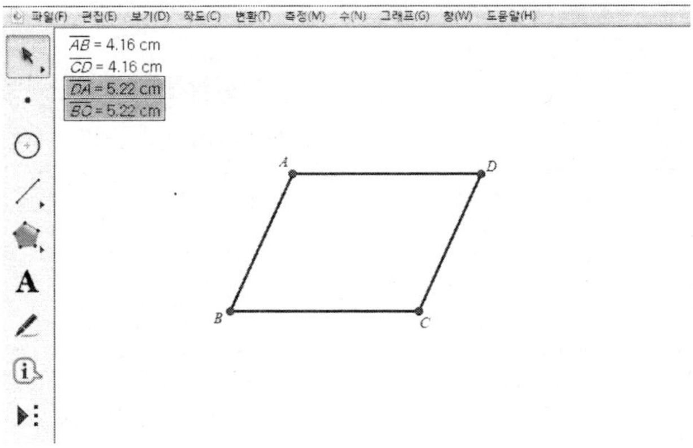

측정(M) 메뉴의 길이(L) 를 선택하여 제시된 두 변의 길이를 확인한다.

Step 06

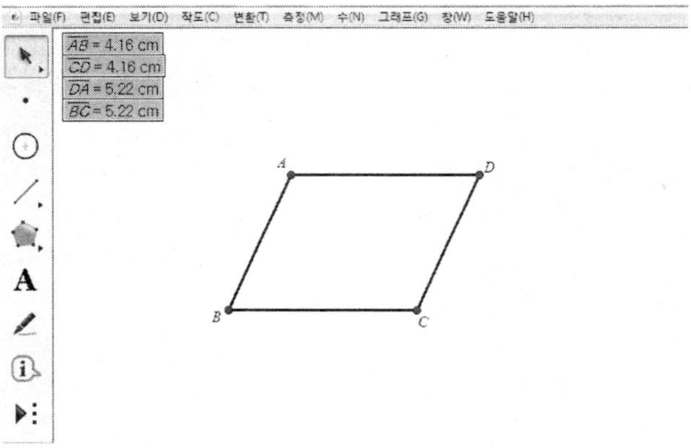

한 점 개체를 끌어서 위치를 변경하여도 평행사변형의 마주 보는 두 변의 길이는 같음을 확인할 수 있다.

활동 2 마주 보는 두 각의 크기 비교하기

마주 보는 두 각의 크기를 비교해봅시다.

방법1 측정을 이용하여 마주 보는 두 각의 크기 비교하기

활/용/기/능

측정(M) | 각의 크기(A)

Step 01

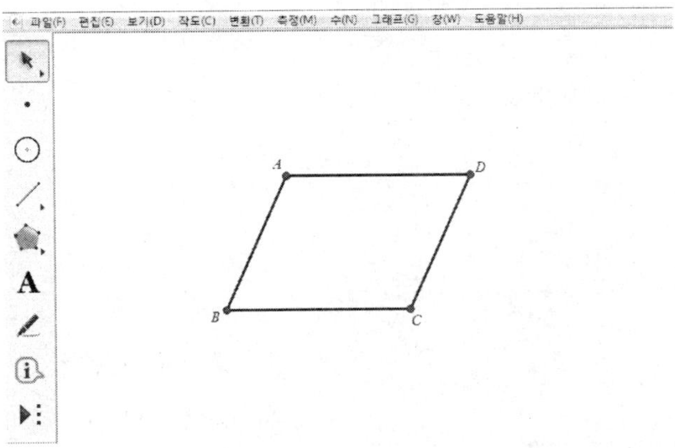

평행사변형을 그린다.

Step 02

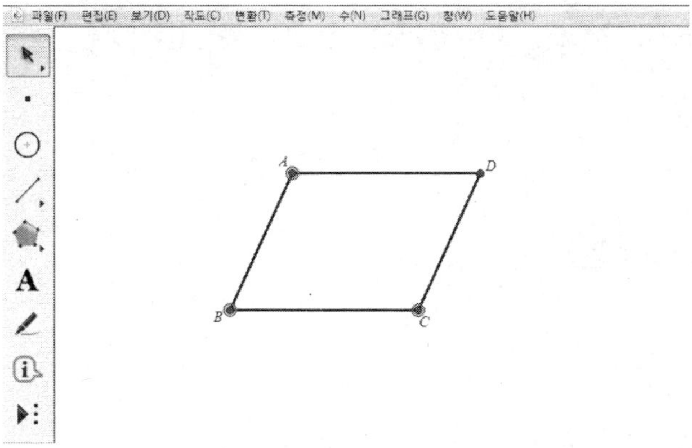

화살표 도구를 점 A, 점 B, 점 C를 선택한다.

Step 03

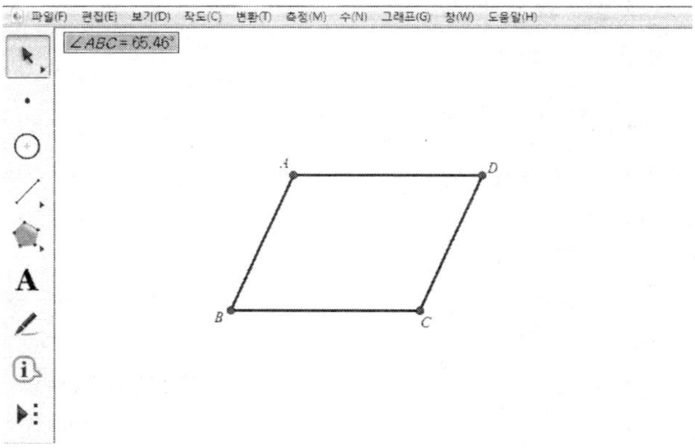

측정(M) 메뉴의 각의 크기(A) 를 선택하여 각 ABC의 크기를 측정한다.

Step 04

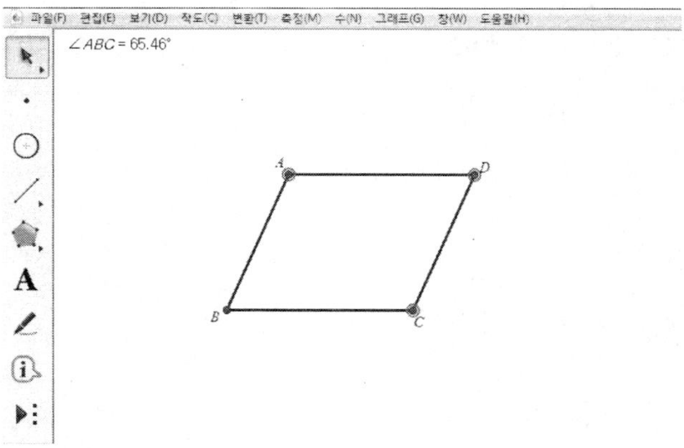

화살표 도구를 마주 보는 각을 이루는 점 A, 점 D, 점 C를 선택한다.

Step 05

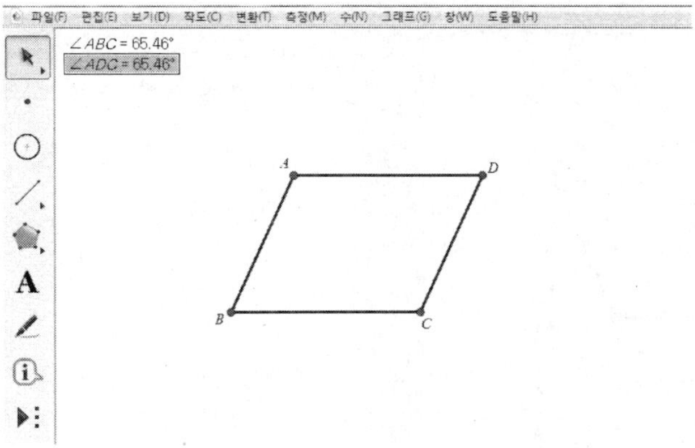

측정(M) **메뉴**의

각의 크기(A) 를 선택하여 각 ABC의 크기를 측정한다. 마주 보는 두 각의 크기를 비교한다.

Step 06

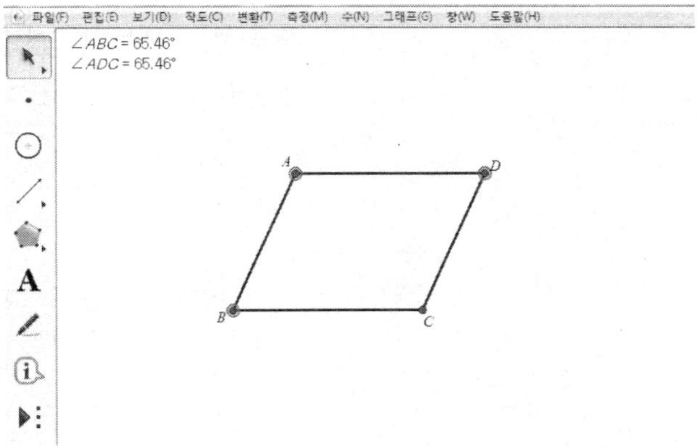

화살표 도구를 점 D, 점 A, 점 B를 선택한다.

Step 07

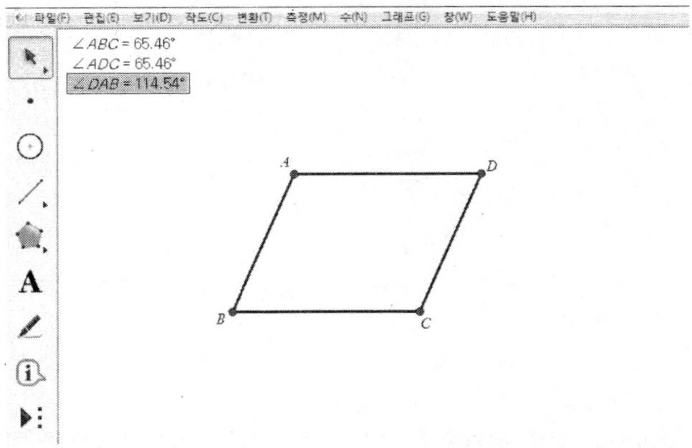

측정(M) **메뉴**의

각의 크기(A) 를 선택하여 각 DAB의 크기를 측정한다.

Step 08

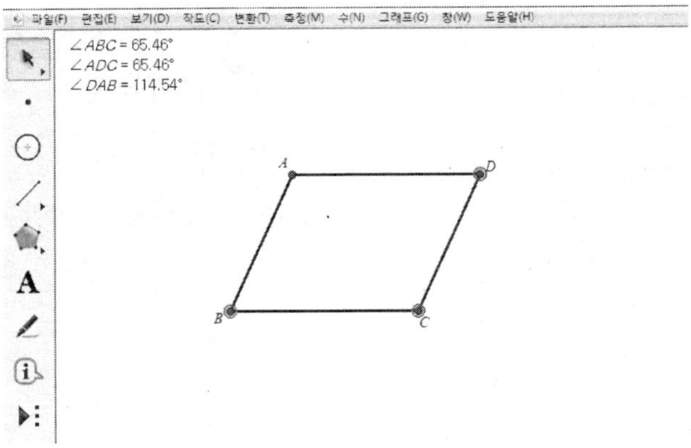

화살표 도구를 마주 보는 각을 이루는 점 B, 점 C, 점 D를 선택한다.

Step 09

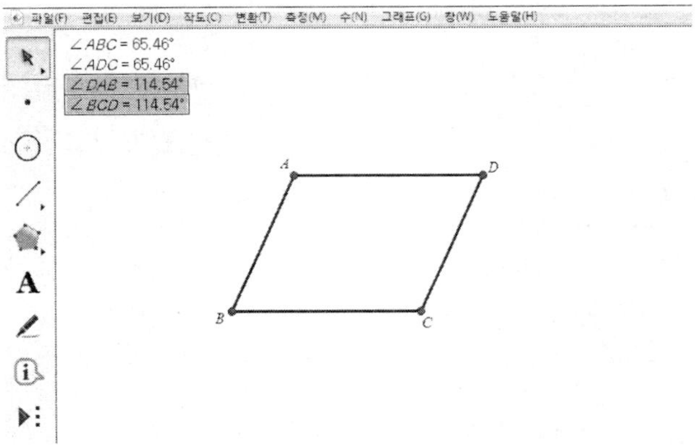

측정(M) **메뉴**의 **각의 크기(A)**를 선택하여 각 BCD의 크기를 측정한다. 마주 보는 두 각의 크기를 비교한다.

Step 10

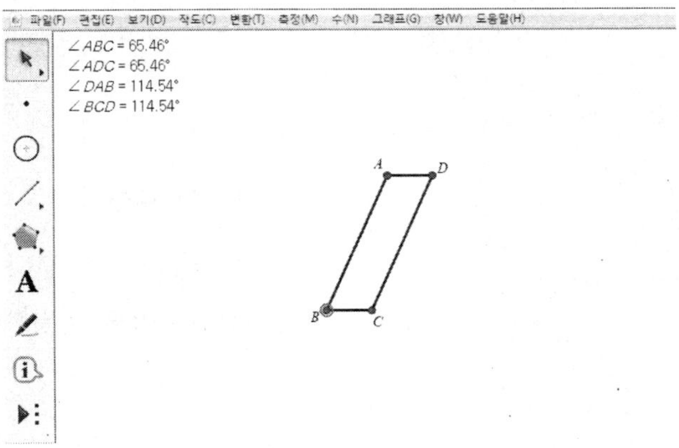

한 점 개체를 끌어서 위치를 변경하여도 평행사변형의 마주 보는 두 각의 크기는 같음을 확인할 수 있다.

활용Tip

- 측정한 각의 크기를 마우스 오른쪽 버튼으로 선택한 후 속성의 값을 클릭하면 각의 크기 값을 정수 단위, 0.1단위, 0.01단위 등으로 바꿀 수 있다.

탐구 과제

다음 평행사변형의 각 ABC의 크기를 구해봅시다.

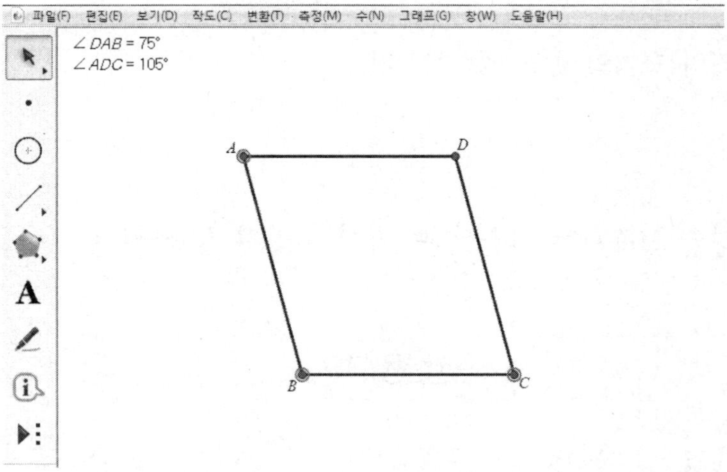

활동 3 이웃한 두 각의 크기의 합 알아보기

이웃한 두 각의 크기의 합을 알아봅시다.

방법1 측정을 이용하여 이웃한 두 각의 크기의 합 구하기

활/용/기/능

측정(M) 각의 크기(A) 수(N) 계산(U)

Step 01

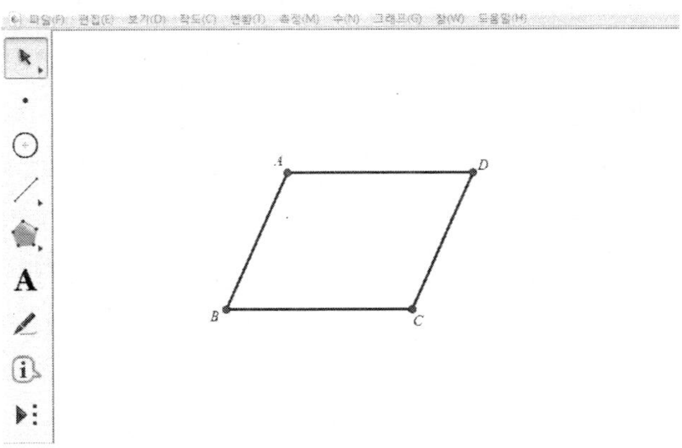

평행사변형을 그린다.

Step 02

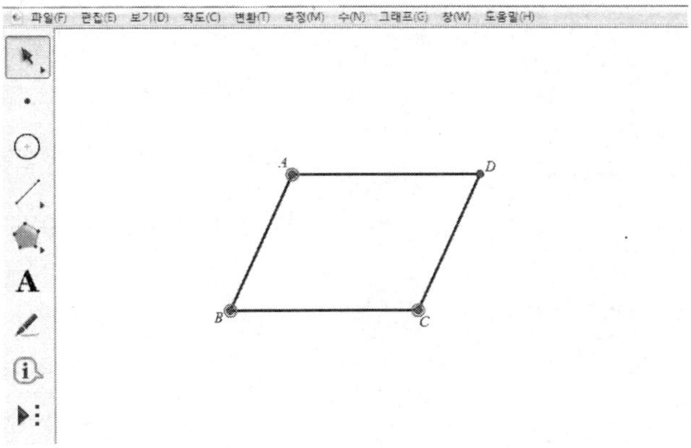

화살표 도구를 점 A, 점 B, 점 C를 선택한다.

Step 03

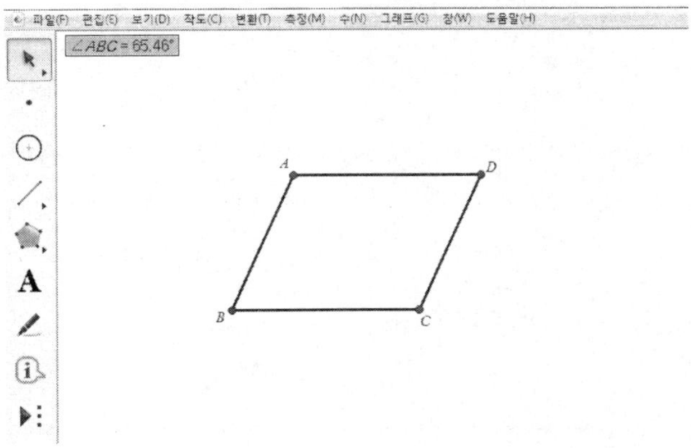

측정(M) **메뉴**의 **각의 크기(A)** 를 선택하여 각 ABC의 크기를 측정한다.

Step 04

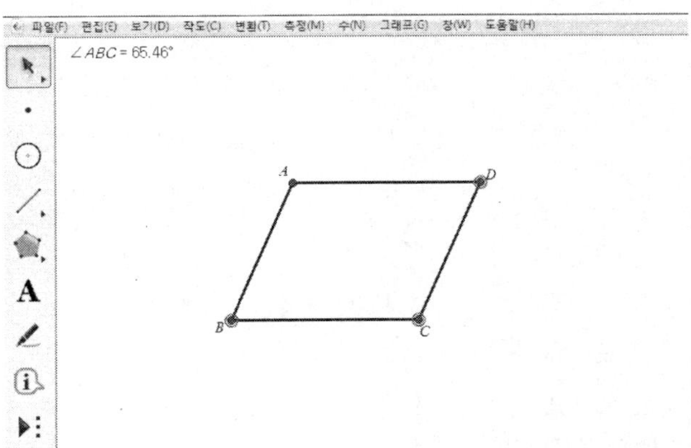

화살표 도구를 이용하여 이웃한 각을 이루는 점 B, 점 C, 점 D를 선택한다.

Step 05

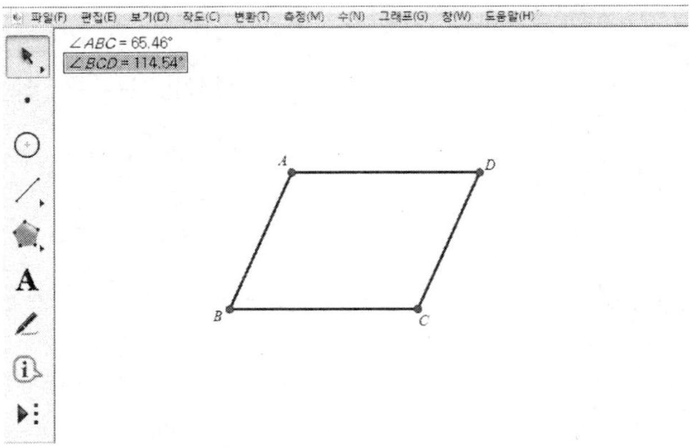

측정(M) **메뉴**의 **각의 크기(A)** 를 선택하여 각 BCD의 크기를 측정한다.

Step 06

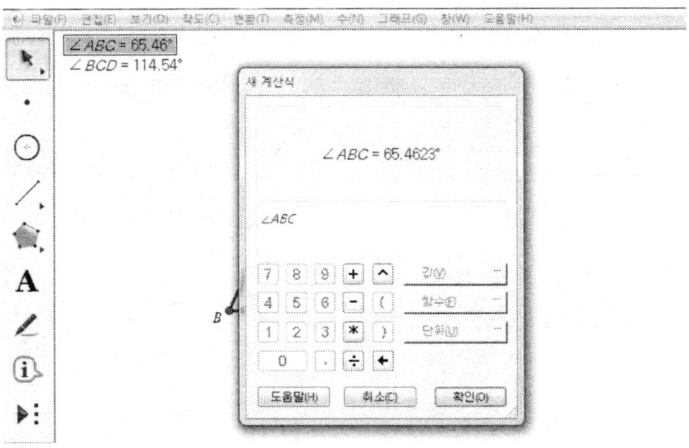

수(N) **메뉴**의 **계산(U)** 를 선택한다. 새 계산식 팝업창이 나타나면 화면 좌측 상단의 두 각 중 하나를 선택한다.

Step 07

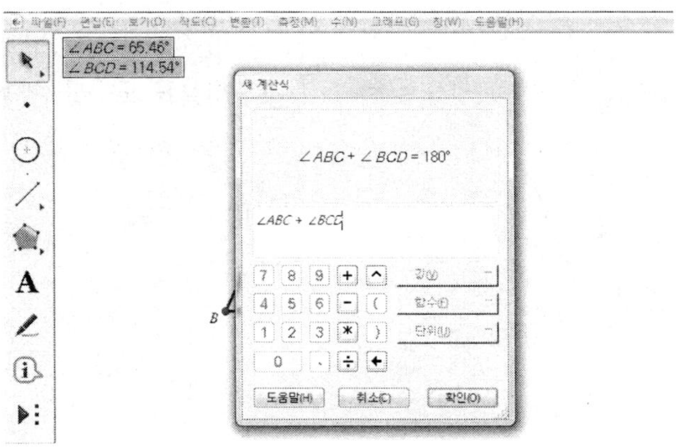

새 계산식 팝업창의 덧셈 기호(+)를 선택한 후 덧셈을 할 나머지 한 각을 선택한다.

Step 08

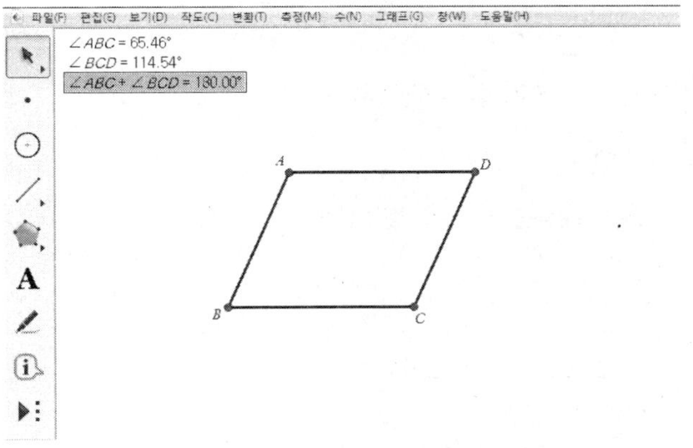

확인(O) 을 눌러 이웃한 두 각의 크기의 합을 확인한다.

Step 09

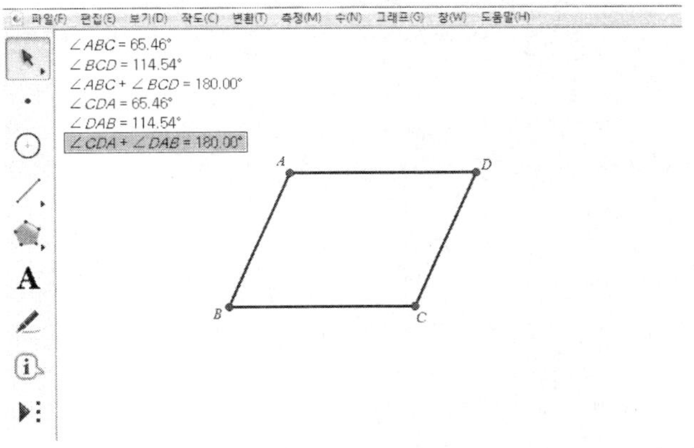

같은 방식으로 또 다른 이웃한 두 각의 합을 확인한다.

Step 10

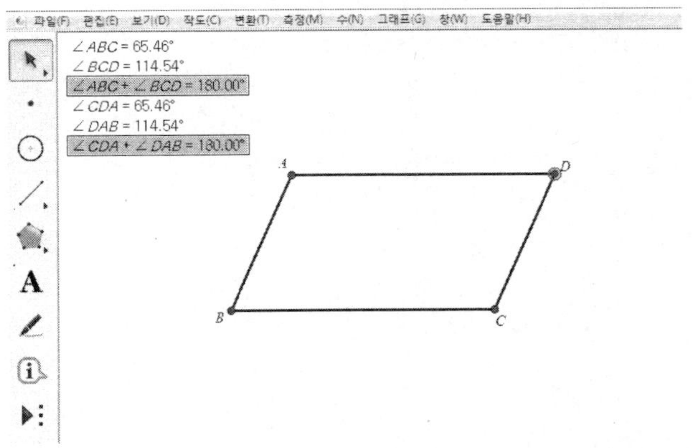

한 점 개체를 끌어서 위치를 변경하여도 평행사변형의 이웃한 두 각의 크기의 합은 180도인 것을 확인할 수 있다.

탐구 과제 다음 평행사변형의 각 BCD의 크기를 구해봅시다.

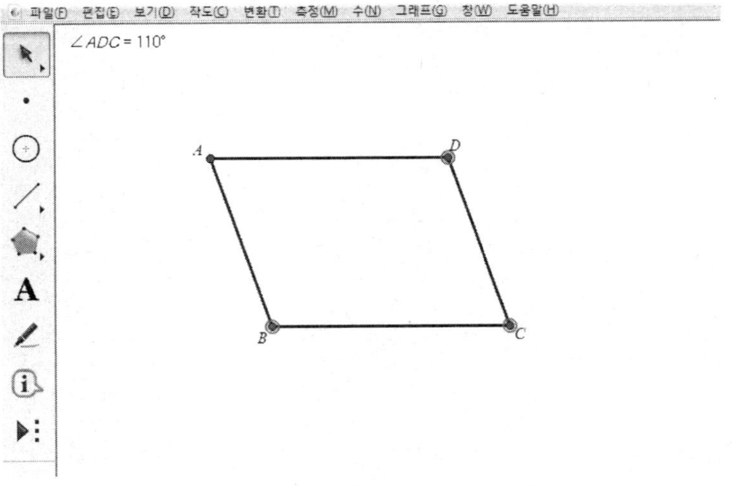

마름모를 알 수 있다. **학습목표**

활동 1 마름모 그리기

마름모를 그려봅시다.

방법1 평행선 이용하여 평행사변형 그리기

활/용/기/능

		중심과 반지름의 길이가 주어진 원(R)	개체 숨기기(H)

Step 01

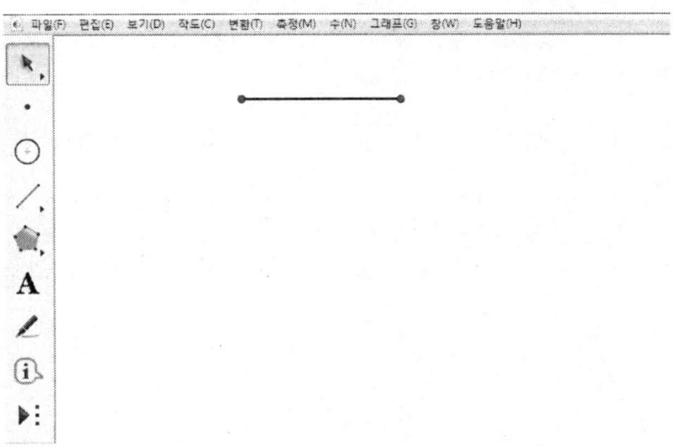

선분 도구를 이용하여 원의 반지름의 길이와 같은 선분을 그린다.

Step 02

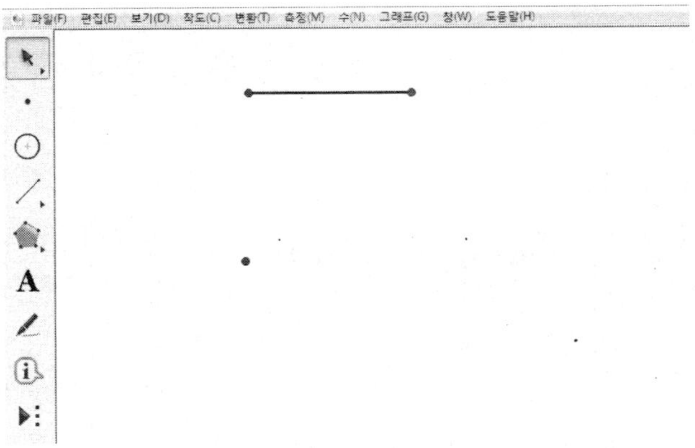

점 도구를 이용하여 한 점을 그린다.

Step 03

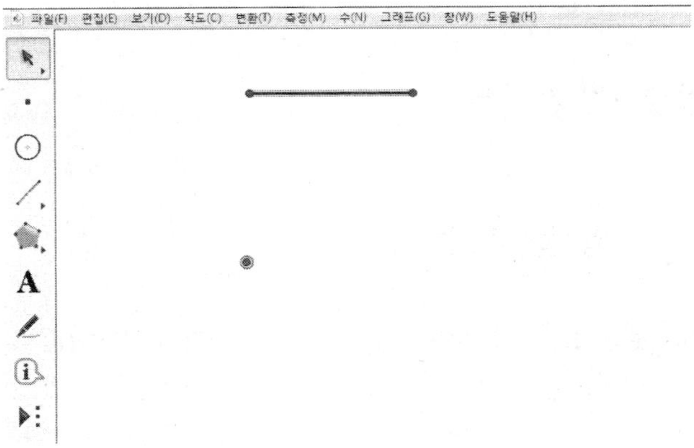

화살표 도구로 점과 선분을 선택한다.

Step 04

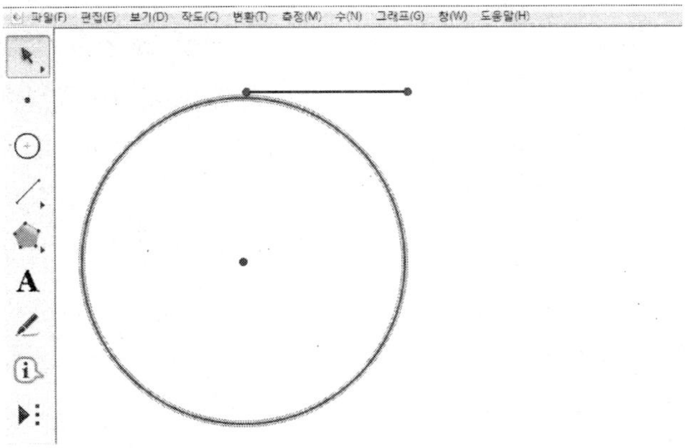

작도(C) 메뉴에서 활성화된 중심과 반지름의 길이가 주어진 원(R)을 선택하여 원을 그린다.

Step 05

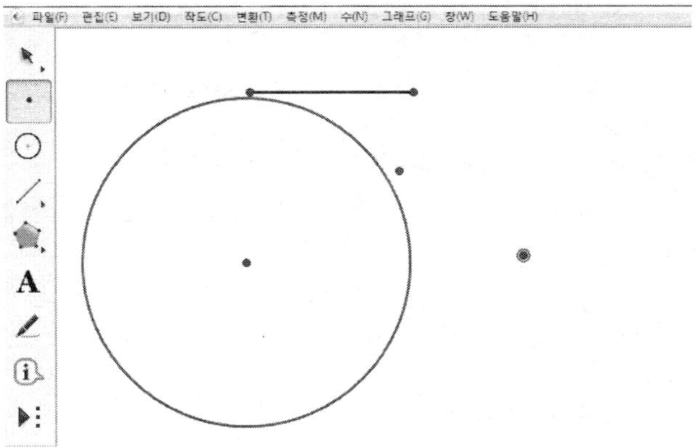

점 도구를 이용하여 원 외부에 새로운 한 점을 그린다.

Step 06

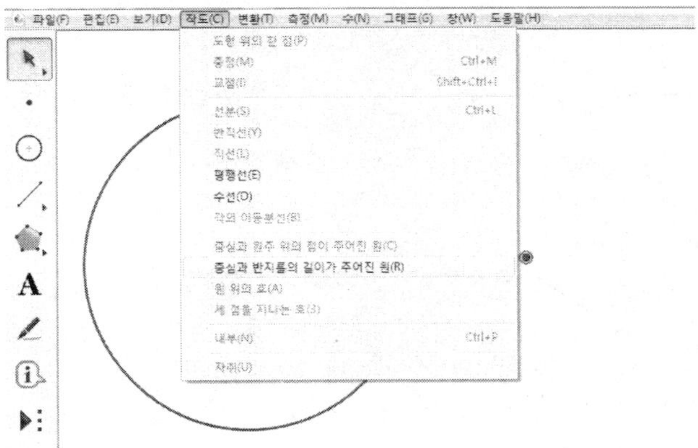

화살표 도구로 점과 선분을 선택한다. **작도(C)** **메뉴**의 **중심과 반지름의 길이가 주어진 원(R)**을 선택하여 두 점에서 교차하도록 원을 그린다.

Step 07

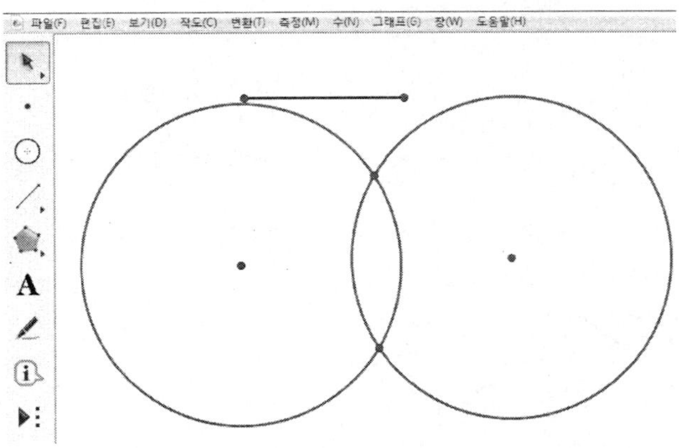

점 도구를 두 원이 교차하는 지점에 두 점을 그린다.

Step 08

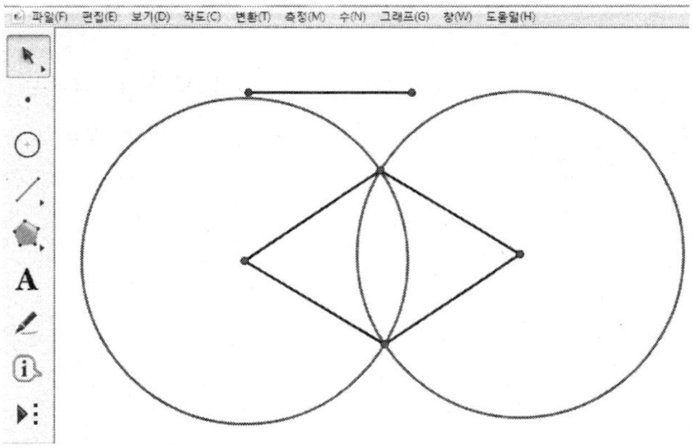

선분 도구를 이용하여 두 원의 중심 및 교차하는 두 점을 꼭짓점으로 하는 마름모를 그린다.

Step 09

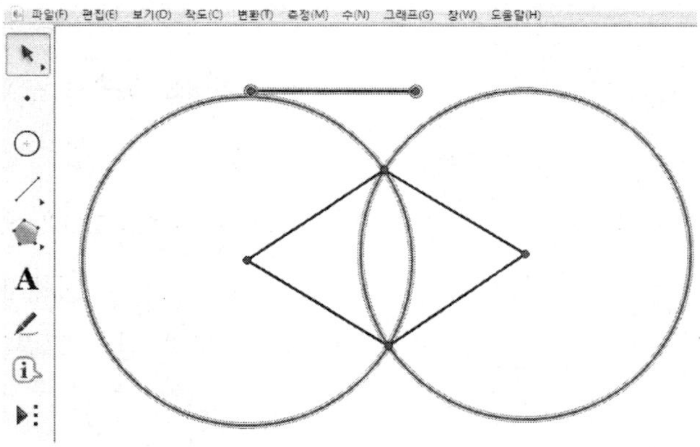

화살표 도구로 두 원과 선분을 선택한다.

Step 10

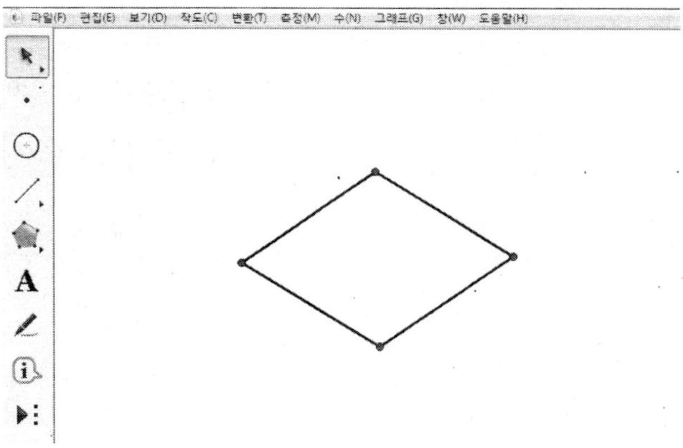

보기(D) **메뉴**의

개체 숨기기(H) 를 클릭하여

숨긴다.

Step 11

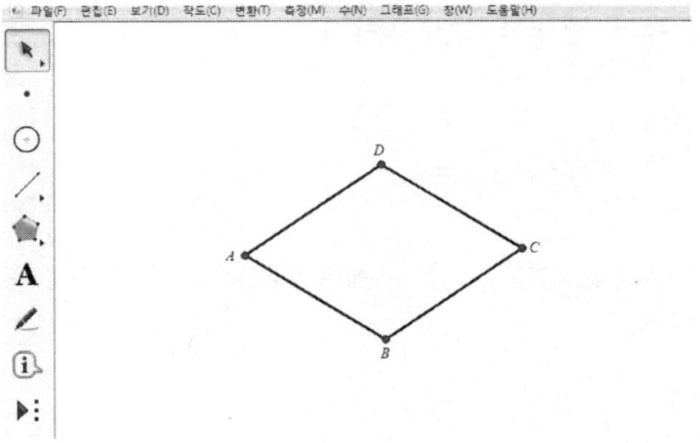

A **글 도구**를 사용하여 평행사변형의 네 점에 이름표를 붙인다.

Step 12

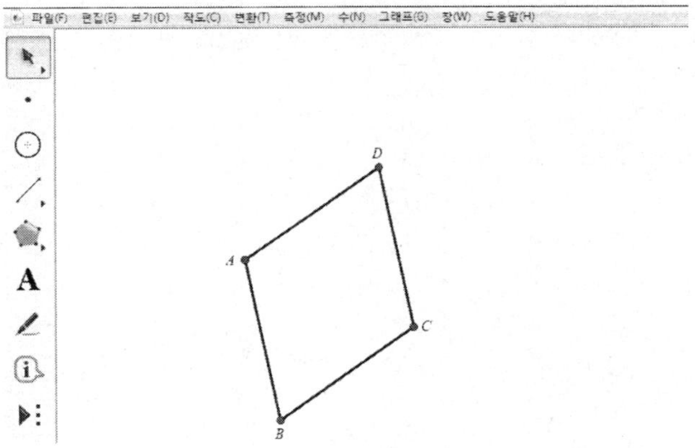

한 점 개체를 끌어서 위치를 변경하여도 마름모의 성질은 유지된다.

방법1 중점과 수선을 이용하여 평행사변형 그리기

활/용/기/능

중점(M) | 수선(D) | 개체 숨기기(H) | 대칭축 지정(M) | 선대칭이동(F)

Step 01

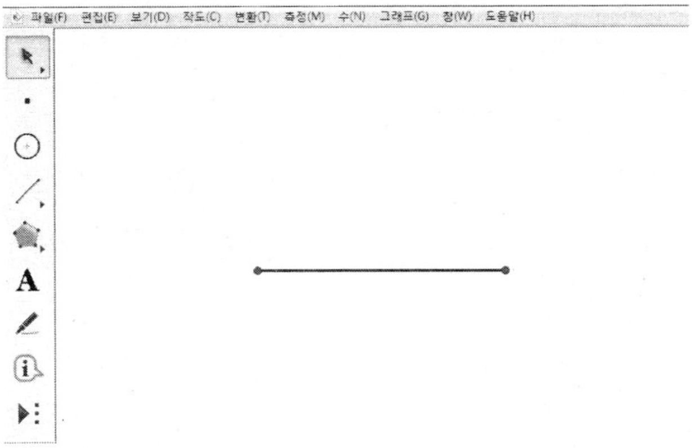

선분 도구를 이용하여 두 점을 잇는 선분을 그린다.

Step 02

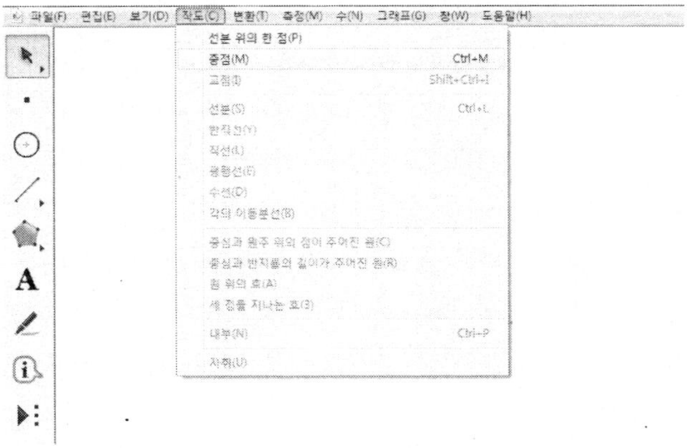

화살표 도구를 이용하여 선분을 선택한다. 작도(C) **메뉴**의 중점(M) 을 선택하여 선분 위의 중점을 그린다.

Step 03

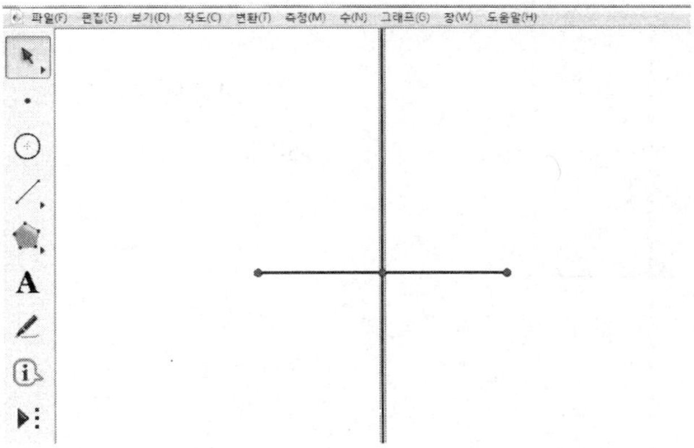

화살표 도구를 이용하여 선분과 중점을 선택한다. 작도(C) 메뉴의 수선(D) 을 선택하여 수직 이등분선을 그린다.

Step 04

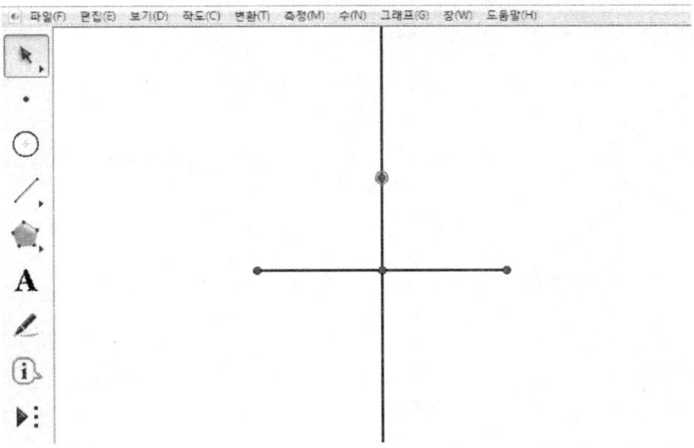

점 도구를 이용하여 수직 이등분선 위에 한 점을 그린다.

Step 05

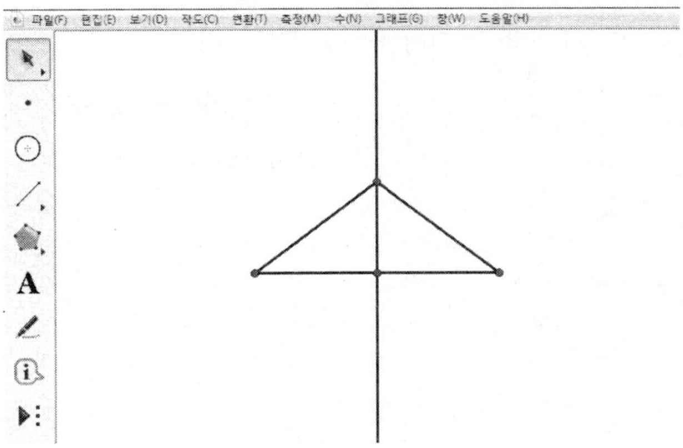

선분 도구를 이용하여 이등변 삼각형을 완성한다.

Step 06

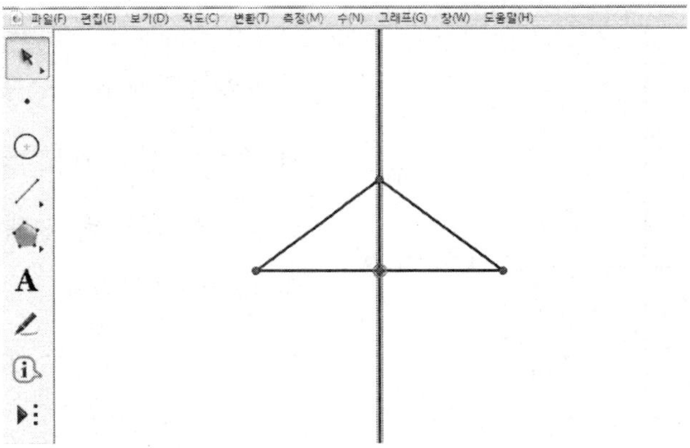

화살표 도구로 중점과 수선을 선택한다.

Step 07

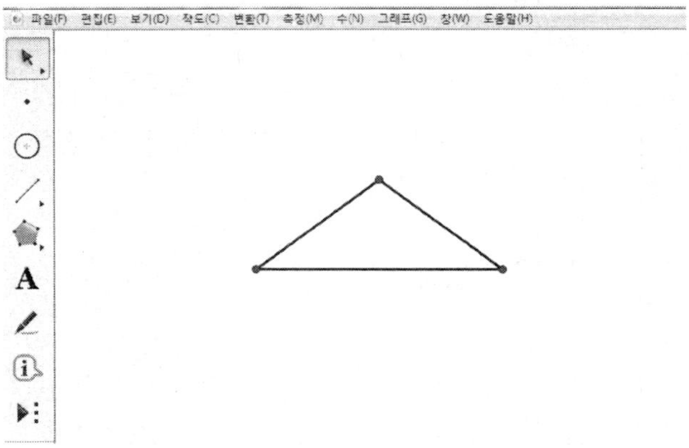

보기(D) **메뉴**의 개체 숨기기(H) 를 클릭하여 숨긴다.

Step 08

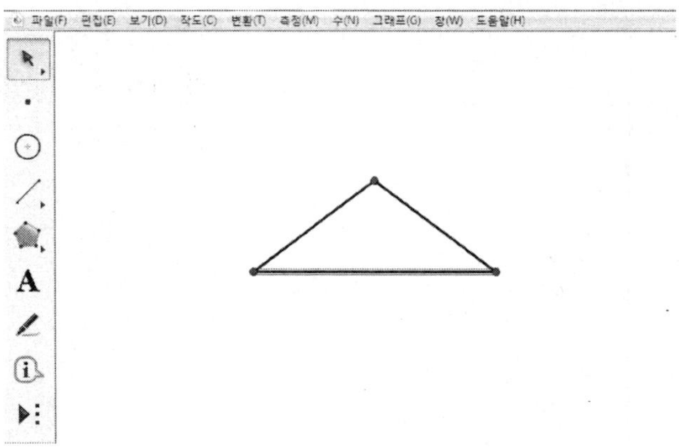

화살표 도구로 이등변삼각형의 밑변을 선택한다.

Step 09

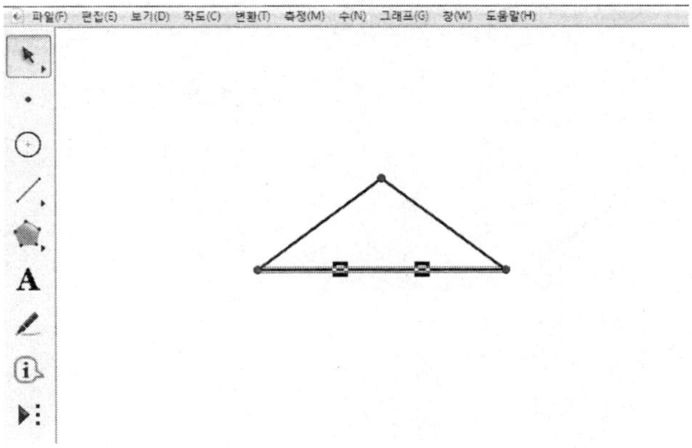

변환(T) **메뉴**의

대칭축 지정(M) 을 선택한다.

Step 10

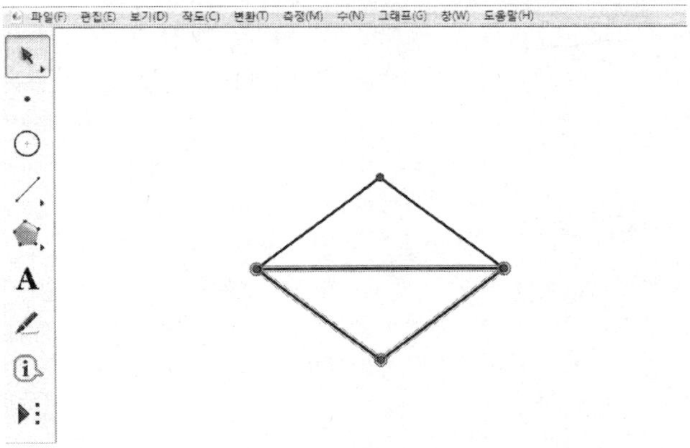

화살표 도구로

이등변삼각형의 세 변과 점을

선택한다. 변환(T) **메뉴**의

선대칭이동(F) 을 선택한다.

Step 11

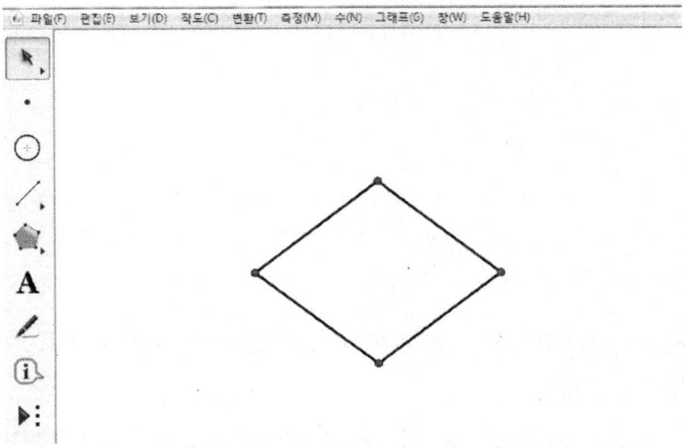

화살표 도구로 대칭축을

선택한다. 보기(D) **메뉴**의

선분 숨기기(H) 를 클릭하여

숨긴다.

Step 12

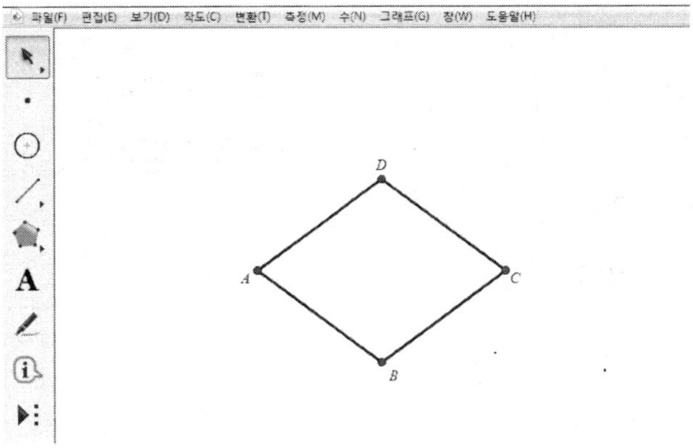

A 글 도구를 사용하여 사다리꼴의 네 점에 이름표를 붙인다.

Step 13

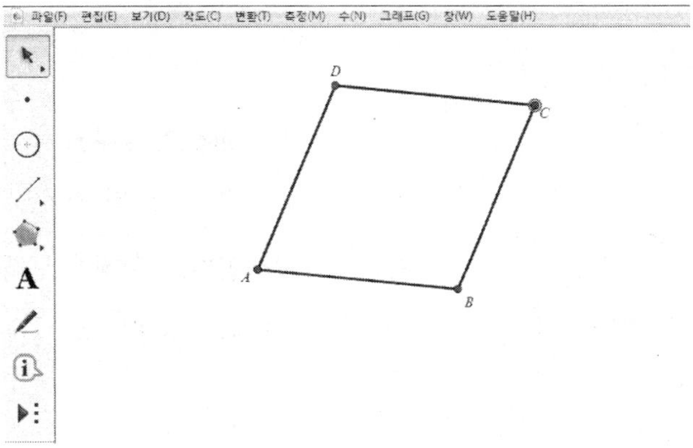

한 점 개체를 끌어서 위치를 변경하여도 마름모의 성질은 유지된다.

활용Tip

1. A 글 도구를 사용하여 붙인 이름표는 개체를 마우스 오른쪽 버튼을 눌러 속성을 선택한 후 이름표 탭에서 수정할 수 있다.
2. 변환(T) 메뉴의 대칭축 지정(M) 은 마우스 왼쪽 버튼을 더블클릭하여 간편하게 활용할 수 있다.

마름모가 무엇인지 설명해봅시다.

- 네 변의 길이가 모두 같은 사각형을 **마름모**라고 합니다.

탐구과제 주어진 선분을 사용하여 마름모를 그려봅시다.

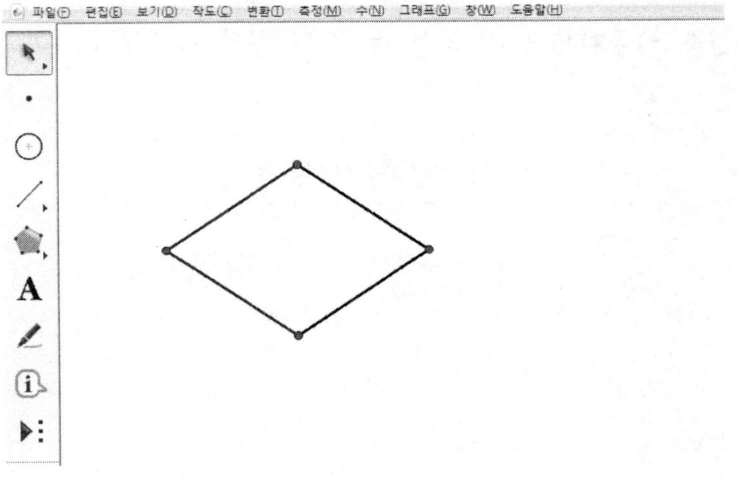

활용Tip

1. A 글 도구를 사용하여 붙인 이름표는 개체를 마우스 오른쪽 버튼을 눌러 속성을 선택한 후 이름표 탭에서 수정할 수 있다.
2. 변환(T) 메뉴의 대칭축 지정(M) 은 마우스 왼쪽 버튼을 더블클릭하여 간편하게 활용할 수 있다.

마름모의 성질을 알 수 있다. **학습목표**

활동 1 마주 보는 두 쌍의 변의 관계 알아보기

마주 보는 두 쌍의 변의 관계를 알아봅시다.

방법1 측정을 이용하여 마주 보는 두 변의 길이 비교하기

활/용/기/능

수선(D) 각의 크기(A)

Step 01

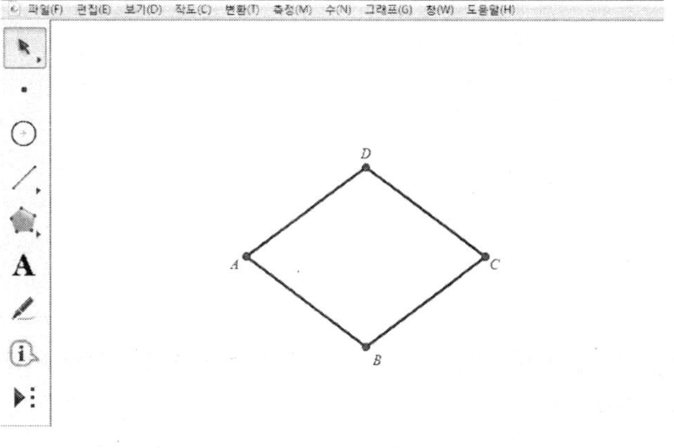

마름모를 그린다.

Step 02

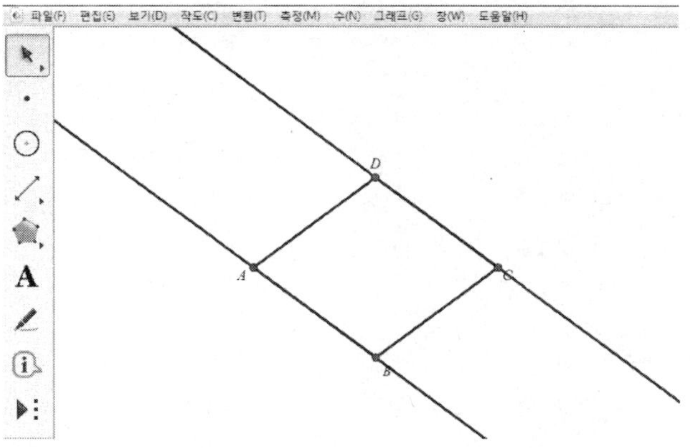

직선 도구를 이용하여 점 A, 점 B를 지나는 직선과 점 C, 점 D를 지나는 직선을 그린다.

Step 03

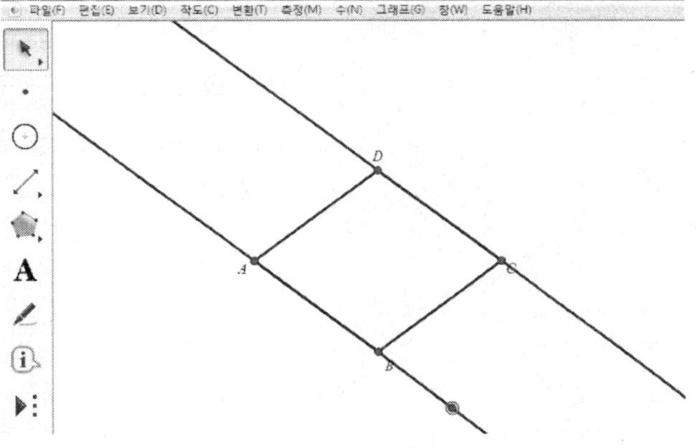

점 도구를 이용하여 직선 AB 위에 한 점을 그린다.

Step 04

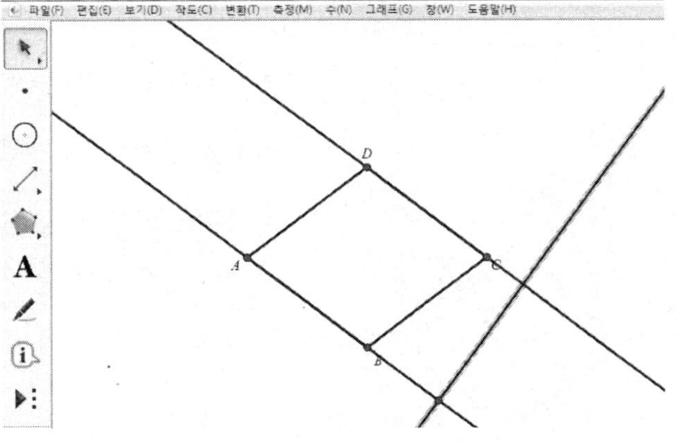

화살표 도구를 이용하여 점과 선분을 선택한 뒤 작도(C) **메뉴**의 수선(D) 을 선택한다.

Step 05

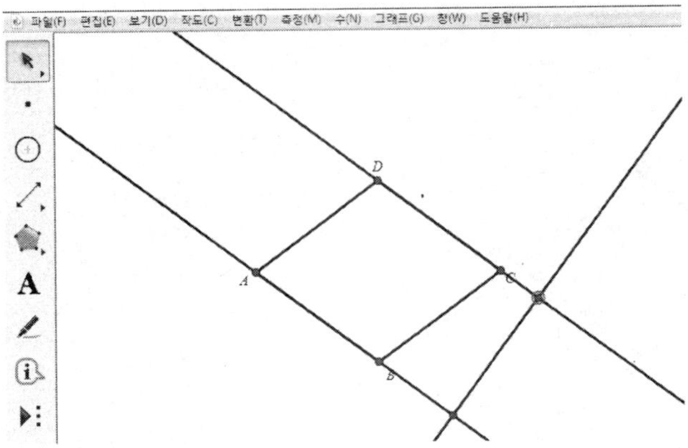

점 도구를 이용하여 수선과 직선 CD가 만나는 지점에 점을 그린다.

Step 06

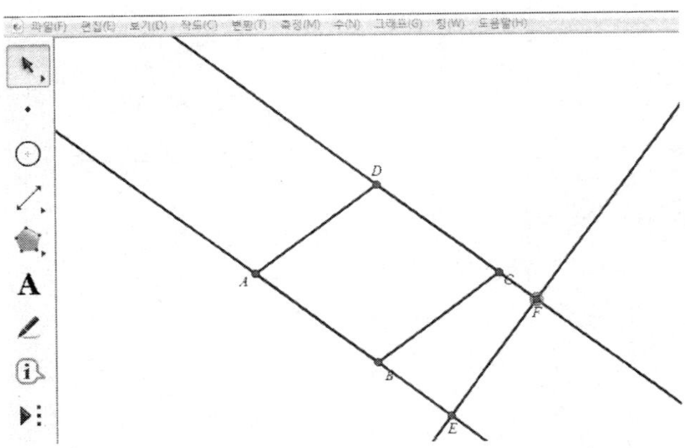

글 도구를 사용하여 수선과 직선이 만나는 점에 각각 이름표를 붙인다.

Step 07

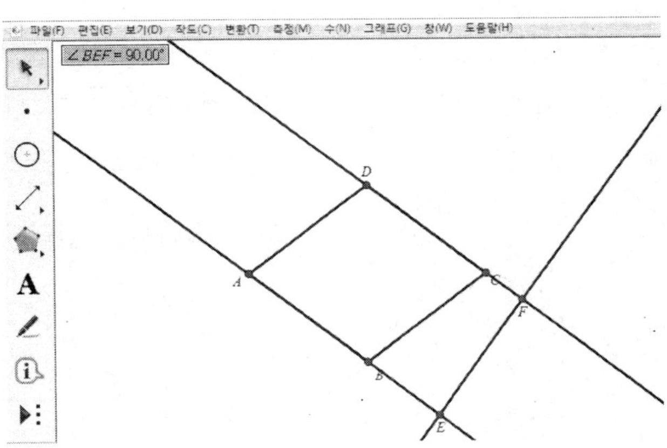

화살표 도구를 이용하여 각 BEF를 선택한 후 **측정(M)** **메뉴**의 **각의 크기(A)** 를 클릭하여 직선과 수선이 이루는 각을 확인한다.

Step 08

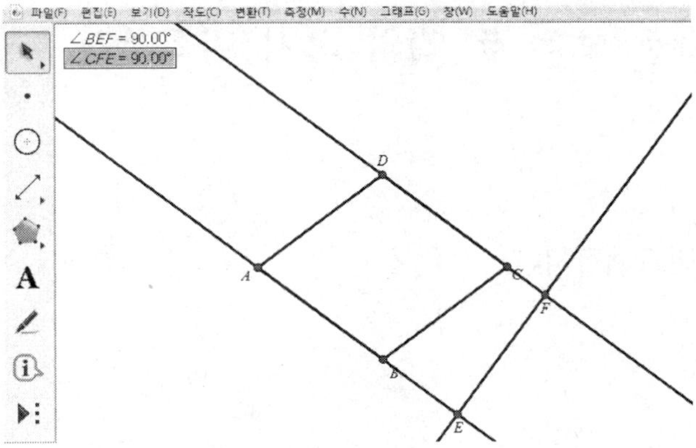

화살표 도구를 이용하여 각 CFE 선택한 후 **측정(M)** 메뉴의 **각의 크기(A)** 를 클릭하여 직선과 수선이 이루는 각을 확인한다.

Step 09

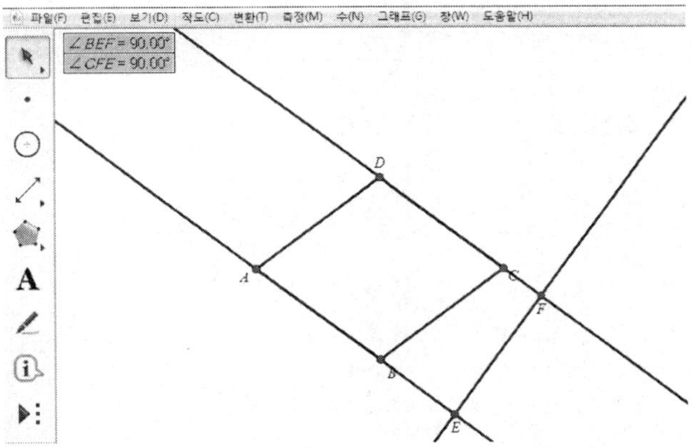

한 직선에 마주 보는 두 변이 모두 수직이므로 서로 평행하다는 것을 확인할 수 있다.

Step 10

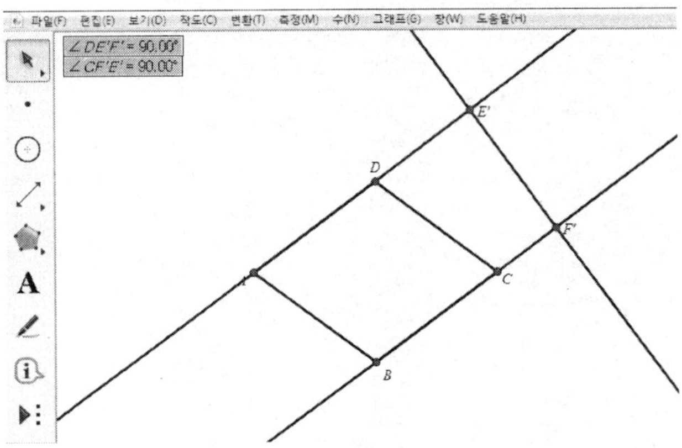

같은 방식으로 다른 한 쌍의 마주 보는 두 변의 관계도 확인한다.

활동 2 마주 보는 두 각의 크기 비교하기

마주 보는 두 각의 크기를 비교해봅시다.

방법1 측정을 이용하여 마주 보는 두 각의 크기 비교하기

활/용/기/능

측정(M) | 각의 크기(A)

Step 01

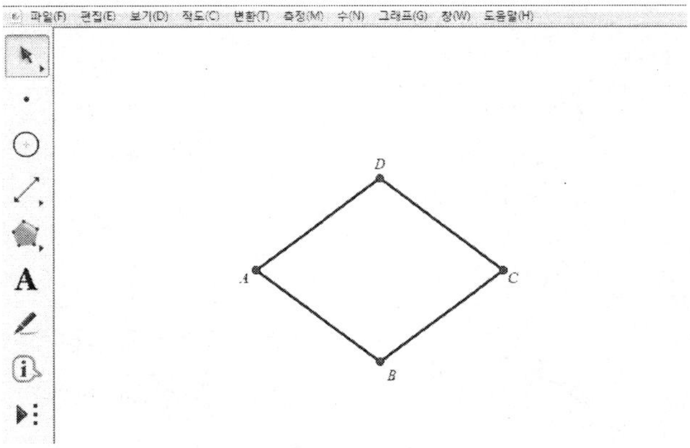

마름모를 그린다.

Step 02

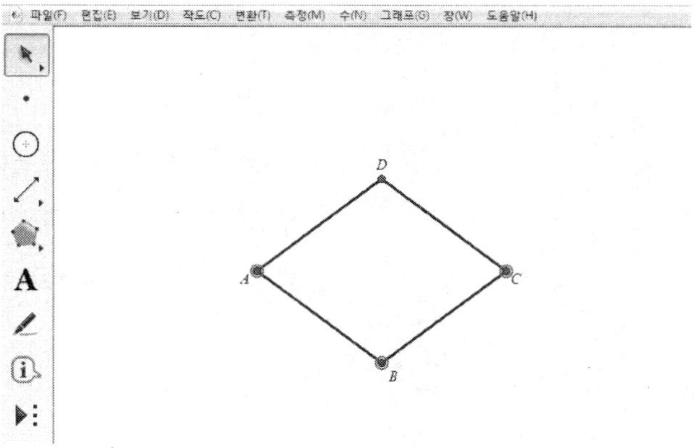

화살표 도구를 점 A, 점 B, 점 C를 선택한다.

Step 03

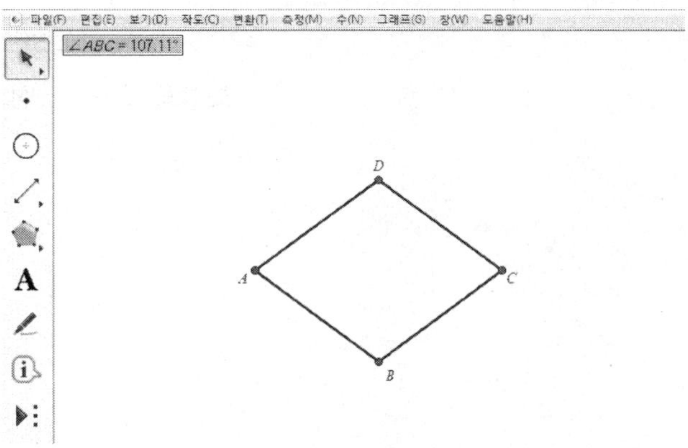

측정(M) 메뉴의 각의 크기(A) 를 선택하여 각 ABC의 크기를 측정한다.

Step 04

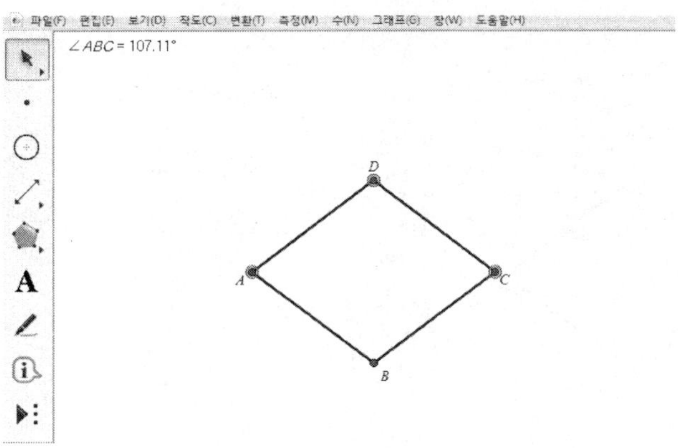

화살표 도구를 마주 보는 각을 이루는 점 A, 점 D, 점 C를 선택한다.

Step 05

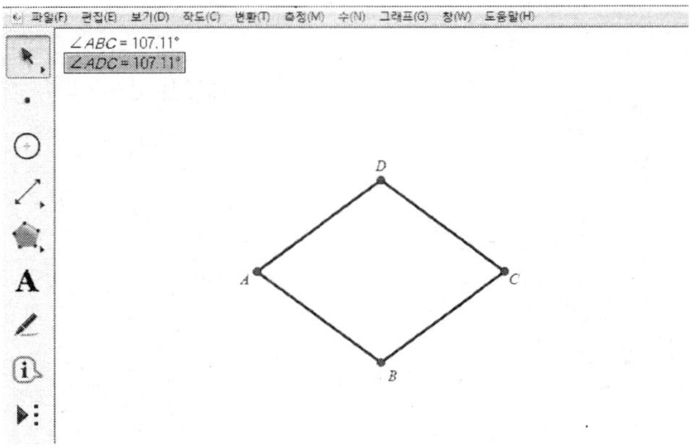

측정(M) **메뉴**의 **각의 크기(A)** 를 선택하여 각 ADC의 크기를 측정한다. 마주 보는 두 각의 크기를 비교한다.

Step 06

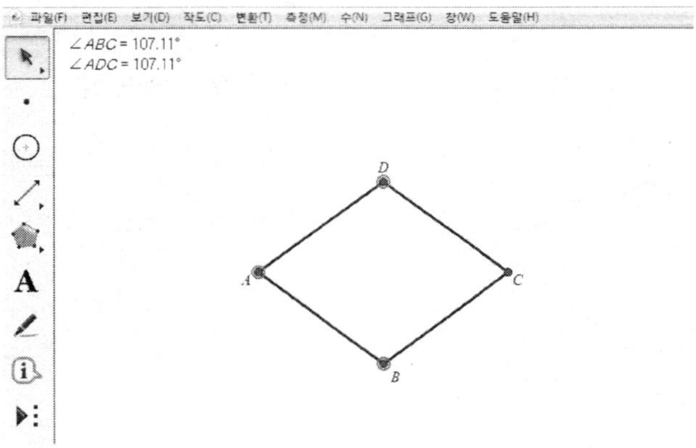

화살표 도구를 점 D, 점 A, 점 B를 선택한다.

Step 07

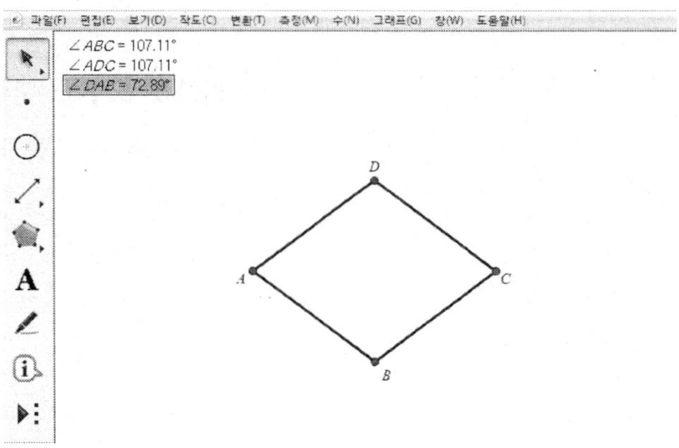

측정(M) **메뉴**의 **각의 크기(A)** 를 선택하여 각 DAB의 크기를 측정한다.

Step 08

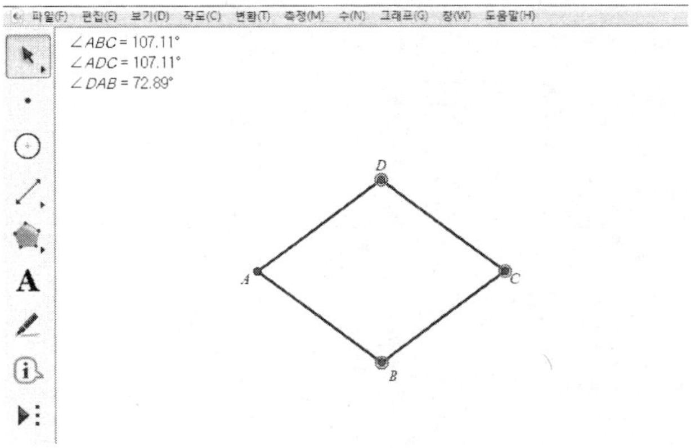

화살표 도구를 마주 보는 각을 이루는 점 B, 점 C, 점 D를 선택한다.

Step 09

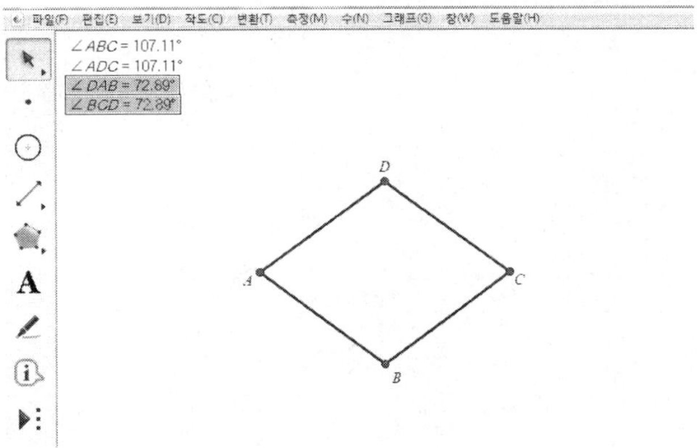

측정(M) 메뉴의 **각의 크기(A)** 를 선택하여 각 BCD의 크기를 측정한다. 마주 보는 두 각의 크기를 비교한다.

Step 10

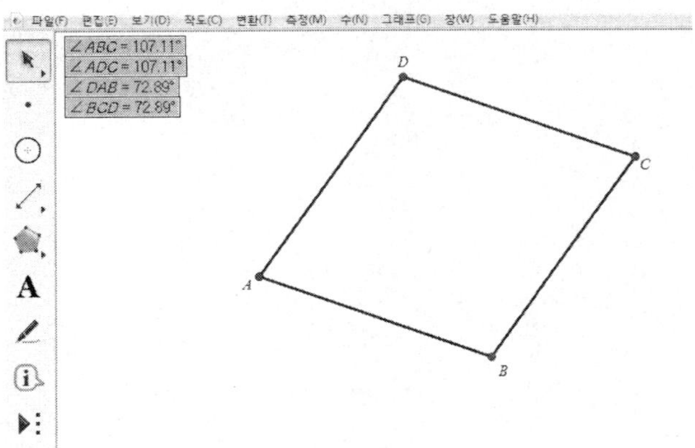

한 점 개체를 끌어서 위치를 변경하여도 평행사변형의 마주 보는 두 각의 크기는 같음을 확인할 수 있다.

탐구 과제 다음 마름모의 각 BCD의 크기를 구해봅시다.

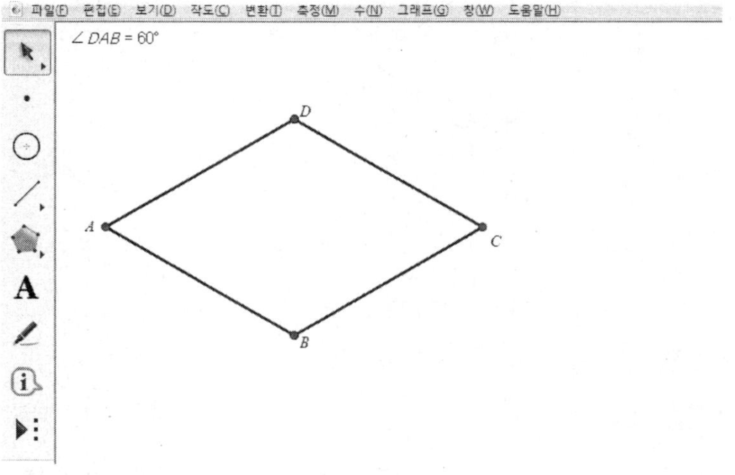

활동 3 마주 보는 꼭짓점끼리 이은 두 선분의 관계 알아보기

마주 보는 꼭짓점끼리 이은 두 선분의 관계를 알아봅시다.

방법1 측정을 이용하여 꼭짓점끼리 이은 두 선분의 관계 알아보기

활/용/기/능

Step 01

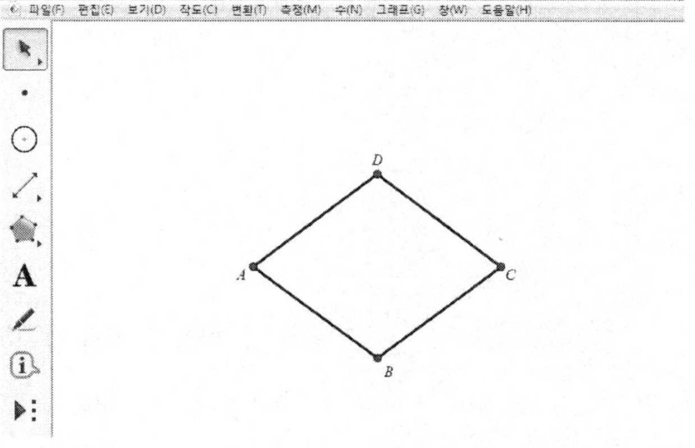

마름모를 그린다.

Step 02

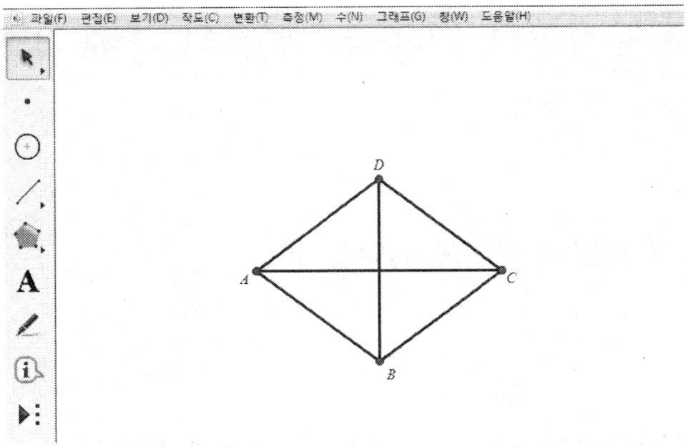

선분 도구를 이용하여 마주 보는 두 꼭짓점끼리 이은 선분을 그린다.

Step 03

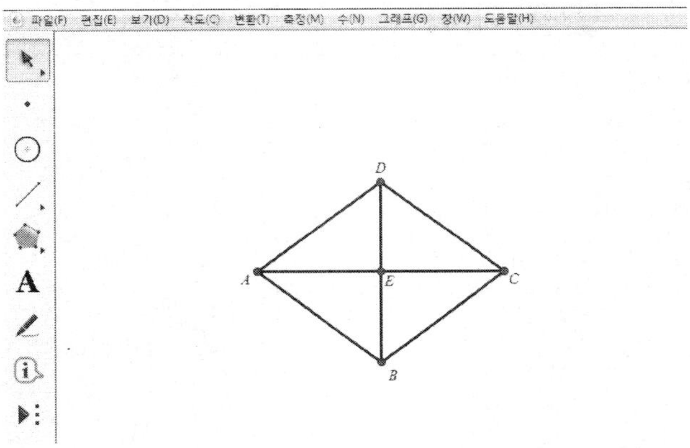

점 도구를 이용하여 마주 보는 꼭짓점끼리 이은 두 선분이 만나는 위치에 점을 그린다. **A 글 도구**를 이용하여 이름표를 붙인다.

Step 04

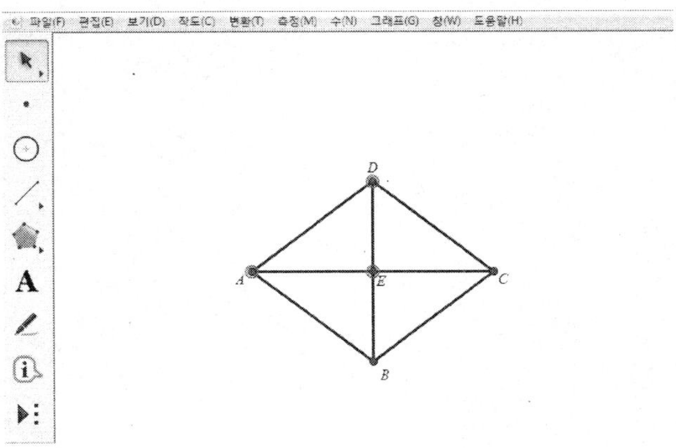

화살표 도구를 이용하여 점 A, 점 E, 점 D를 선택한다.

Step 05

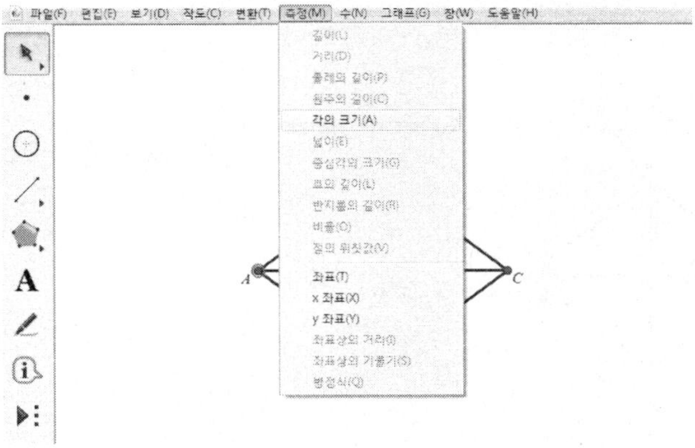

측정(M) 메뉴의 각의 크기(A) 를 선택하여 각 AED의 크기를 측정한다.

Step 06

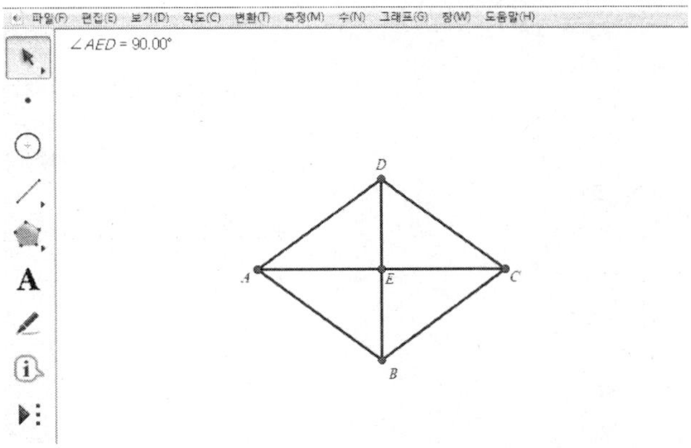

마주 보는 꼭짓점끼리 이은 선분이 서로 수직으로 만나는 것을 확인할 수 있다.

Step 07

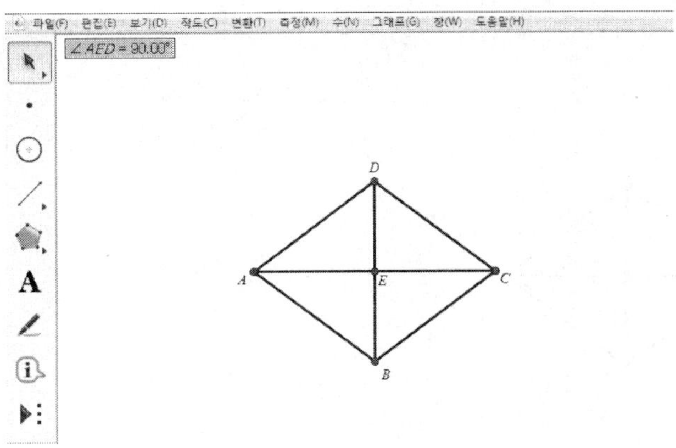

마주 보는 꼭짓점끼리 이은 선분이 서로 수직으로 만나는 것을 확인할 수 있다.

Step 08

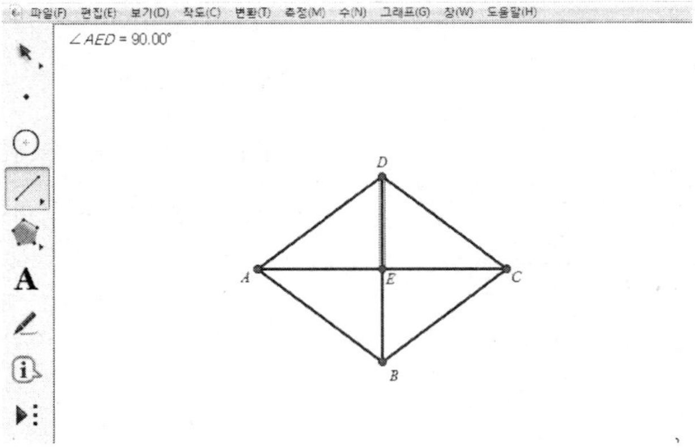

선분 도구를 이용하여 선분 AE, 선분 EC, 선분 BE, 선분 ED를 그린다.

Step 09

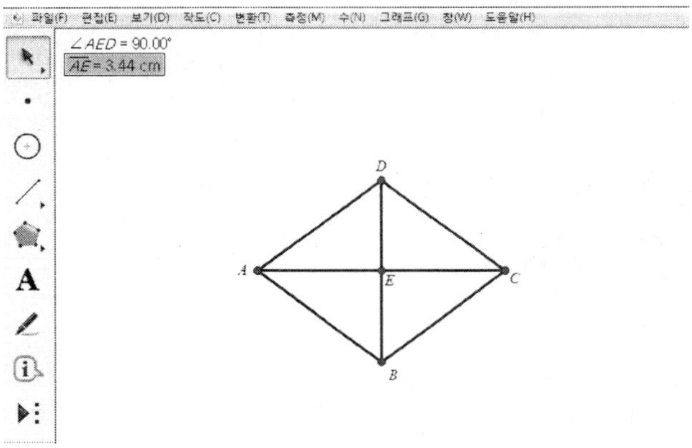

화살표 도구를 이용하여 선분 AE를 선택한다. **측정(M)** **메뉴**의 **길이(L)** 를 선택한다.

Step 10

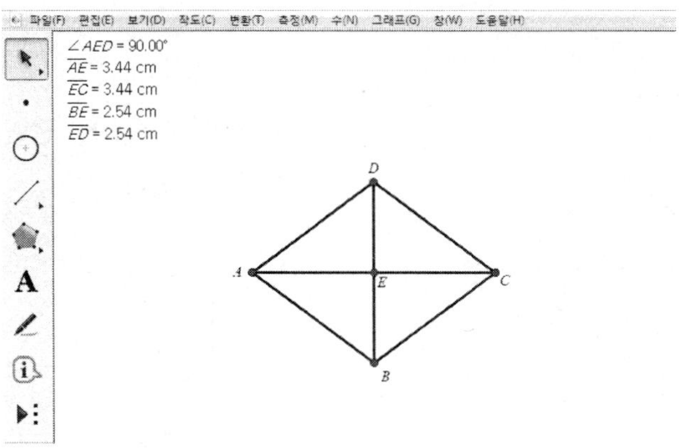

같은 방법으로 선분 EC, 선분 BE, 선분 ED의 길이를 확인한다.

Step 11

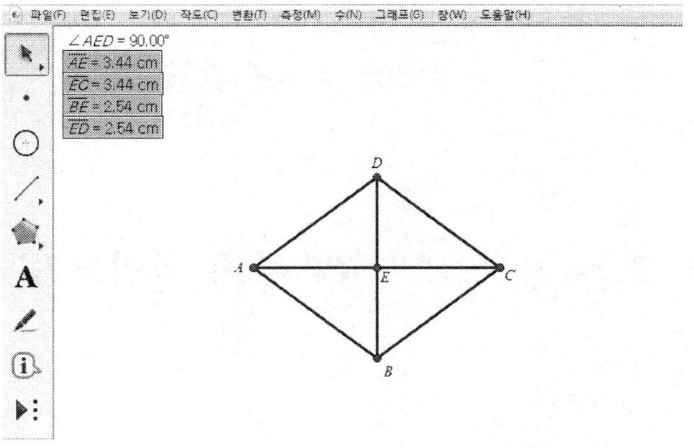

마주 보는 꼭짓점끼리 이은 선분이 서로 이등분하는 것을 확인할 수 있다.

직사각형의 성질을 알 수 있다. 학습목표

활동 1 마주 보는 두 쌍의 변의 관계 알아보기

마주 보는 두 쌍의 변의 관계를 알아봅시다.

방법1 측정을 이용하여 마주 보는 두 변의 길이 비교하기

활/용/기/능

수선(D) 각의 크기(A)

Step 01

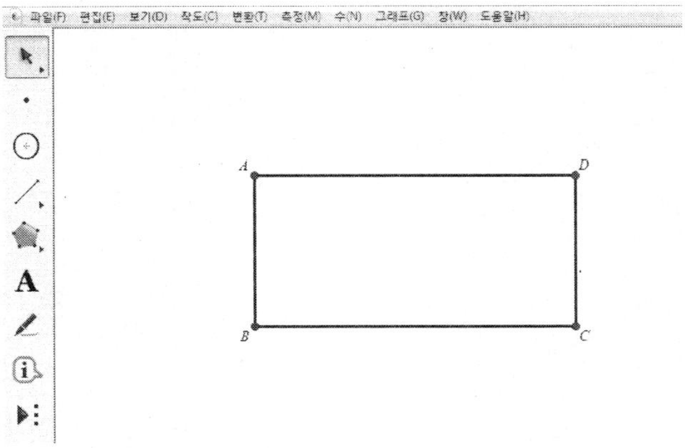

직사각형을 그린다.

Step 02

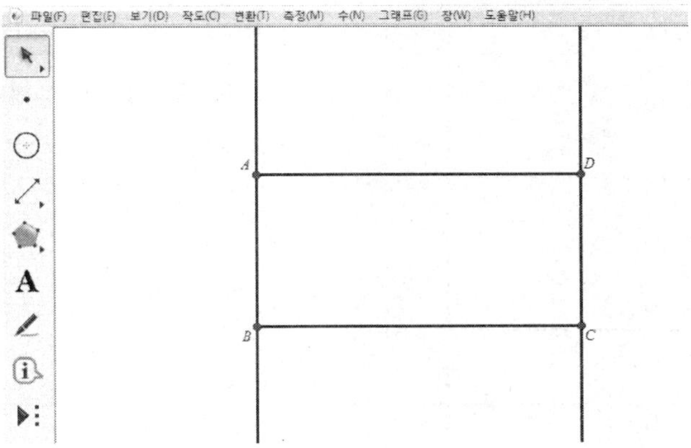

직선 도구를 이용하여 점 A, 점 B를 지나는 직선과 점 C, 점 D를 지나는 직선을 그린다.

Step 03

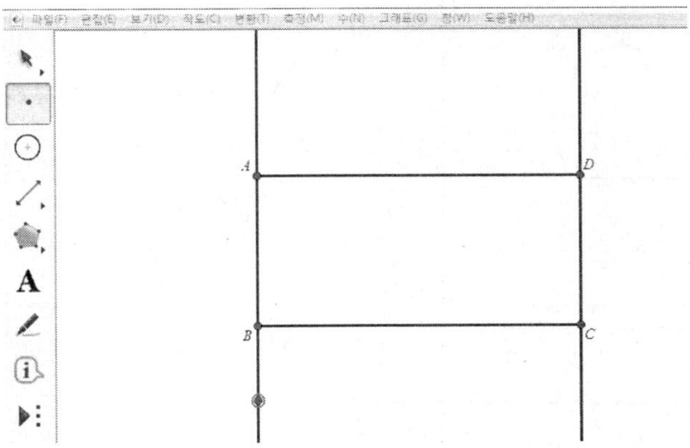

점 도구를 이용하여 직선 AB 위에 한 점을 그린다.

Step 04

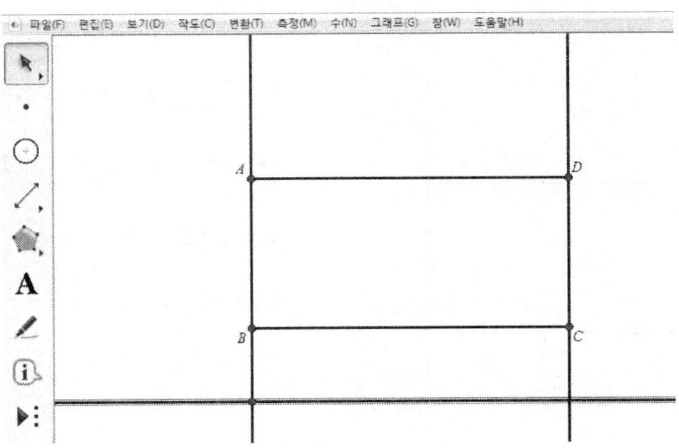

화살표 도구를 이용하여 점과 선분을 선택한 뒤 **작도(C) 메뉴**의 **수선(D)**을 선택한다.

Step 05

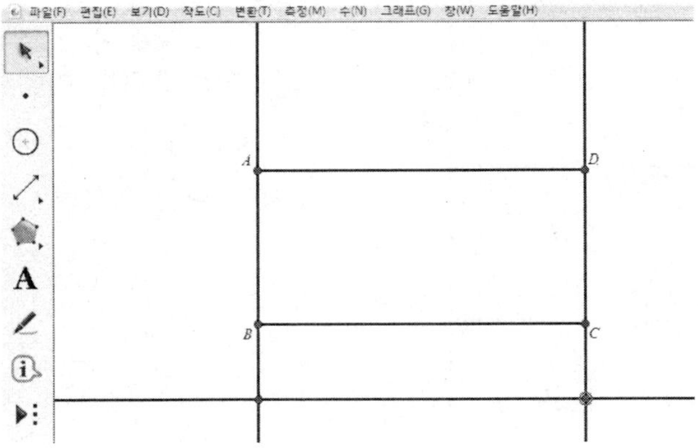

점 도구를 이용하여 수선과 직선 CD가 만나는 지점에 점을 그린다.

Step 06

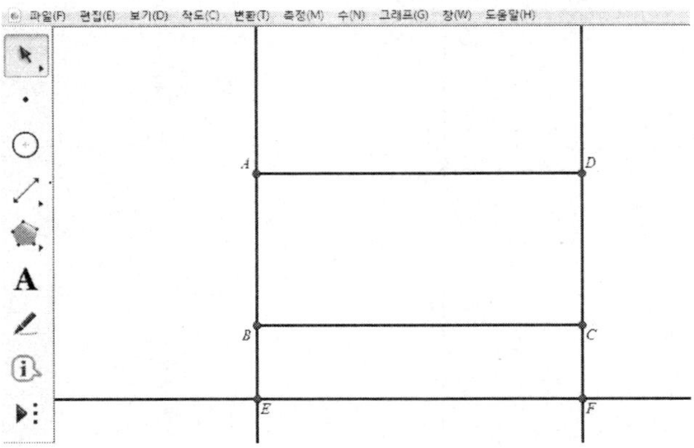

글 도구를 사용하여 수선과 직선이 만나는 점에 각각 이름표를 붙인다.

Step 07

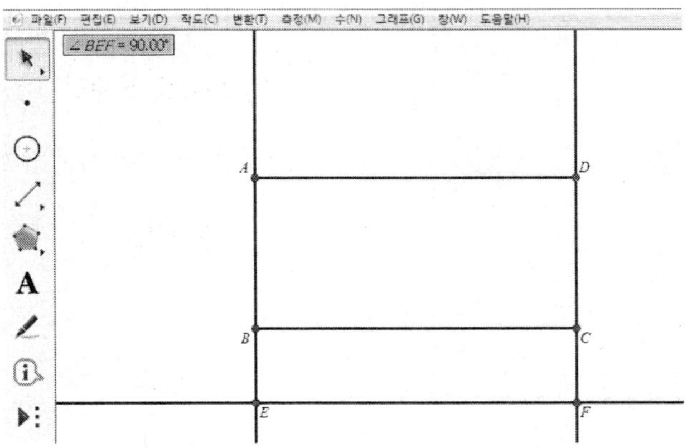

화살표 도구를 이용하여 각 BEF를 선택한 후 **측정(M)** **메뉴**의 **각의 크기(A)** 를 클릭하여 직선과 수선이 이루는 각을 확인한다.

Step 08

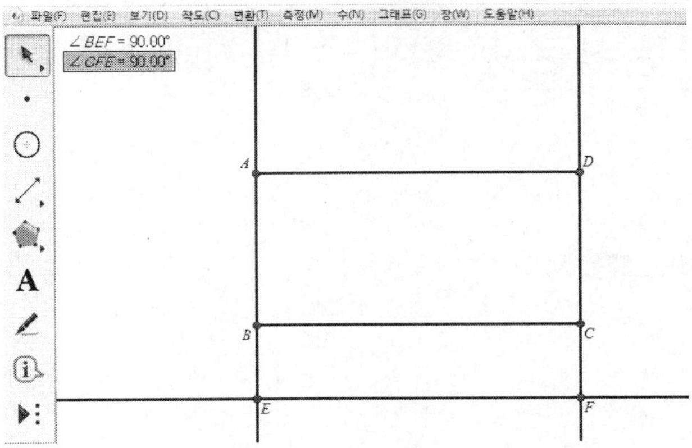

화살표 도구를 이용하여 각 CFE 선택한 후 **측정(M)** **메뉴**의 **각의 크기(A)** 를 클릭하여 직선과 수선이 이루는 각을 확인한다.

Step 09

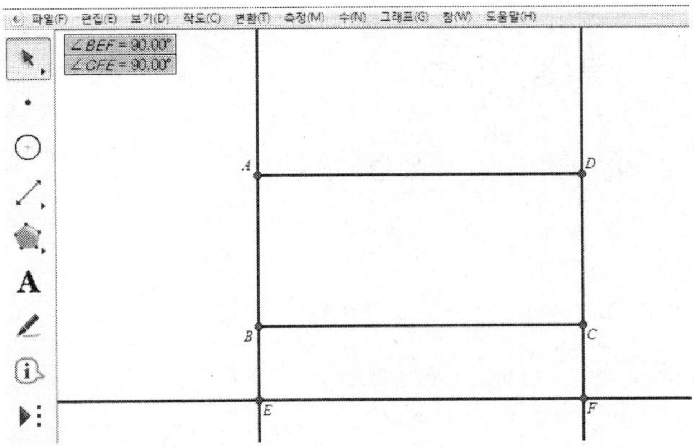

한 직선에 마주 보는 두 변이 모두 수직이므로 서로 평행하다는 것을 확인할 수 있다.

Step 10

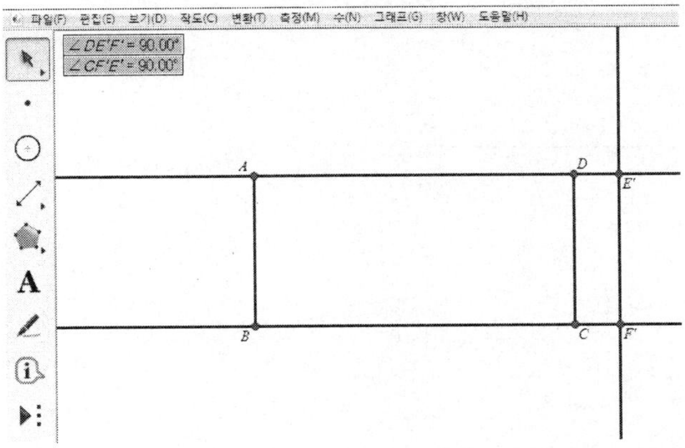

같은 방식으로 다른 한 쌍의 마주 보는 두 변의 관계도 확인한다.

활용Tip • 각의 크기를 측정할 때 선택한 점의 순서대로 각의 이름이 정해진다.

활동 2 마주 보는 두 각의 크기 비교하기

마주 보는 두 각의 크기를 비교해봅시다.

방법1 측정을 이용하여 마주 보는 두 각의 크기 비교하기

활/용/기/능

(화살표 도구)	측정(M)	각의 크기(A)

Step 01

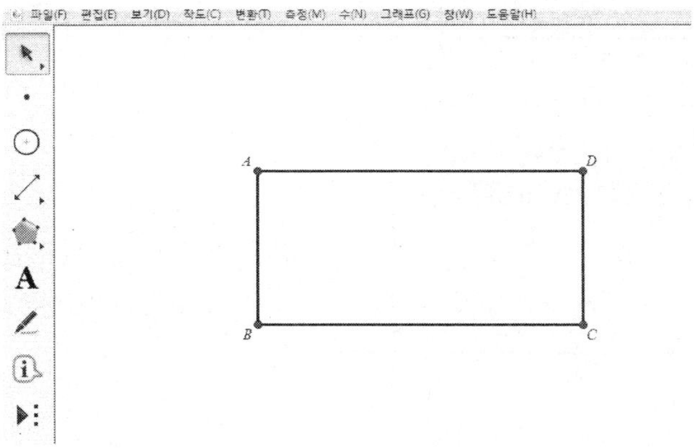

직사각형을 그린다.

Step 02

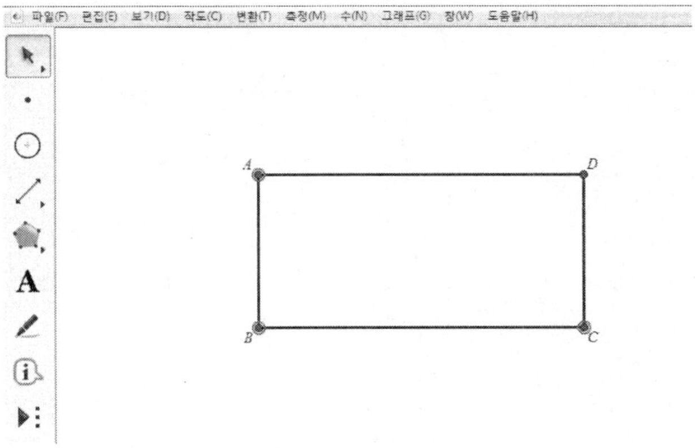

화살표 도구를 점 A, 점 B, 점 C를 선택한다.

Step 03

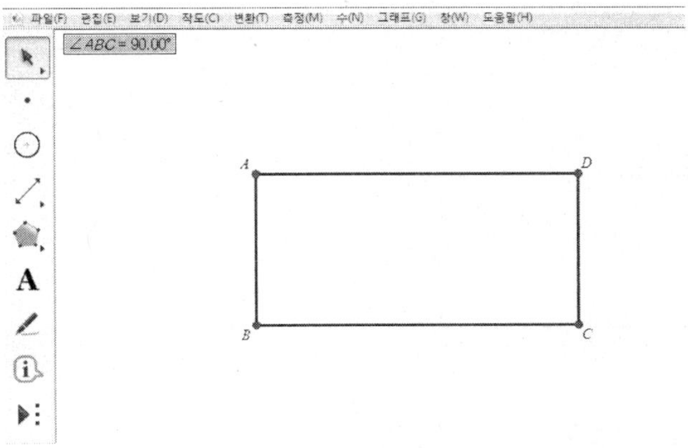

측정(M) **메뉴**의

각의 크기(A) 를 선택하여 각 ABC의 크기를 측정한다.

Step 04

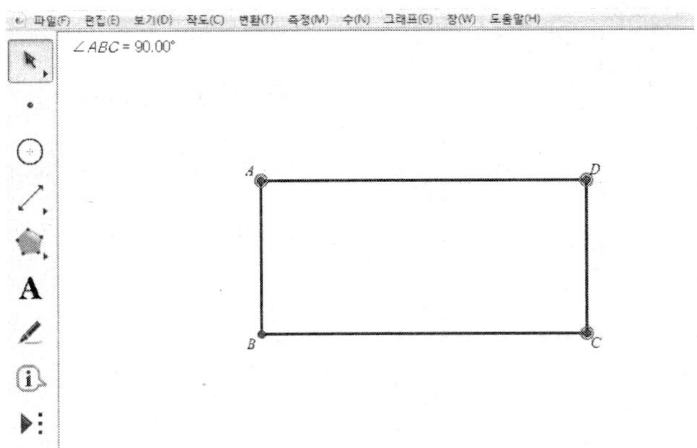

화살표 도구를 마주 보는 각을 이루는 점 A, 점 D, 점 C를 선택한다.

Step 05

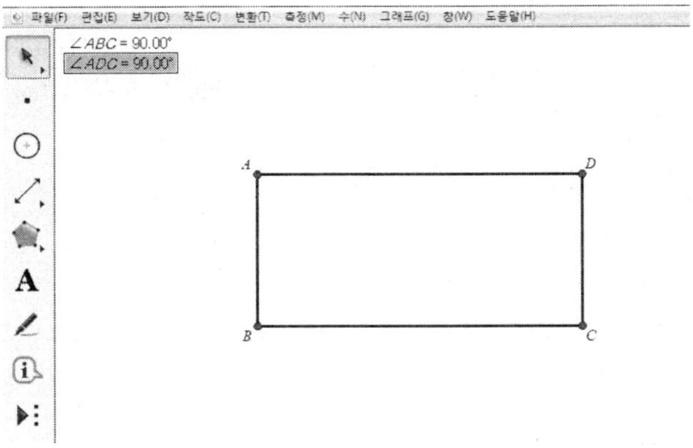

측정(M) **메뉴**의 **각의 크기(A)** 를 선택하여 각 ADC의 크기를 측정한다. 마주 보는 두 각의 크기를 비교한다.

Step 06

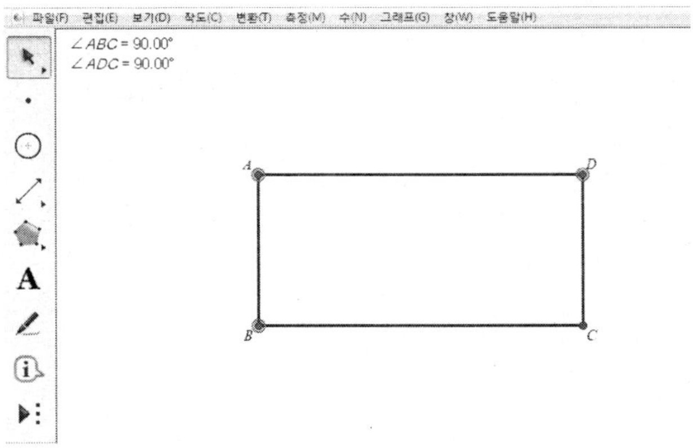

화살표 도구를 점 D, 점 A, 점 B를 선택한다.

Step 07

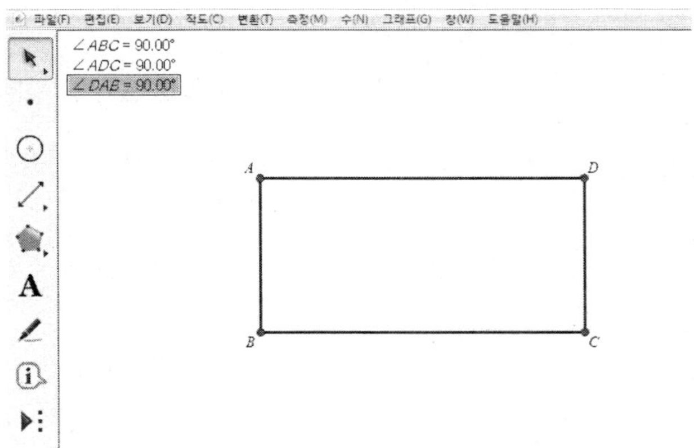

측정(M) **메뉴**의 **각의 크기(A)** 를 선택하여 각 DAB의 크기를 측정한다.

Step 08

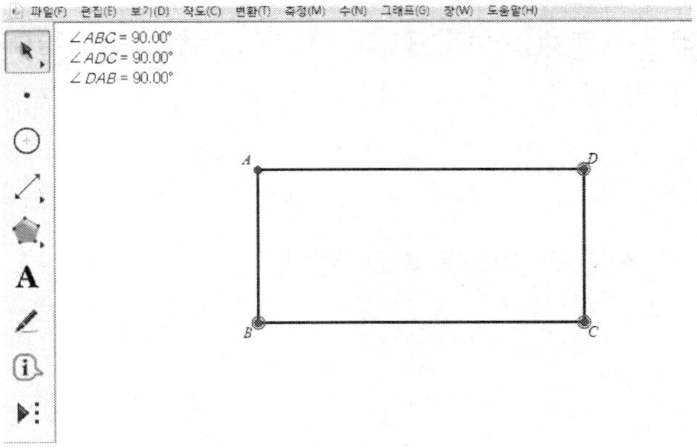

화살표 도구를 마주 보는 각을 이루는 점 B, 점 C, 점 D를 선택한다.

Step 09

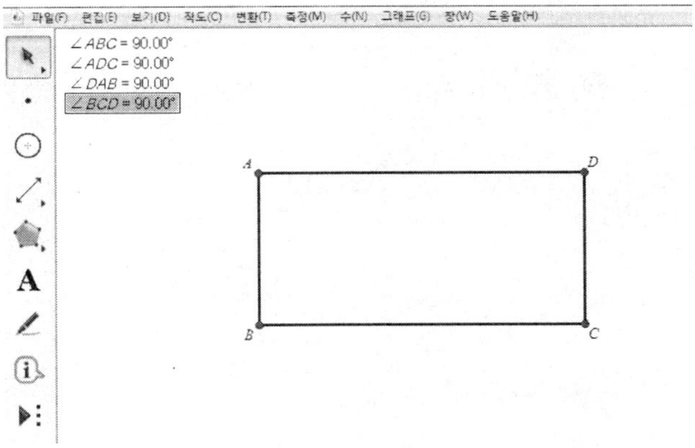

측정(M) **메뉴**의 각의 크기(A) 를 선택하여 각 BCD의 크기를 측정한다. 마주 보는 두 각의 크기를 비교한다.

Step 10

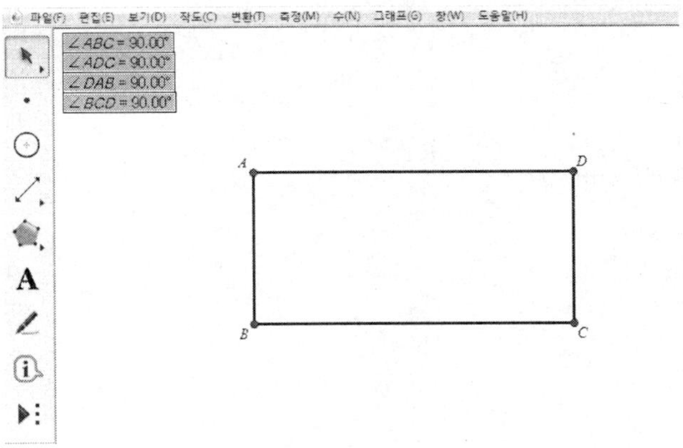

직사각형의 마주보는 두 각의 크기가 같음을 확인할 수 있다.

활용Tip

- 측정한 값의 크기를 숨기고 싶을 때, 보기(D) **메뉴**의 각의 측정값 숨기기(H) **개체 숨기기**를 클릭한다.

활동 3 마주 보는 꼭짓점끼리 이은 두 선분의 길이

마주 보는 꼭짓점끼리 이은 두 선분의 길이를 비교해봅시다.

방법1 측정을 이용하여 이웃한 두 선분의 길이 비교하기

활/용/기/능

측정(M) 길이(L)

Step 01

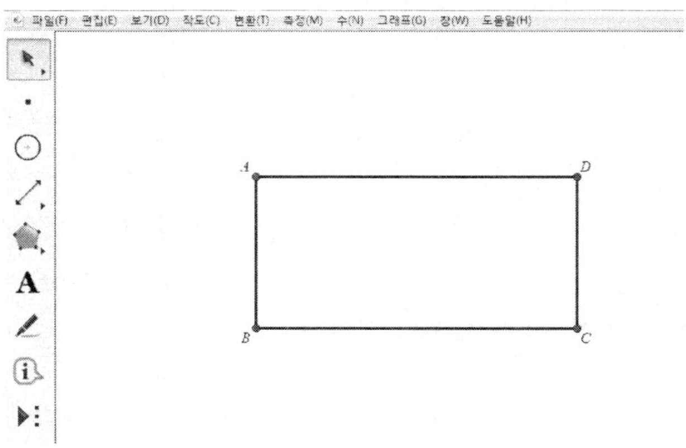

직사각형을 그린다.

Step 02

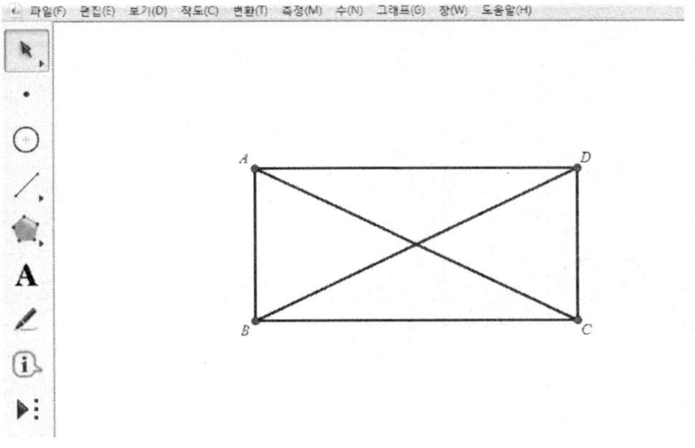

선분 도구를 이용하여 마주 보는 두 꼭짓점끼리 이은 선분을 그린다.

Step 03

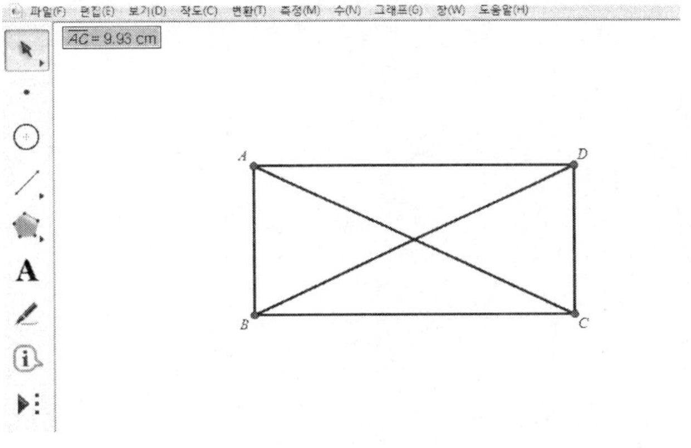

화살표 도구를 이용하여 선분 AC를 선택한다. 측정(M) 메뉴의 길이(L) 를 선택한다.

Step 04

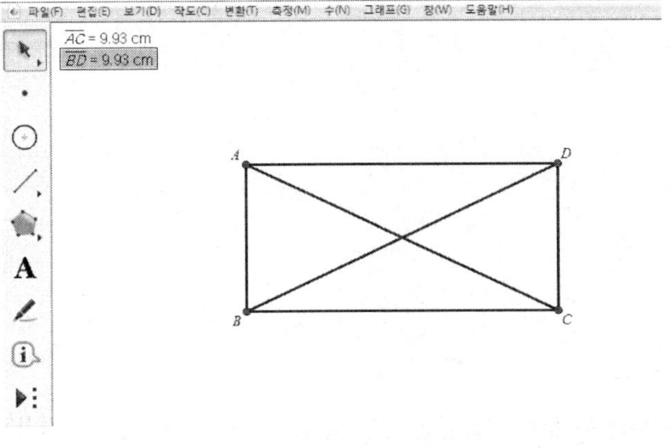

같은 방법으로 선분 BD의 길이를 확인한다.

Step 05

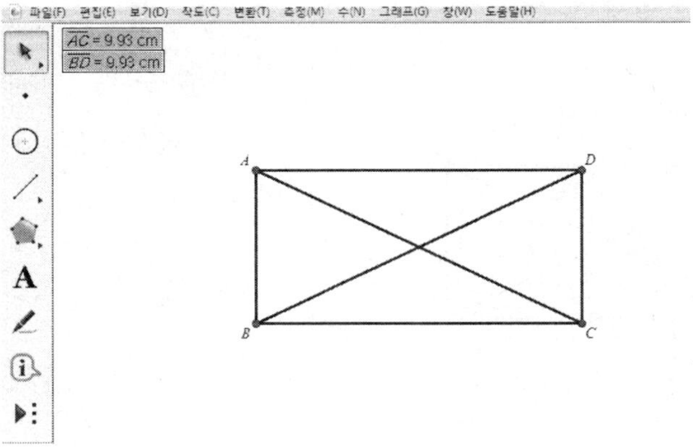

마주 보는 두 변의 길이가 같음을 확인할 수 있다.

활용Tip

- 점 도구, 원 도구, 선분 도구 등을 사용한 후 **화살표 도구**를 선택하는 이용하는 대신 키보드의 ESC를 사용할 수 있다.

다각형을 알 수 있다. **학습목표**

활동 1 선분으로 둘러싸인 도형 그리기

선분으로 둘러싸인 도형을 그려봅시다.

방법1 3개의 선분을 이용하여 다각형 그리기

활/용/기/능

Step 01

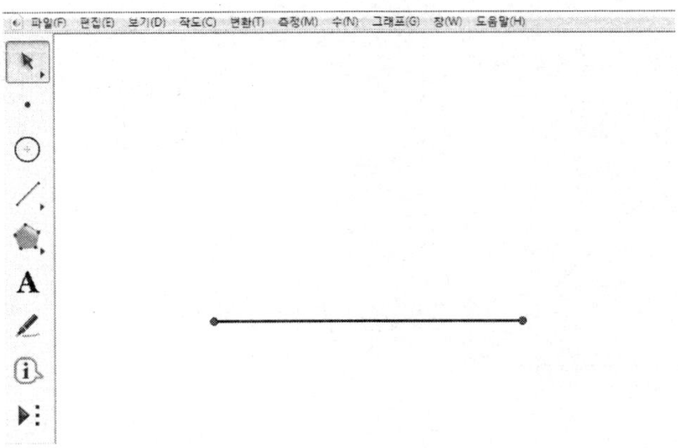

선분 도구를 이용하여 한 선분을 그린다.

Step 02

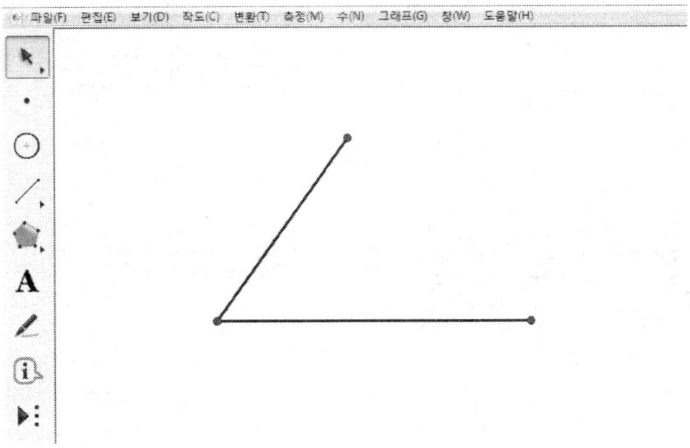

선분 도구를 이용하여 그려진 선분 위의 한 점에서 시작되는 선분을 그린다.

Step 03

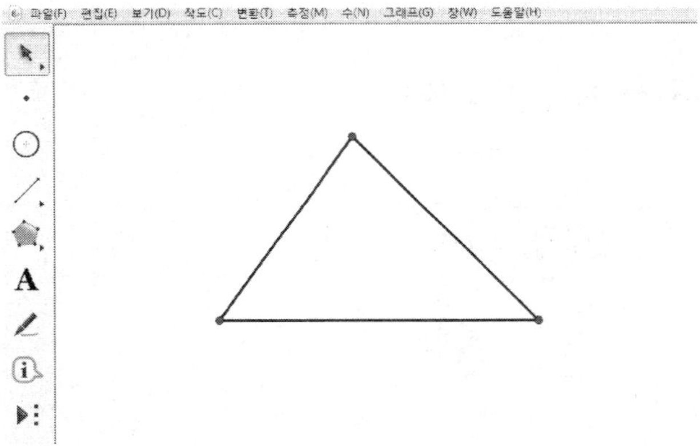

선분 도구를 이용하여 그려진 두 선분을 잇는 선분을 그린다.

Step 04

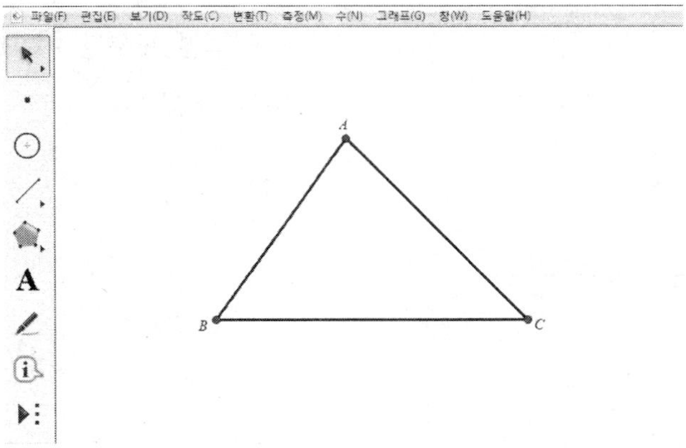

A 글 도구를 사용하여 다각형의 세 꼭짓점에 이름표를 붙인다.

Step 05

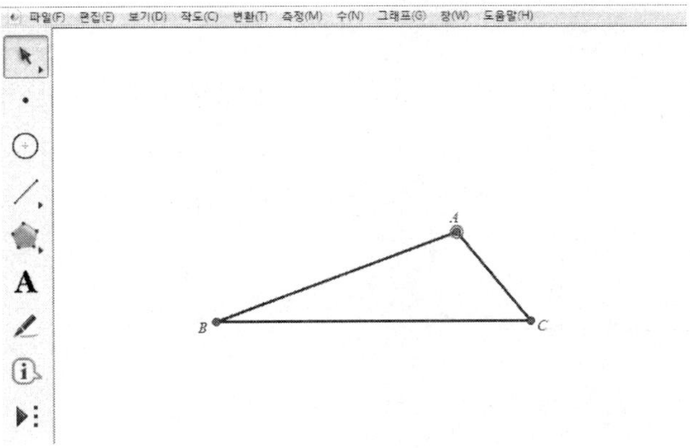

한 점 개체를 끌어서 위치를 변경하면 다각형의 모양과 크기가 변한다.

방법 2 4개의 선분을 이용하여 다각형 그리기

활/용/기/능

Step 01

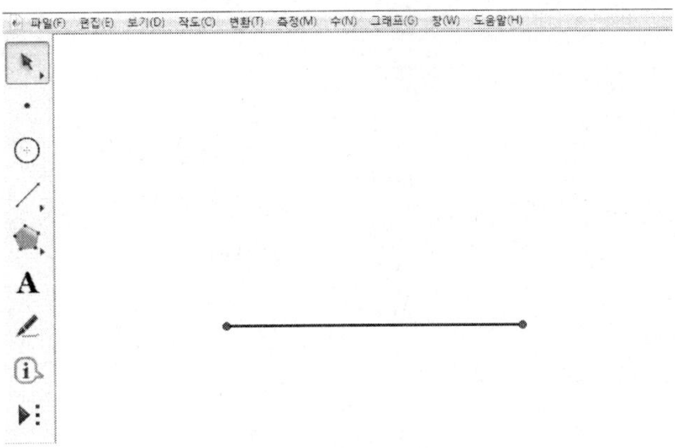

선분 도구를 이용하여 한 선분을 그린다.

Step 02

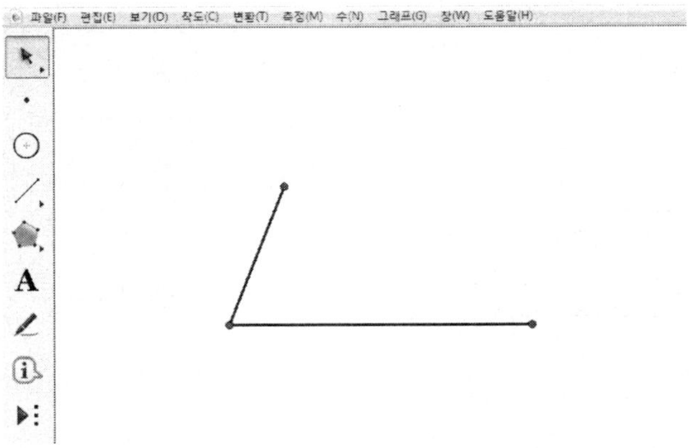

선분 도구를 이용하여 그려진 선분 위의 한 점에서 시작되는 선분을 그린다.

Step 03

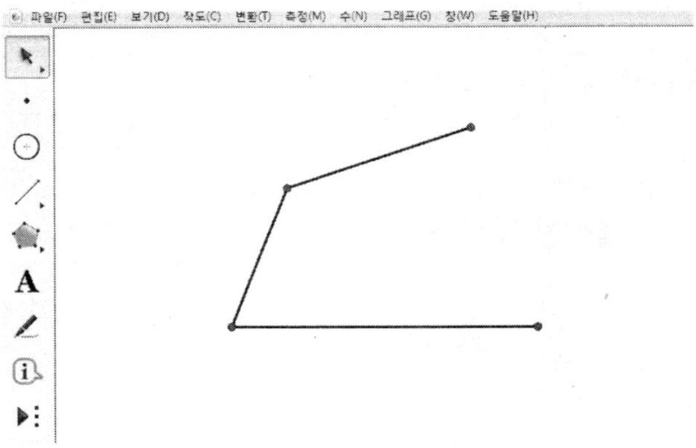

선분 도구를 이용하여 두 번째 선분 위의 한 점에서 시작되는 선분을 그린다.

Step 04

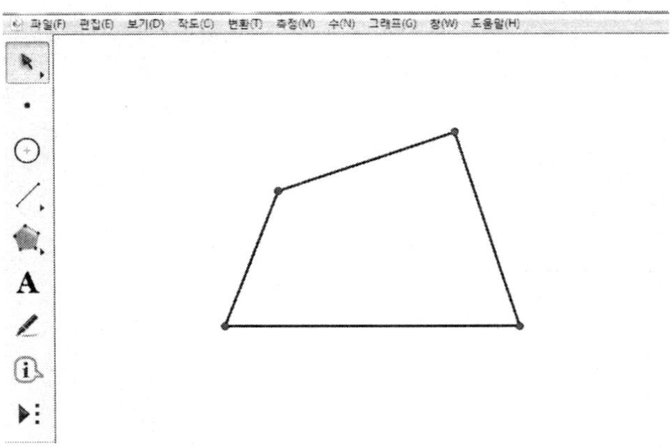

선분 도구를 이용하여 두 점을 잇는 선분을 그려 다각형을 완성한다.

Step 05

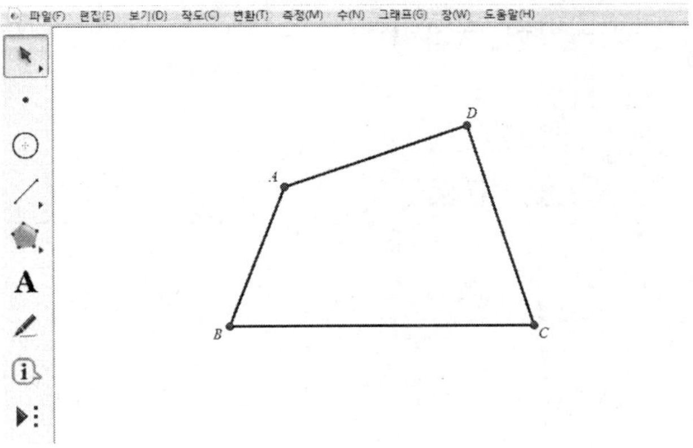

A **글 도구**를 사용하여 다각형의 네 꼭짓점에 이름표를 붙인다.

Step 06

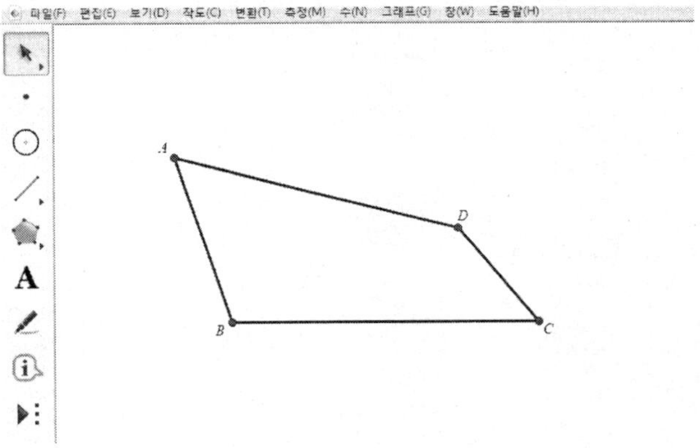

한 점 개체를 끌어서 위치를 변경하면 다각형의 모양과 크기가 변한다.

방법3 5개의 선분을 이용하여 다각형 그리기

활/용/기/능

Step 01

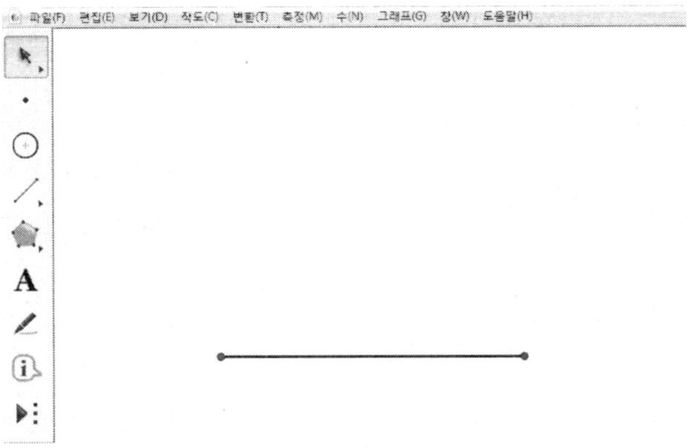

선분 도구를 이용하여 한 선분을 그린다.

Step 02

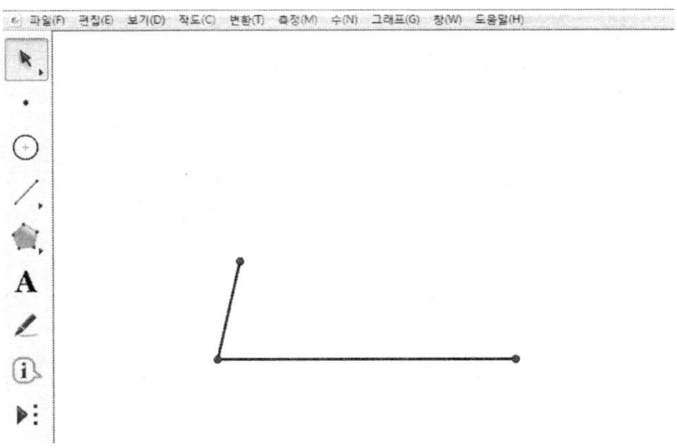

선분 도구를 이용하여 그려진 선분 위의 한 점에서 시작되는 선분을 그린다.

Step 03

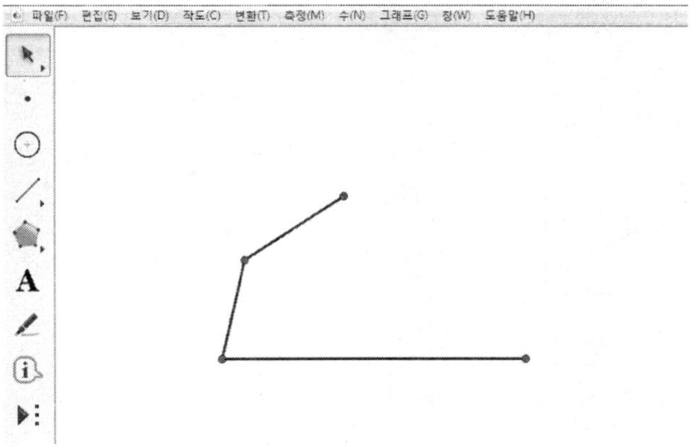

선분 도구를 이용하여 두 번째 선분 위의 한 점에서 시작되는 선분을 그린다.

Step 04

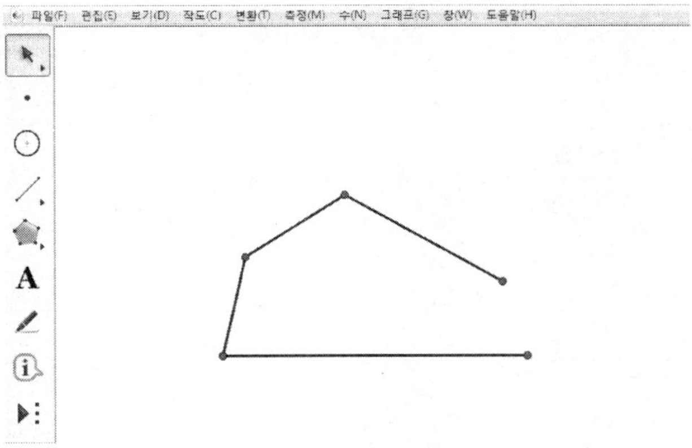

선분 도구를 이용하여 세 번째 선분 위의 한 점에서 시작되는 선분을 그린다.

Step 05

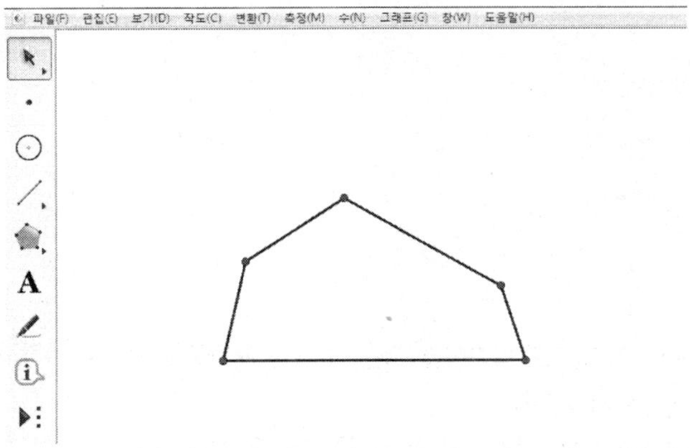

선분 도구를 이용하여 두 점을 잇는 선분을 그려 다각형을 완성한다.

Step 06

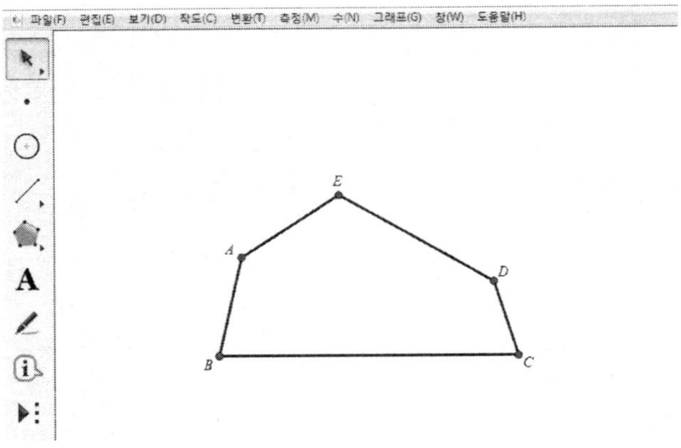

A 글 도구를 사용하여 다각형의 네 꼭짓점에 이름표를 붙인다.

Step 07

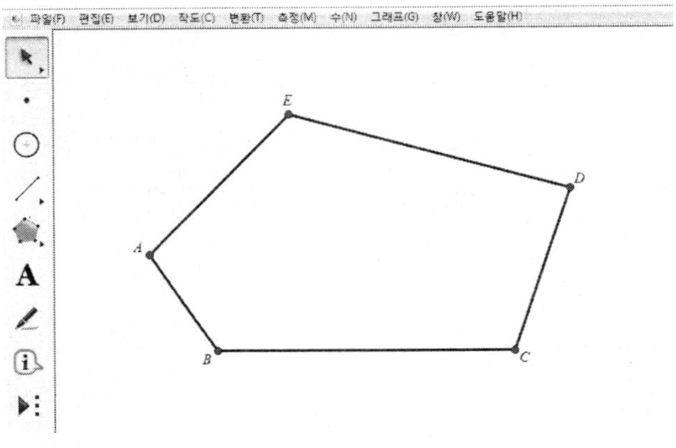

한 점 개체를 끌어서 위치를 변경하면 다각형의 모양과 크기가 변한다.

활용Tip

1. 선분 도구를 이용하여 임의로 다각형을 그린 경우 점 개체를 선택하여 다각형을 변형시킬 때 일정한 성질이 유지되지 않는다.
2. 오목다각형은 내각에 180° 보다 큰 각이 있어 안쪽으로 오목하게 들어간 부분이 있는 다각형이다.

다각형이 무엇인지 설명해봅시다.

- 선분으로만 둘러싸인 도형을 **다각형**이라고 합니다.

다각형의 이름을 알아봅시다.

- 다각형은 변의 수에 따라 변이 3개이면 **삼각형**, 변이 4개이면 **사각형**, 변이 5개이면 **오각형** 등으로 부릅니다.

탐구 과제 변이 8개인 팔각형을 그려봅시다.

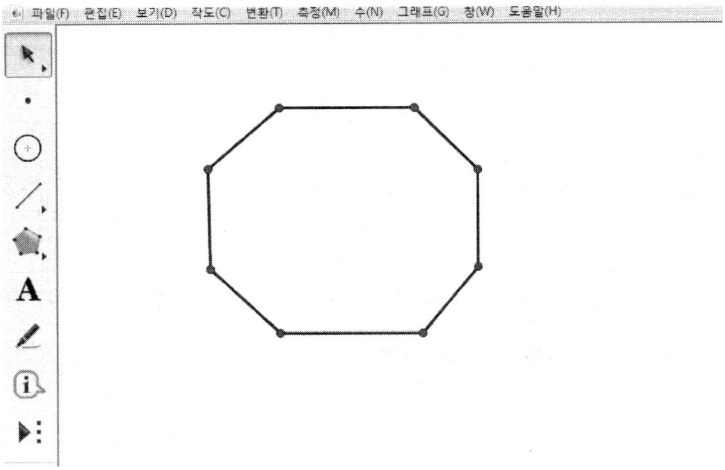

정다각형을 알 수 있다. **학습목표**

활동 1 정다형 그리기

정다각형을 그려봅시다.

방법1 중심과 반지름이 주어진 원을 이용하여 정삼각형 그리기

활/용/기/능

중심과 반지름의 길이가 주어진 원(R) · 원 숨기기(H)

Step 01

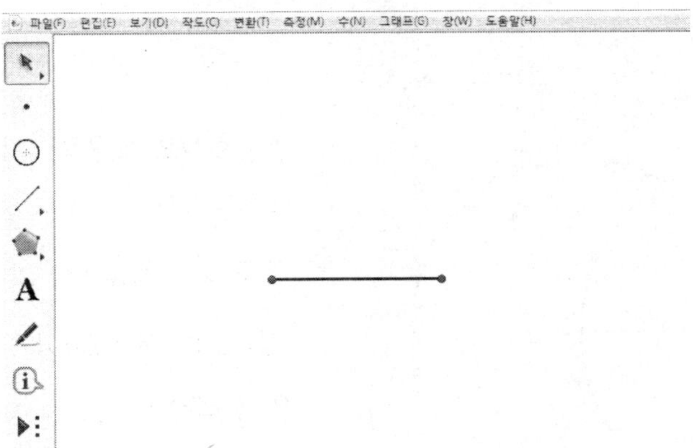

선분 도구를 활용하여 한 선분을 그린다.

Step 02

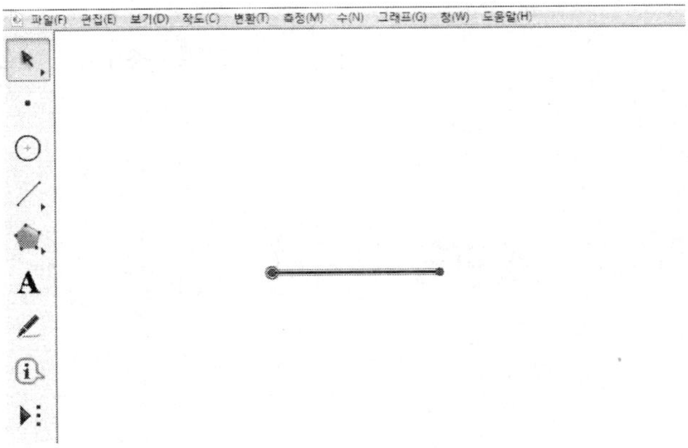

화살표 도구로 선분 위의 왼쪽 점과 선분을 선택한다.

Step 03

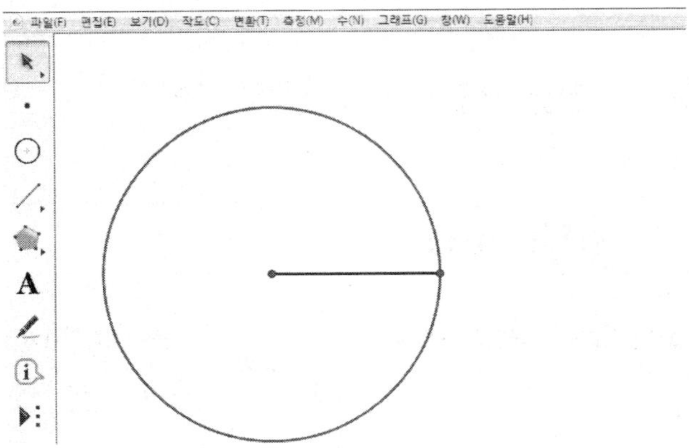

작도(C) **메뉴**에서 활성화된 중심과 반지름의 길이가 주어진 원(R) 을 선택하여 원을 그린다.

Step 04

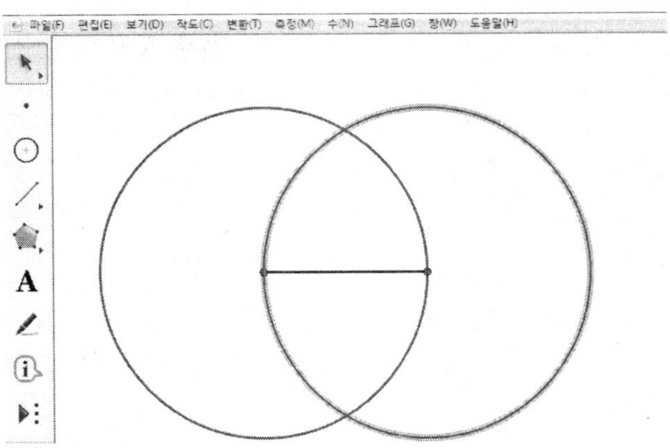

화살표 도구로 선분 위의 오른쪽 점과 선분을 선택한다. 작도(C) **메뉴**에서 활성화된 중심과 반지름의 길이가 주어진 원(R) 을 선택하여 원을 그린다.

Step 05

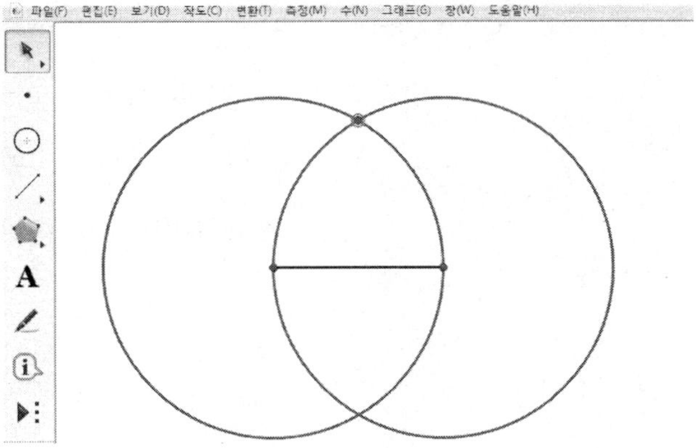

점 도구를 이용하여 두 원이 만나는 위치에 점을 그린다.

Step 06

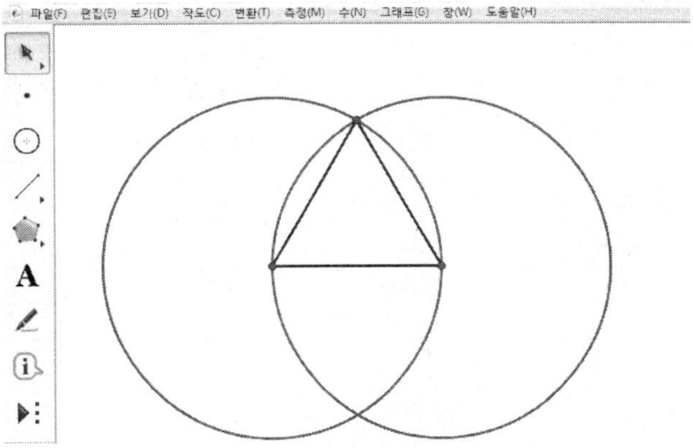

선분 도구를 이용하여 세 점을 이어 정삼각형을 완성한다.

Step 07

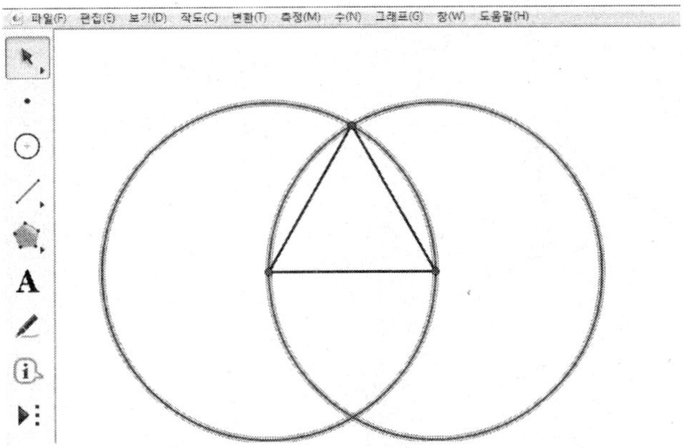

화살표 도구로 두 원을 선택한다.

Step 08

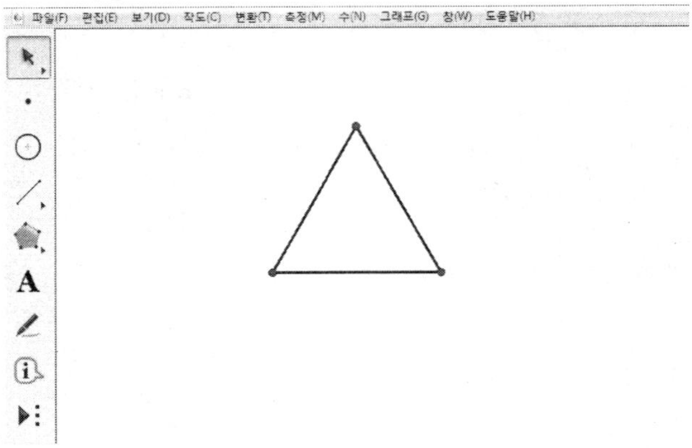

화살표 도구로 두 직선을 선택한 후 보기(D) **메뉴**의 원 숨기기(H) 를 클릭한다.

Step 09

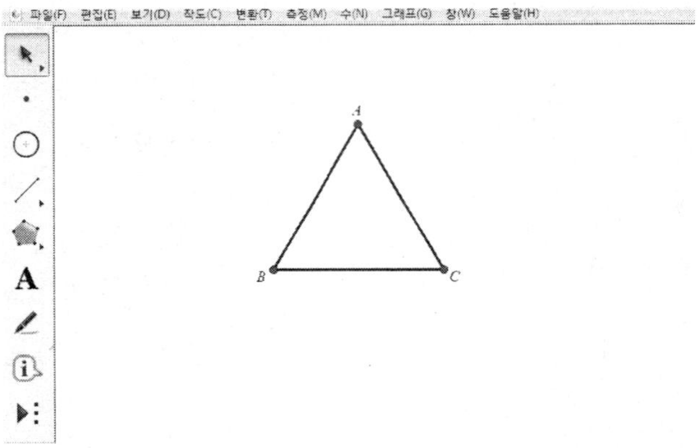

글 도구를 사용하여 정삼각형의 세 꼭짓점에 이름표를 붙인다.

Step 10

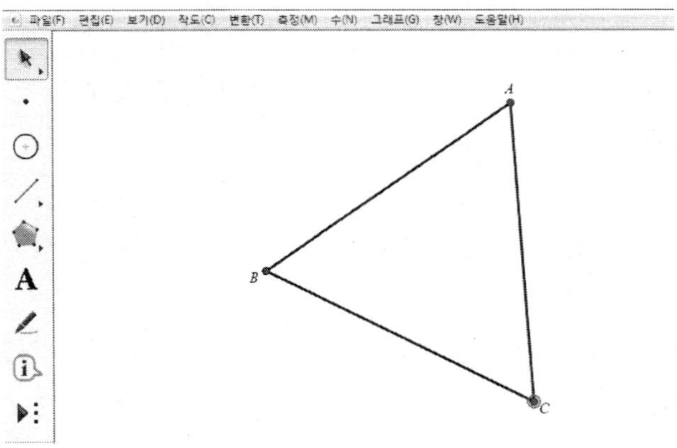

한 점 개체를 끌어서 위치를 변경하여도 정삼각형의 성질은 유지된다.

방법 2 중심과 반지름이 주어진 원을 이용하여 정사각형 그리기

활/용/기/능

Step 01

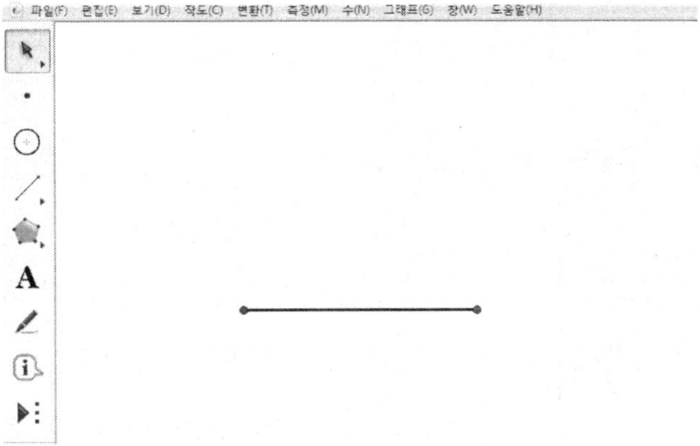

선분 도구를 활용하여 한 선분을 그린다.

Step 02

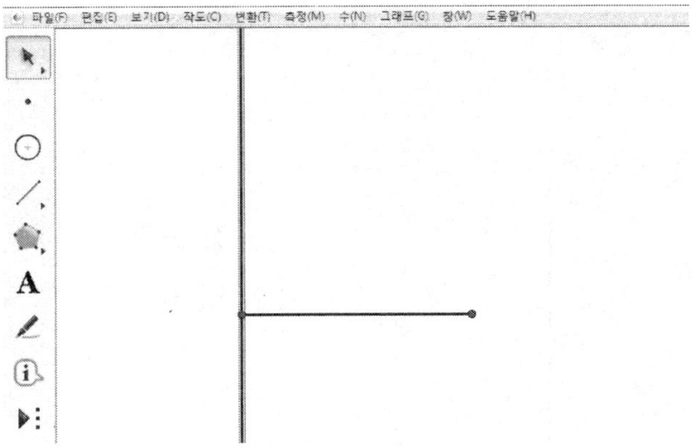

화살표 도구로 선분 위의 왼쪽 점과 선분을 선택한다.

작도(C) **메뉴**를 눌러 활성화된 수선(D) 을 선택한다.

Step 03

화살표 도구로 선분 위의 오른쪽 점과 선분을 선택한다.

작도(C) **메뉴**를 눌러 활성화된 수선(D) 을 선택한다.

Step 04

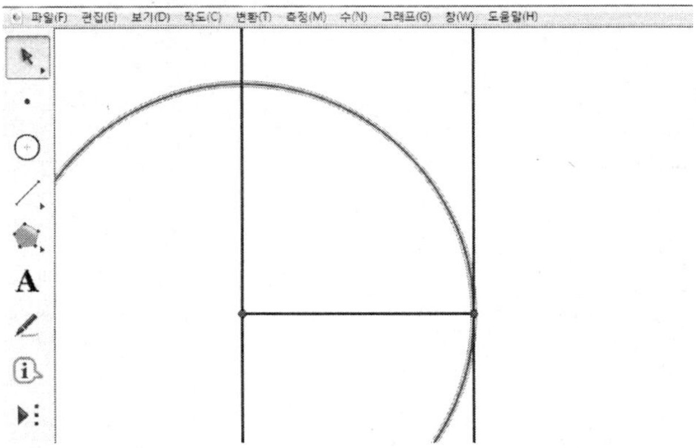

화살표 도구로 선분 위의 왼쪽 점과 선분을 선택한다.

작도(C) **메뉴**에서 활성화된 중심과 반지름의 길이가 주어진 원(R) 을 선택하여 원을 그린다.

Step 05

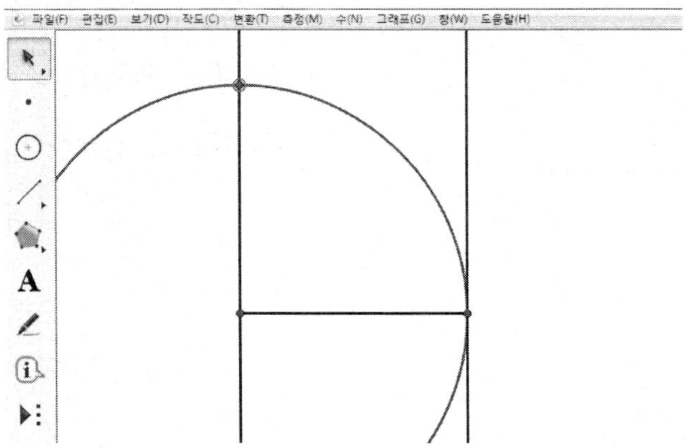

점 도구를 이용하여 수선과 원이 만나는 위치에 점을 그린다.

Step 06

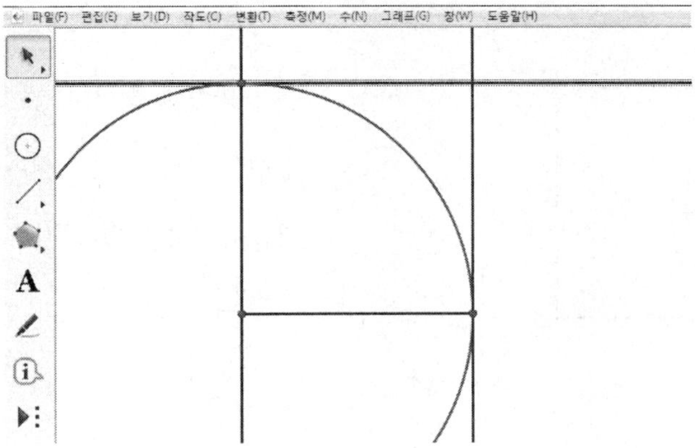

화살표 도구로 원과 수선이 만나는 점과 수선을 선택한다. 작도(C) **메뉴**를 눌러 활성화된 수선(D) 을 선택한다.

Step 07

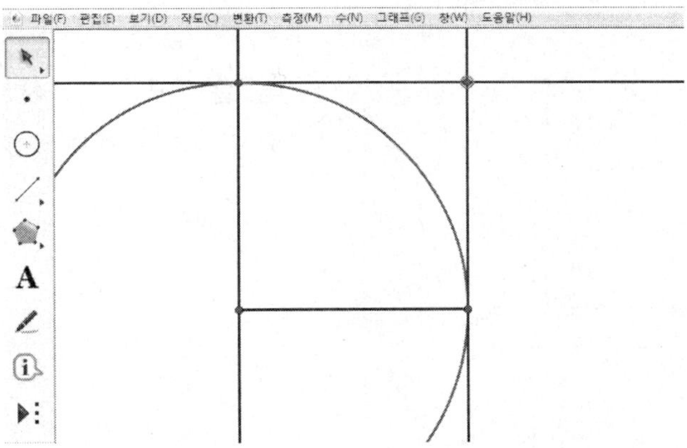

점 도구를 이용하여 두 수선이 만나는 위치에 점을 그린다.

Step 08

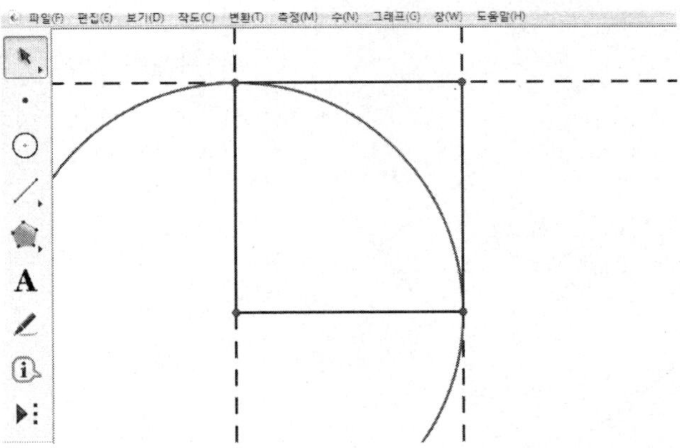

선분 도구를 이용하여 네 개의 점을 잇는 선분을 순서대로 그린다.

Step 09

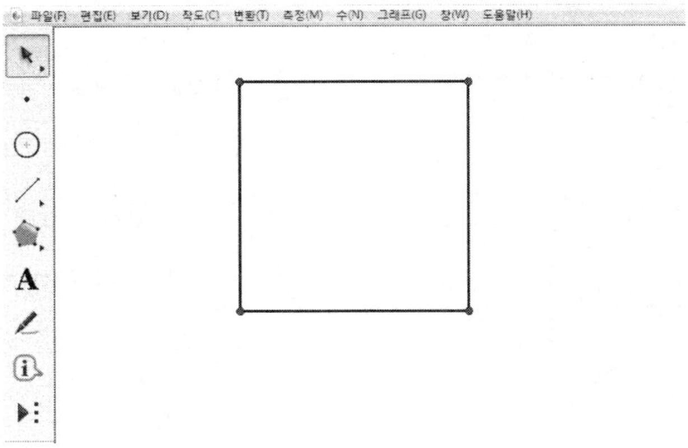

화살표 도구로 원과 세 수선을 선택한다. 보기(D) 메뉴의 개체 숨기기(H) 를 클릭한다.

Step 10

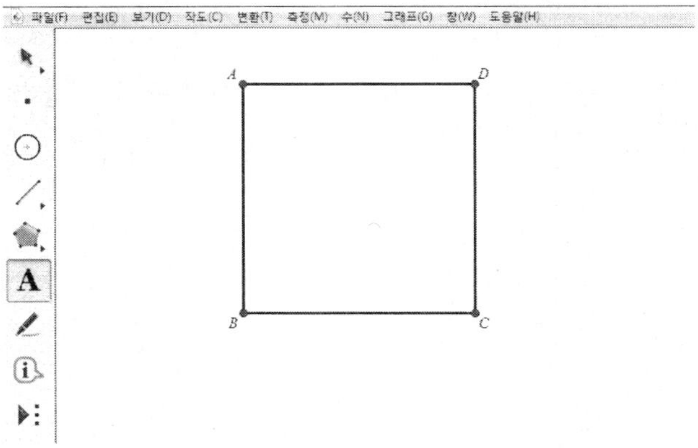

A 글 도구를 사용하여 정사각형의 세 꼭짓점에 이름표를 붙인다.

Step 11

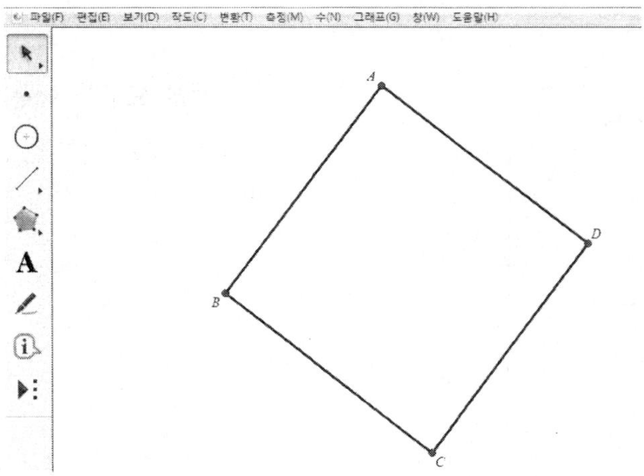

한 점 개체를 끌어서 위치를 변경하여도 정사각형의 성질은 유지된다.

방법 3 회전이동을 이용하여 정육각형 그리기

활/용/기/능

중심 지정(N) | 회전이동(R) | 개체 숨기기(H) | A

Step 01

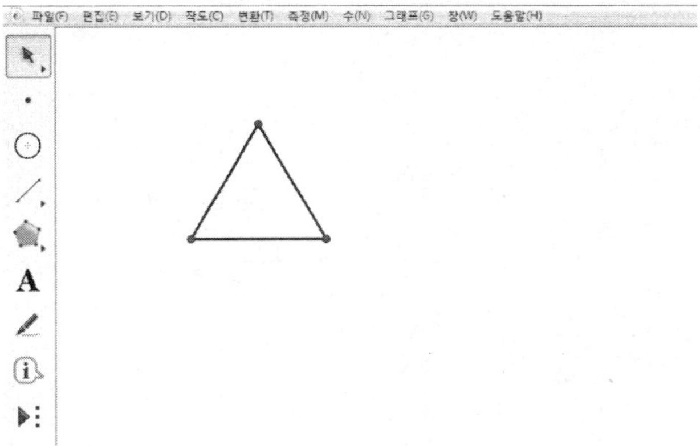

정삼각형을 그린다.

Step 02

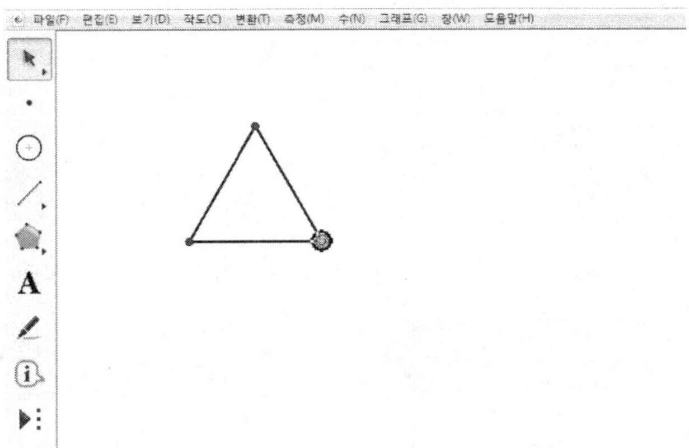

화살표 도구로 정삼각형의 한 꼭짓점을 선택한다. **변환(T) 메뉴**를 눌러 활성화된 **중심 지정(N)**을 선택한다.

Step 03

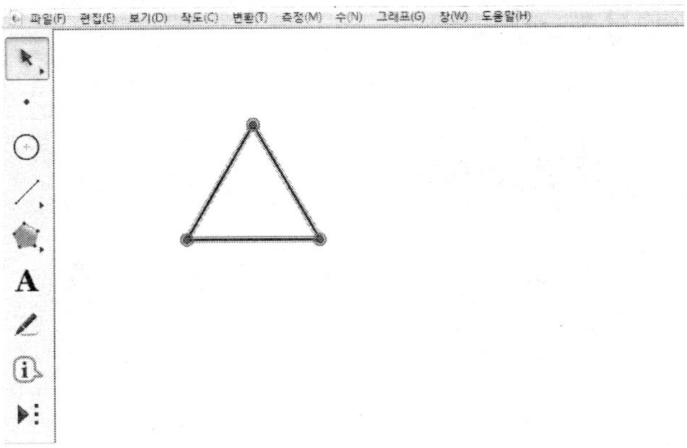

화살표 도구로 정삼각형의 모든 꼭짓점과 변을 선택한다.

Step 04

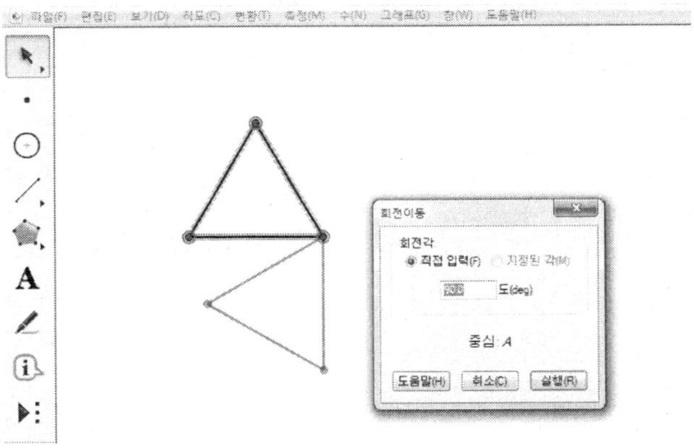

변환(T) **메뉴**를 눌러 활성화된 **회전이동(R)** 을 선택한다.

Step 05

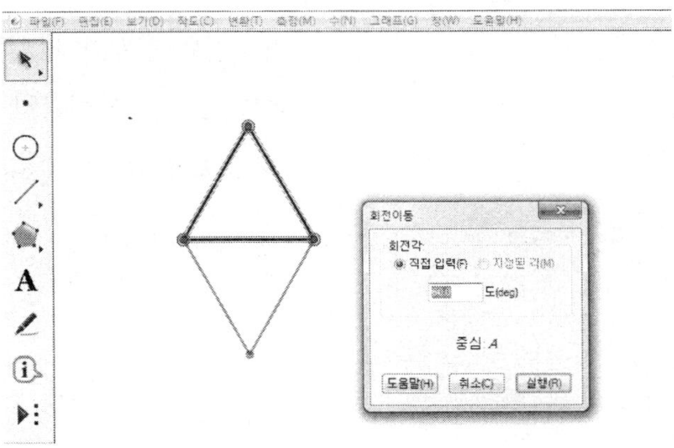

직접 입력(F) 을 선택하고 **60도**를 입력한다. **실행(R)** 을 클릭한다.

Step 06

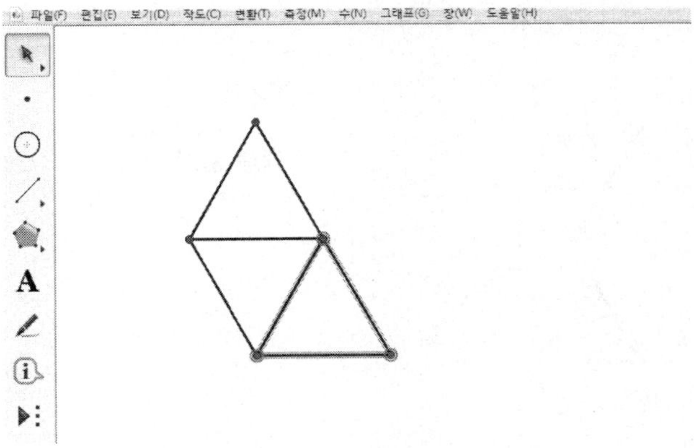

다시 **직접 입력(F)** 을 선택하고 **60도**를 입력한다. **실행(R)** 을 클릭한다.

Step 07

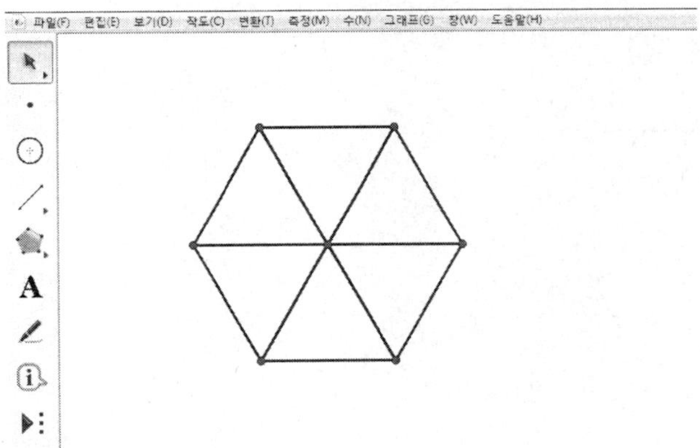

같은 방식으로 회전이동을 세 번 더 실행한다.

Step 08

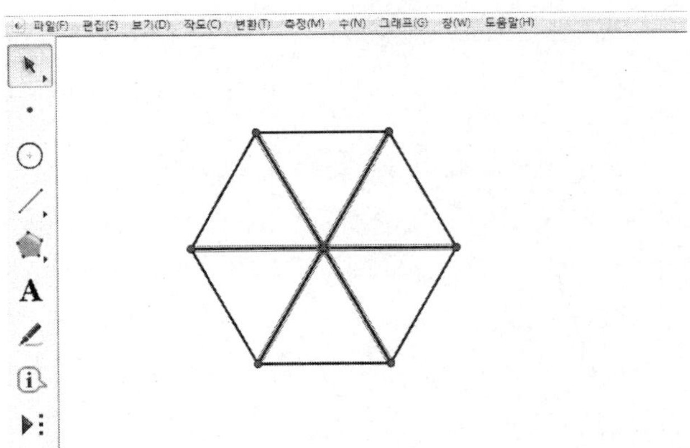

화살표 도구로 정육각형 내부의 선분과 중심에 위치한 점을 선택한다.

Step 09

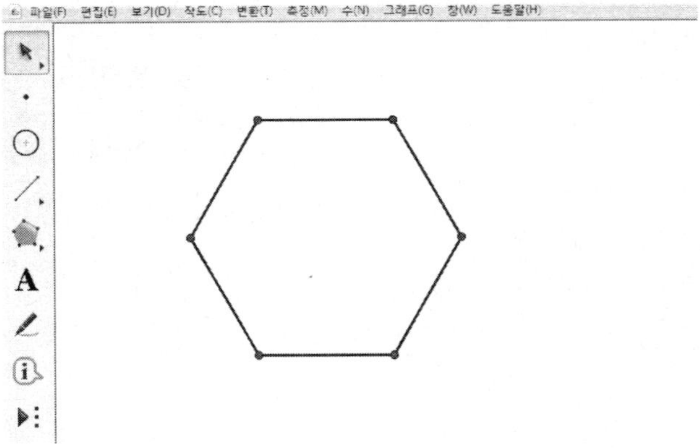

보기(D) **메뉴**의 개체 숨기기(H) 를 클릭한다.

Step 10

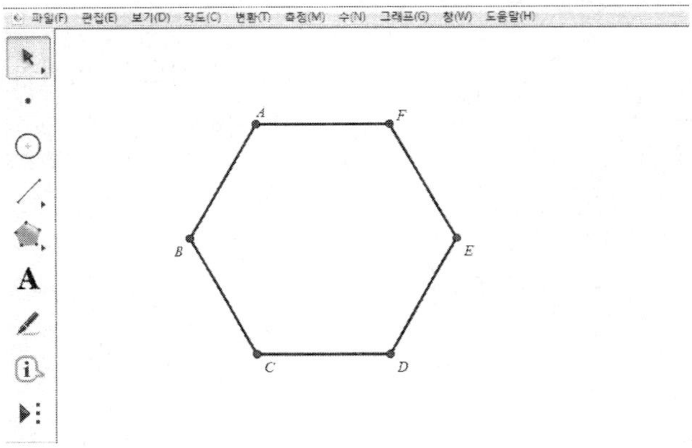

A 글 도구를 사용하여 정육각형의 여섯 꼭짓점에 이름표를 붙인다.

Step 11

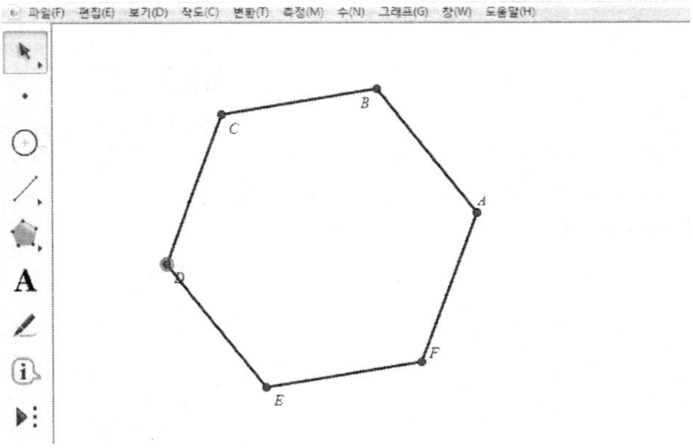

한 점 개체를 끌어서 위치를 변경하여도 정육각형의 성질은 유지된다.

정다각형이 무엇인지 설명해봅시다.

- 변의 길이가 모두 같고 각의 크기가 모두 같은 다각형을 **정다각형**이라고 합니다.

탐구 과제 다음 정육각형의 한 각의 크기는 120°입니다. 정육각형의 모든 각의 크기의 합을 구해봅시다.

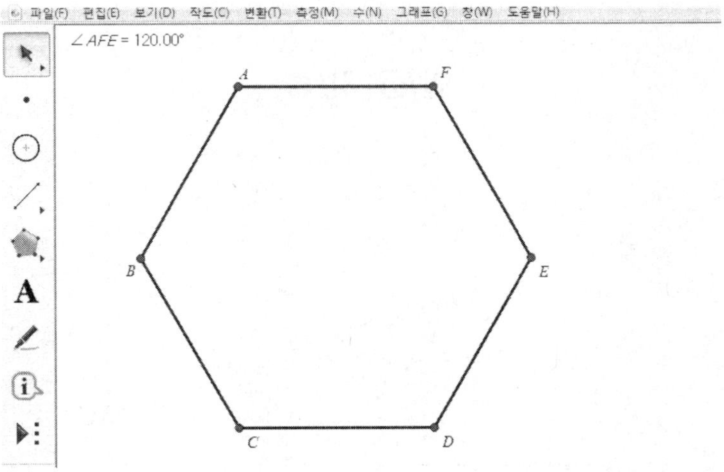

활용Tip

1. 변환(T) 메뉴를 눌러 활성화된 회전이동(R) 을 이용할 때 실행(T) 을 클릭하기 전 실행 결과를 미리 볼 수 있다.
2. 도형을 작도 중 키보드의 Ctrl+Z를 누르면 이전 상태로 돌아간다.

대각선을 알 수 있다. **학습목표**

활동 1 대각선 그리기

대각선을 그려봅시다.

방법1 선분 도구를 이용하여 대각선 그리기

활/용/기/능

Step 01

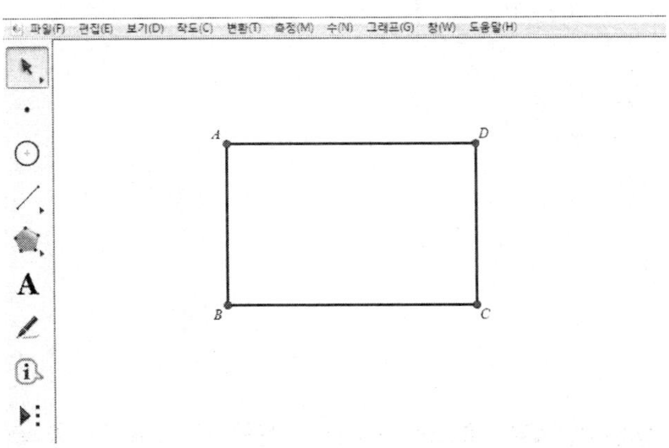

사각형을 그린다.

Step 02

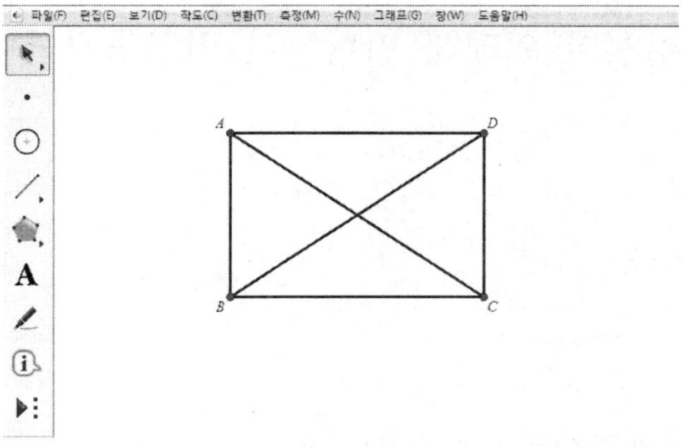

선분 도구를 이용하여 마주 보는 꼭짓점을 이는 대각선을 그린다.

활동 1 대각선이 어떻게 만나는지 알아보기

두 대각선의 관계를 알아봅시다.

방법1 측정을 이용하여 평행사변의 두 대각선의 관계 알아보기

활/용/기/능

측정(M) | 길이(L) | 각의 크기(A)

Step 01

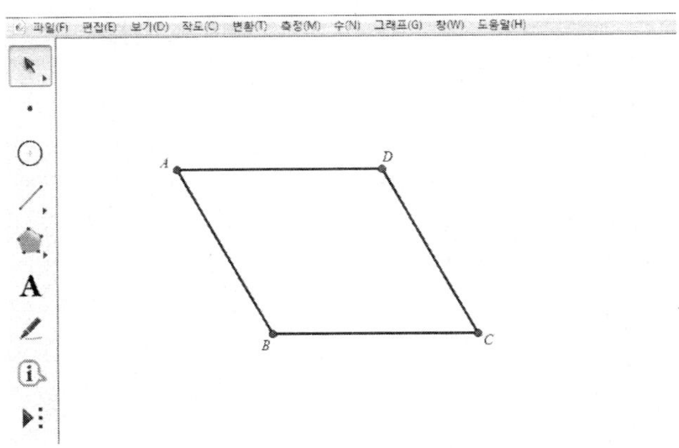

평행사변형을 그린다.

Step 02

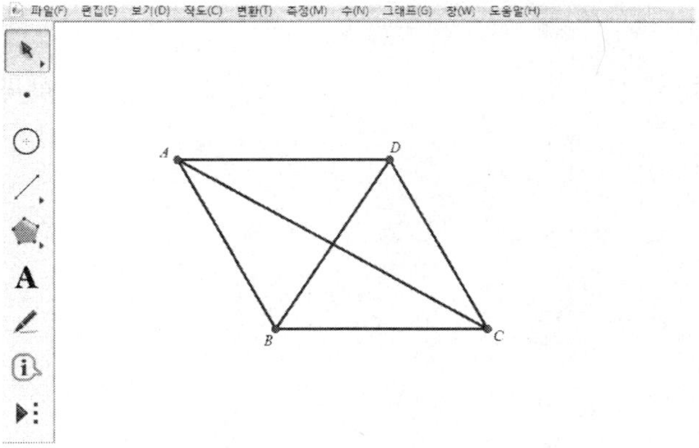

선분 도구를 이용하여 마주 보는 꼭짓점을 이는 대각선을 그린다.

Step 03

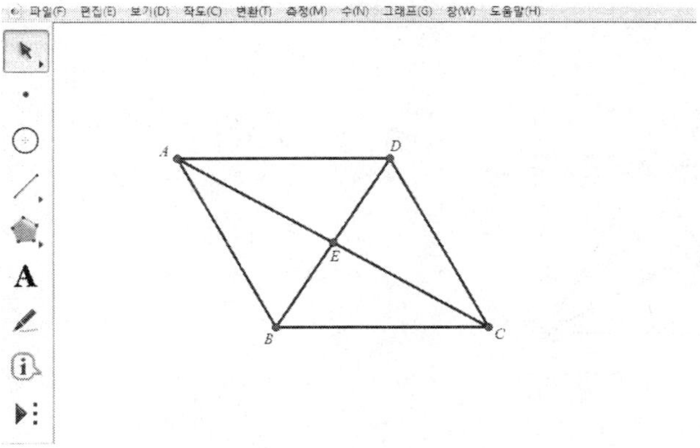

점 도구를 이용하여 대각선이 만나는 지점에 점을 그린다. A 글 도구를 사용하여 이름표를 붙인다.

Step 04

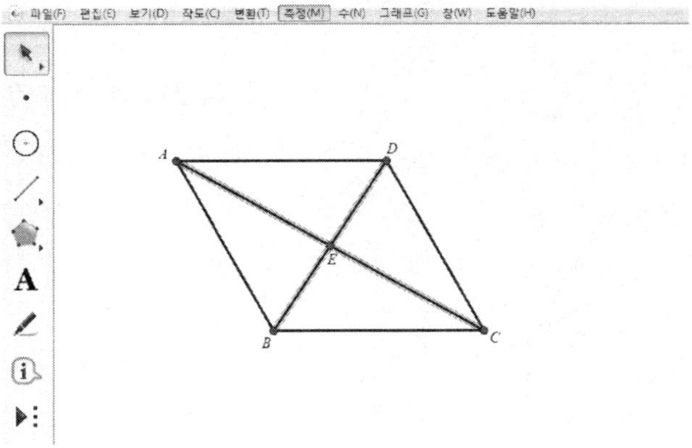

화살표 도구로 두 대각선인 선분 AC, 선분 BD를 선택한다.

Step 05

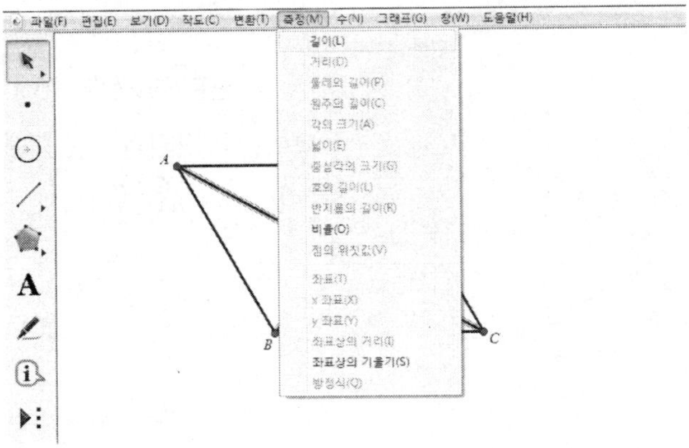

측정(M) **메뉴**의 **길이(L)** 를 선택한다.

Step 06

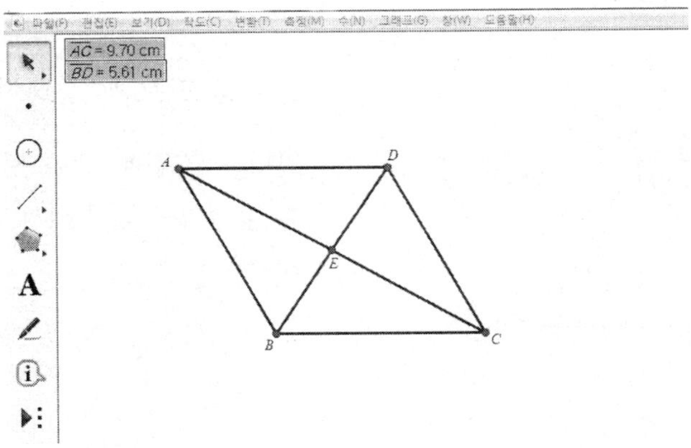

두 대각선의 길이가 다르다는 것을 확인할 수 있다.

Step 07

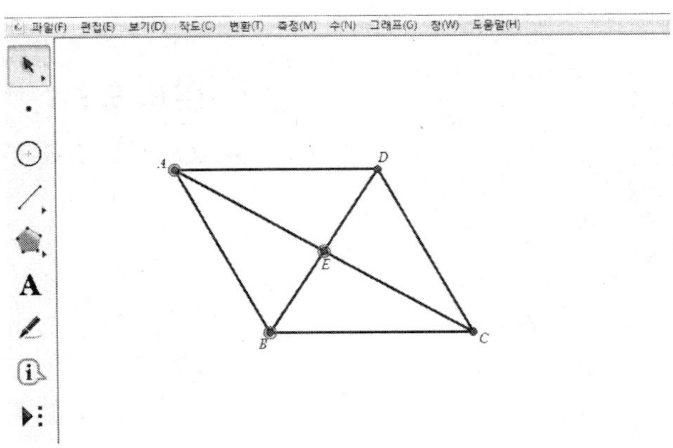

화살표 도구를 이용하여 점 A, 점 E, 점 B를 선택한다.

Step 08

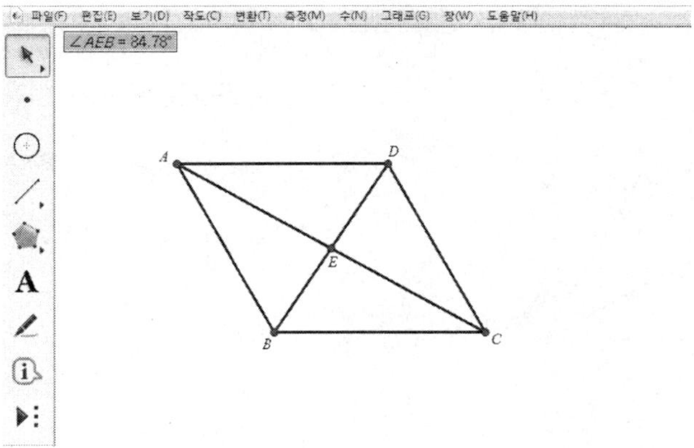

측정(M) **메뉴**의 **각의 크기(A)**를 선택하여 각 AEB의 크기를 측정한다.

Step 09

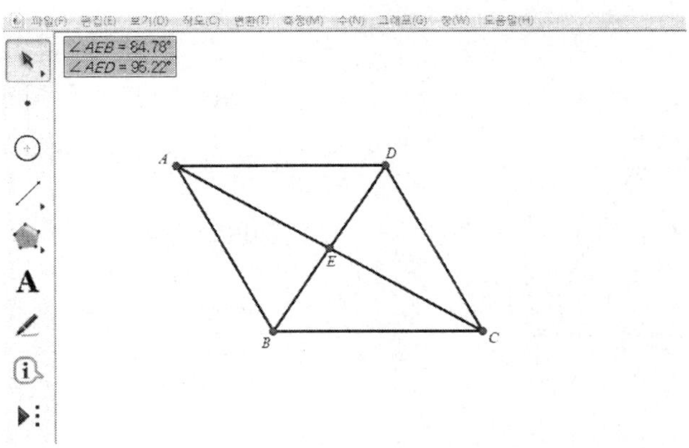

두 대각선이 서로 수직으로 만나지 않는다는 것을 알 수 있다.

Step 10

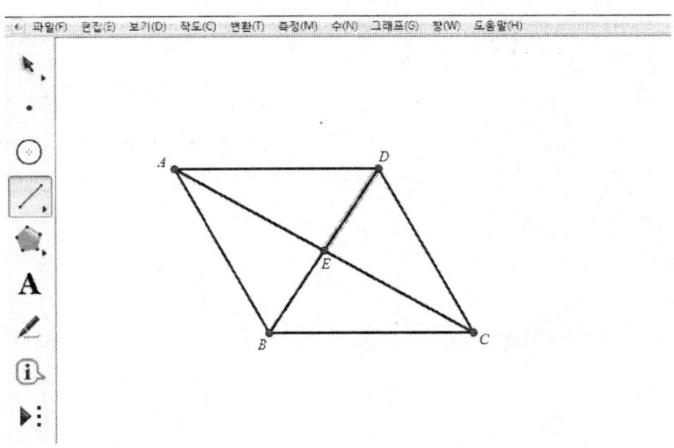

선분 도구를 이용하여 선분 AE, 선분 EC, 선분 BE, 선분 ED를 그린다.

Step 11

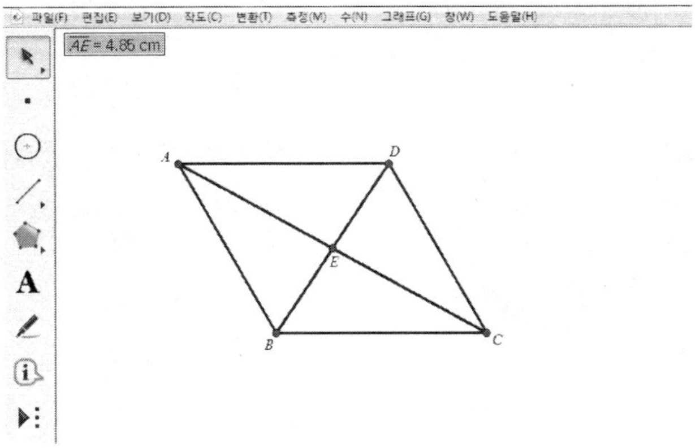

화살표 도구를 이용하여 선분 AE를 선택한다. **측정(M)** **메뉴**의 **길이(L)** 를 선택한다.

Step 12

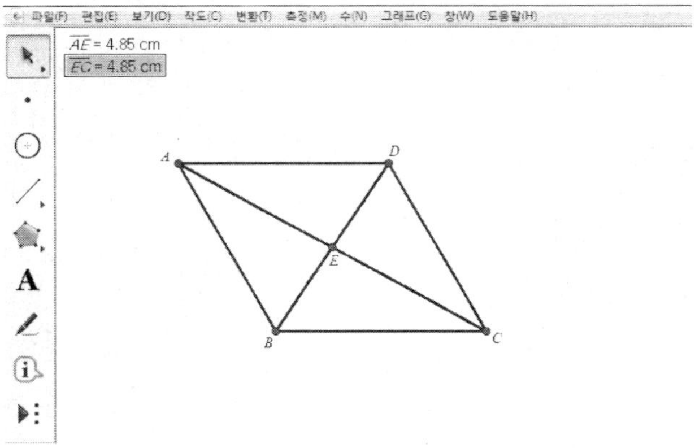

화살표 도구를 이용하여 선분 EC를 선택한다. **측정(M)** **메뉴**의 **길이(L)** 를 선택한다.

Step 13

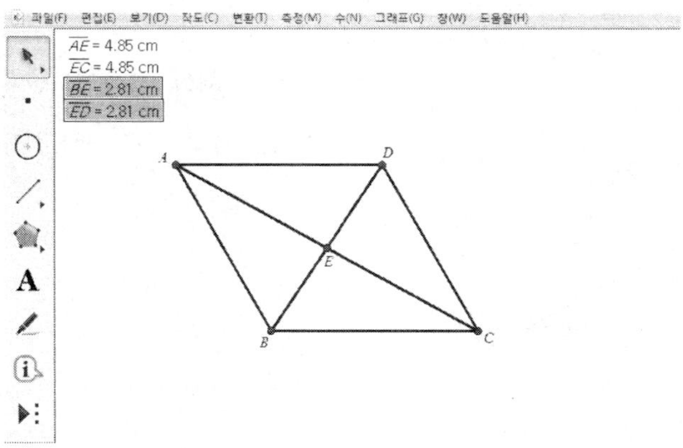

같은 방법으로 선분 BC, 선분 ED의 길이를 확인한다.

Step 14

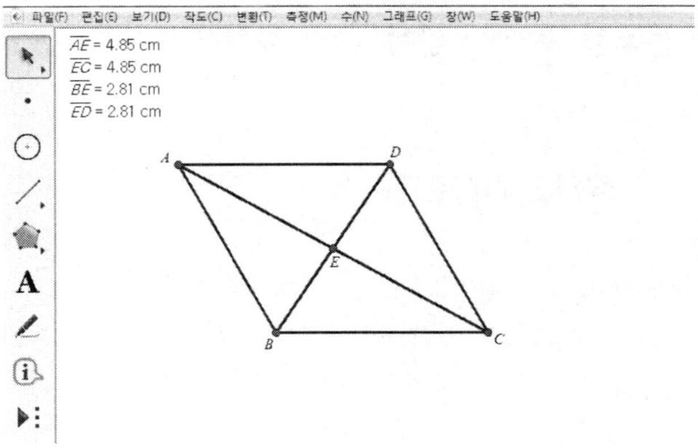

한 대각선이 다른 대각선을 이등분한다는 것을 알 수 있다.

Step 15

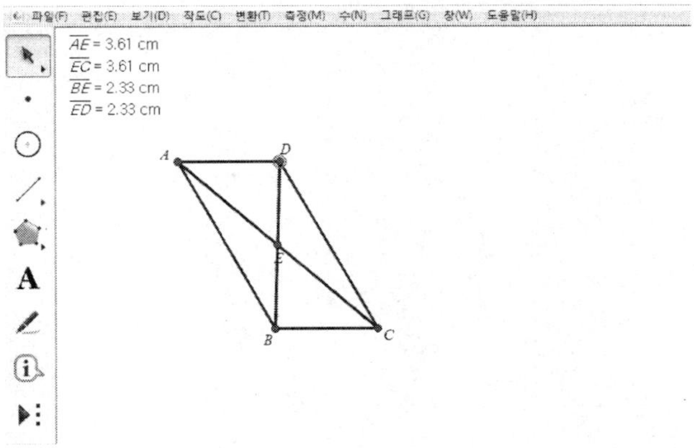

한 점 개체를 끌어서 위치를 변경하여도 평행사변의 대각선의 성질은 유지된다.

방법 2 측정을 이용하여 마름모의 두 대각선의 관계 알아보기

활/용/기/능

측정(M) 길이(L) 각의 크기(A)

Step 01

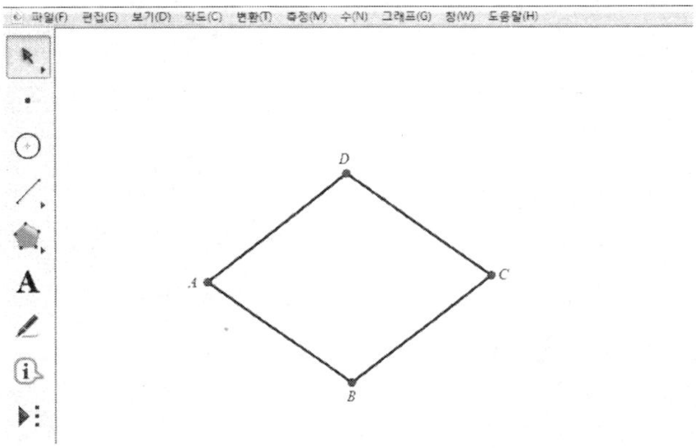

마름모를 그린다.

Step 02

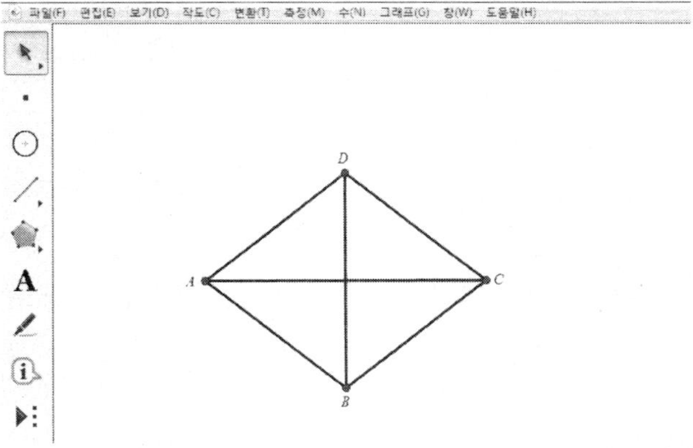

선분 도구를 이용하여 마주 보는 꼭짓점을 이는 대각선을 그린다.

Step 03

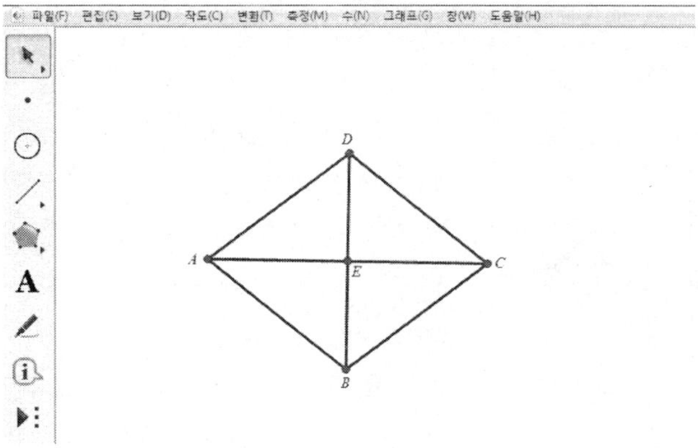

점 도구를 이용하여 대각선이 만나는 지점에 점을 그린다. **글 도구**를 사용하여 이름표를 붙인다.

Step 04

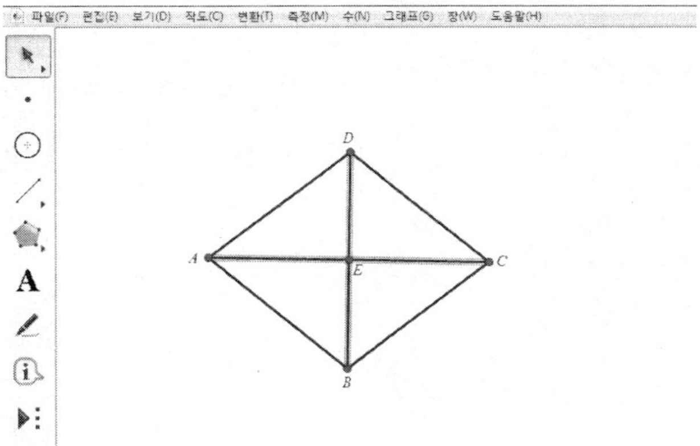

화살표 도구로 두 대각선인 선분 AC, 선분 BD를 선택한다.

Step 05

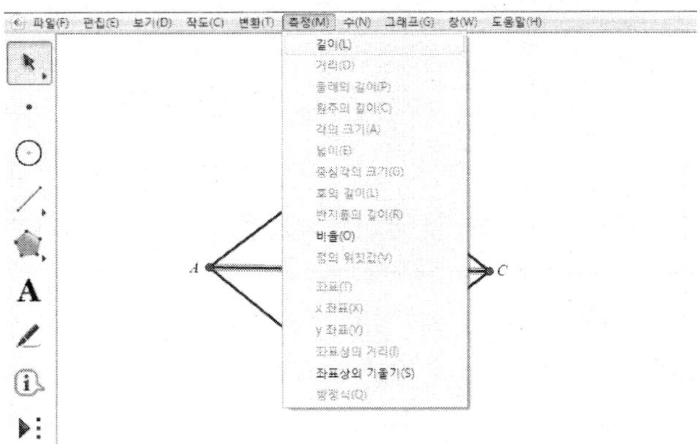

측정(M) 메뉴의 **길이(L)** 를 선택한다.

Step 06

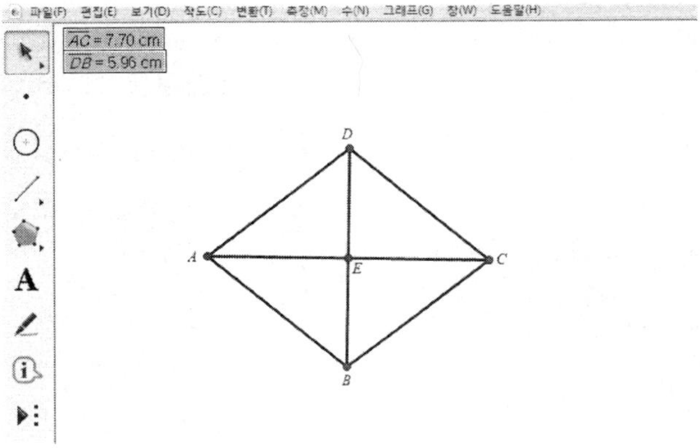

두 대각선의 길이가 다르다는 것을 확인할 수 있다.

Step 07

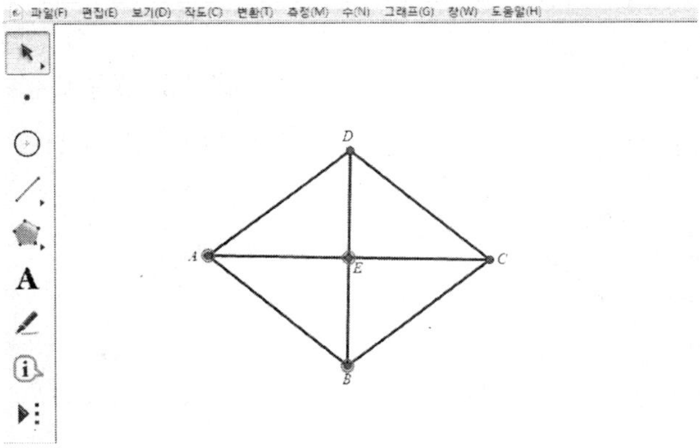

화살표 도구를 이용하여 점 A, 점 E, 점 B를 선택한다.

Step 08

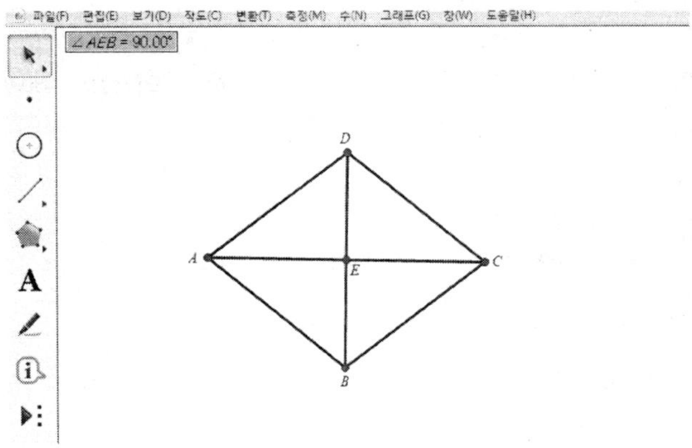

측정(M) 메뉴의 **각의 크기(A)** 를 선택하여 각 AEB의 크기를 측정한다.

Step 09

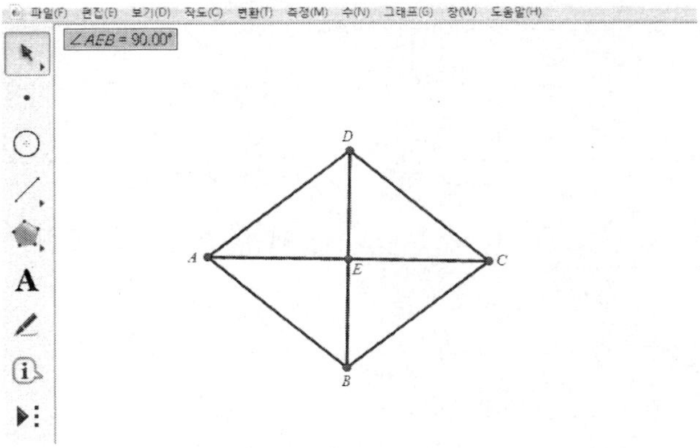

두 대각선이 서로 수직으로 만난다는 것을 알 수 있다.

Step 10

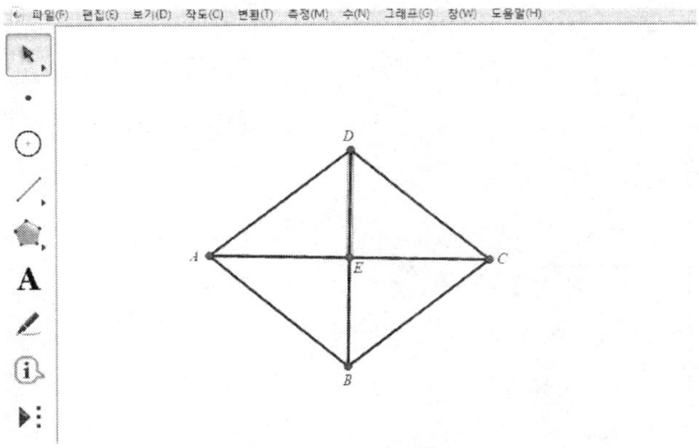

선분 도구를 이용하여 선분 AE, 선분 EC, 선분 BE, 선분 ED를 그린다.

Step 11

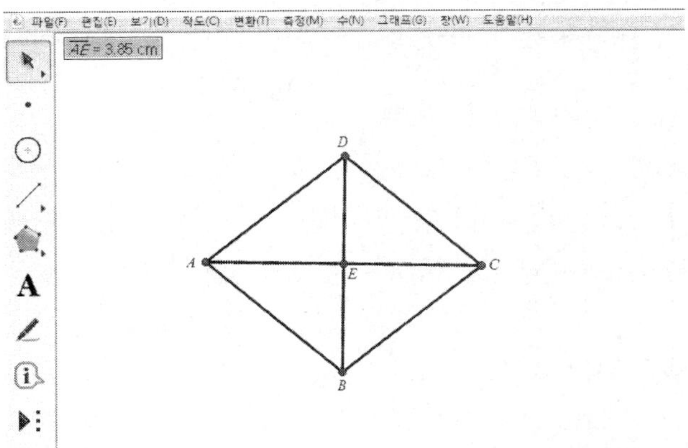

화살표 도구를 이용하여 선분 AE를 선택한다. **측정(M)** **메뉴**의 **길이(L)** 를 선택한다.

Step 12

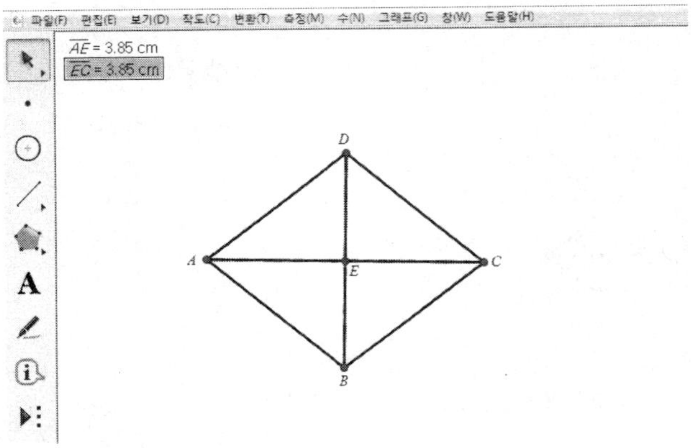

화살표 도구를 이용하여 선분 EC를 선택한다. 측정(M) 메뉴의 길이(L) 를 선택한다.

Step 13

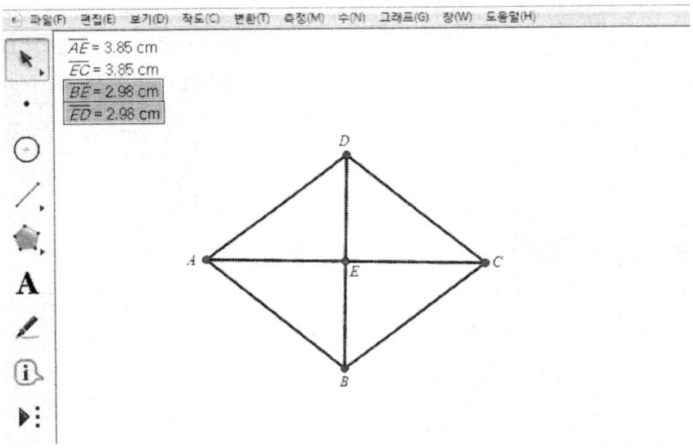

같은 방법으로 선분 BC, 선분 ED 의 길이를 확인한다.

Step 14

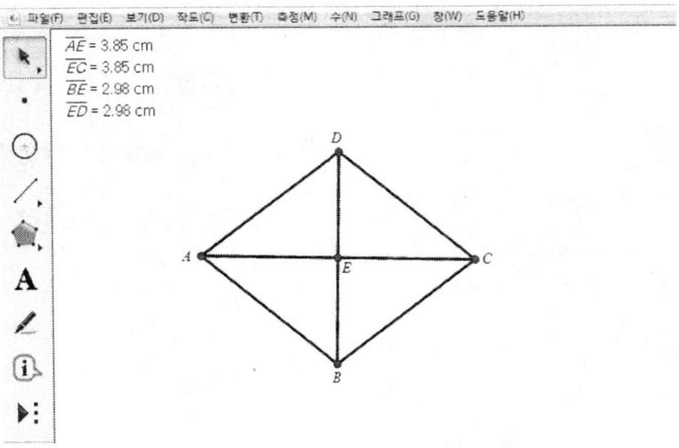

한 대각선이 다른 대각선을 이등분한다는 것을 알 수 있다.

Step 15

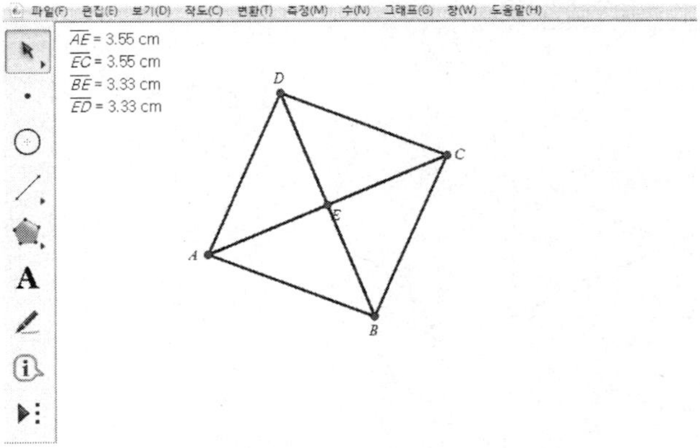

한 점 개체를 끌어서 위치를 변경하여도 마름모의 대각선의 성질은 유지된다.

방법3 측정을 이용하여 직사각형의 두 대각선의 관계 알아보기

활/용/기/능

측정(M) 길이(L) 각의 크기(A)

Step 01

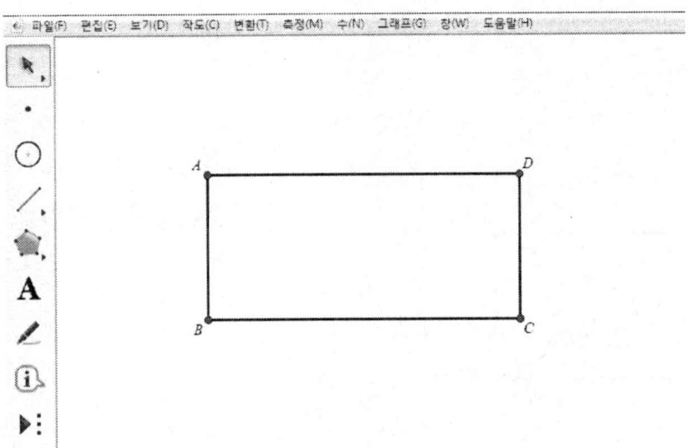

직사각형을 그린다.

Step 02

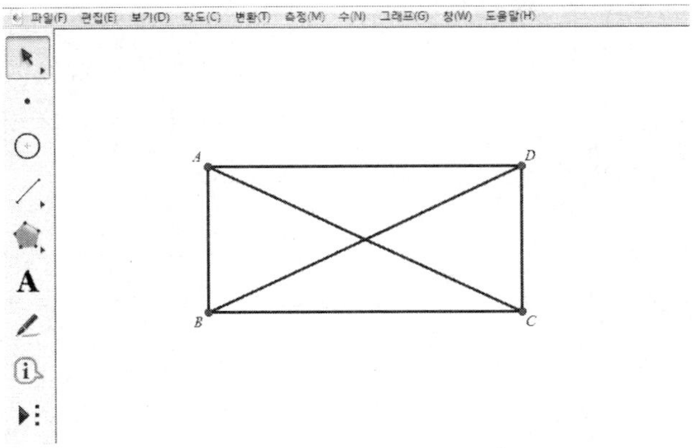

선분 도구를 이용하여 마주 보는 꼭짓점을 이는 대각선을 그린다.

Step 03

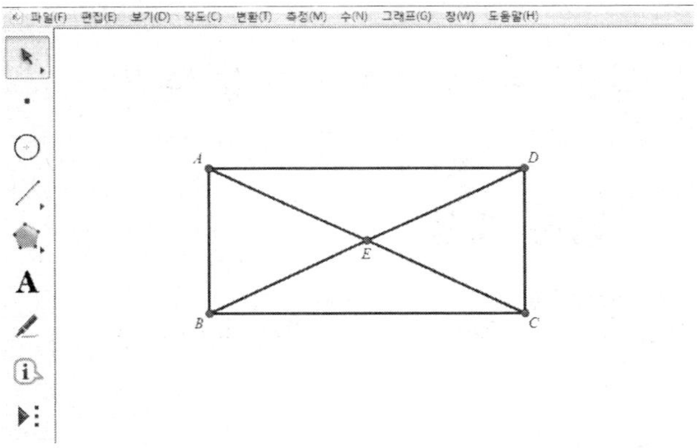

점 도구를 이용하여 대각선이 만나는 지점에 점을 그린다. A 글 도구를 사용하여 이름표를 붙인다.

Step 04

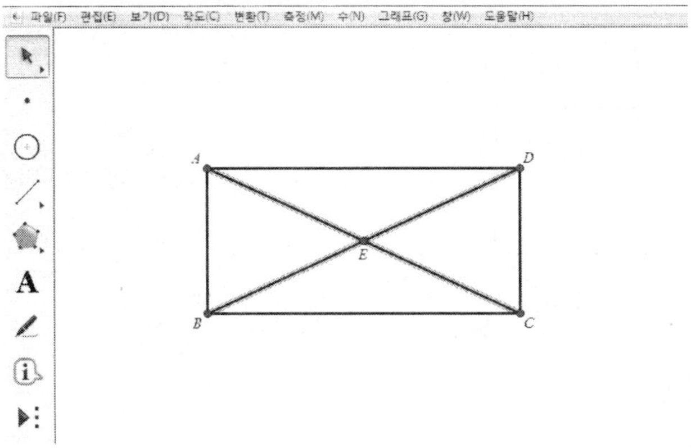

화살표 도구로 두 대각선인 선분 AC, 선분 BD를 선택한다.

Step 05

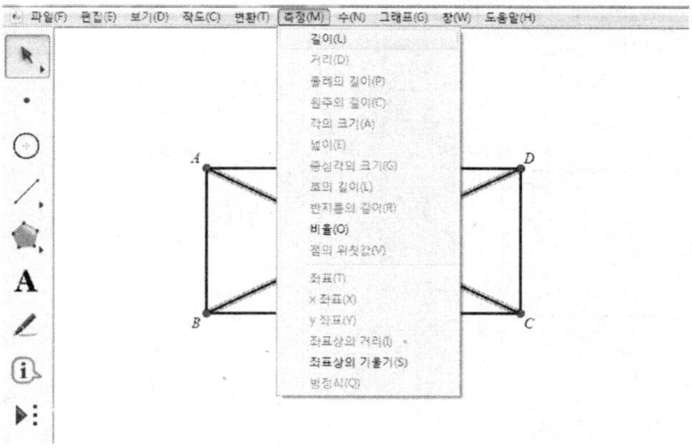

측정(M) **메뉴**의 길이(L) 를 선택한다.

Step 06

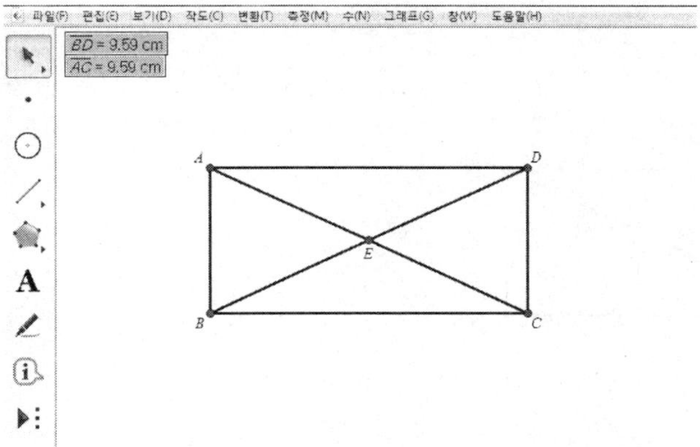

두 대각선의 길이가 같다는 것을 확인할 수 있다.

Step 07

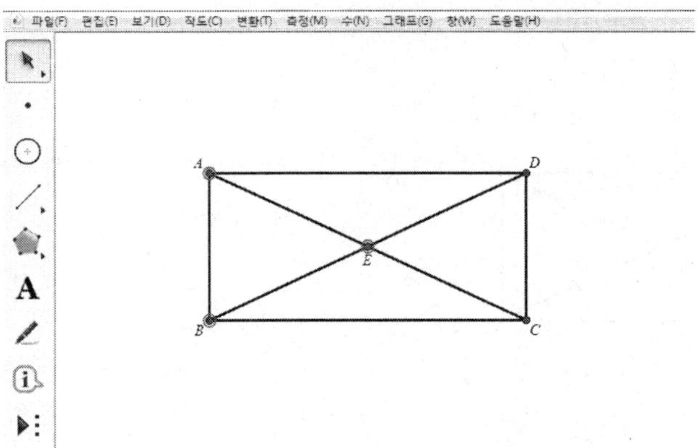

화살표 도구를 이용하여 점 A, 점 E, 점 B를 선택한다.

Step 08

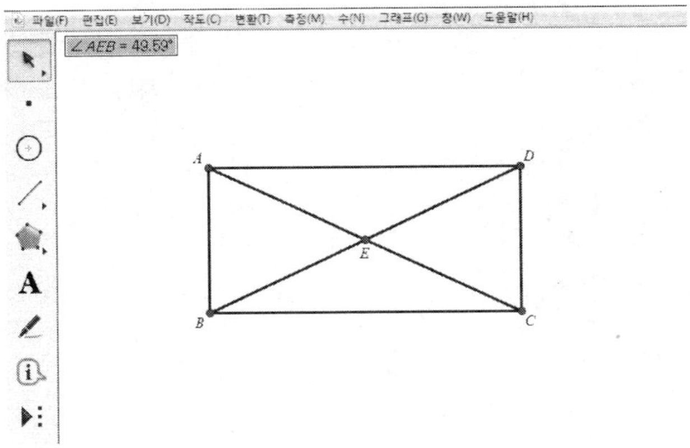

측정(M) **메뉴**의

각의 크기(A) 를 선택하여 각 AEB의 크기를 측정한다.

Step 09

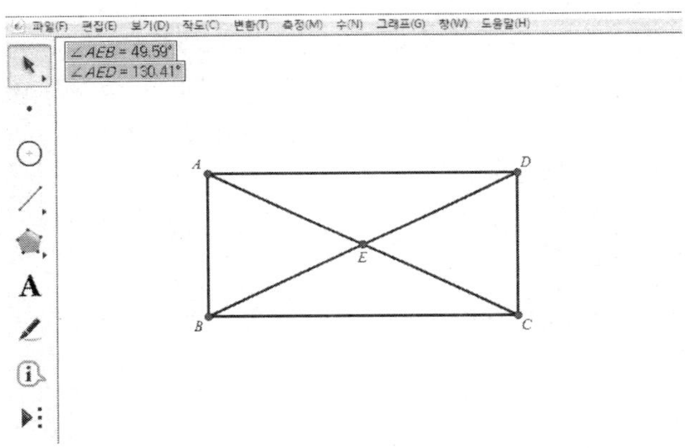

두 대각선이 서로 수직으로 만나지 않는다는 것을 알 수 있다.

Step 10

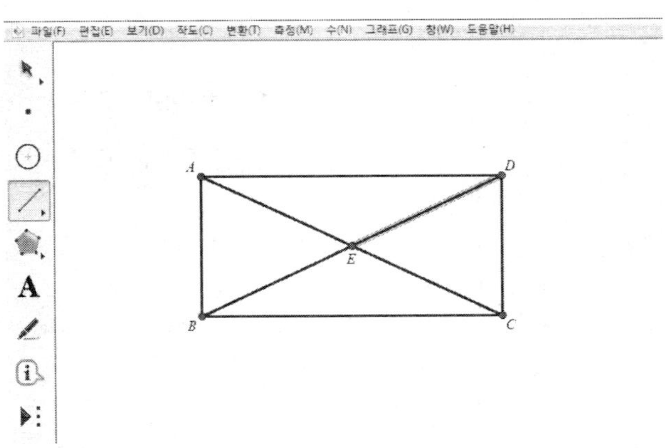

선분 도구를 이용하여 선분 AE, 선분 EC, 선분 BE, 선분 ED를 그린다.

Step 11

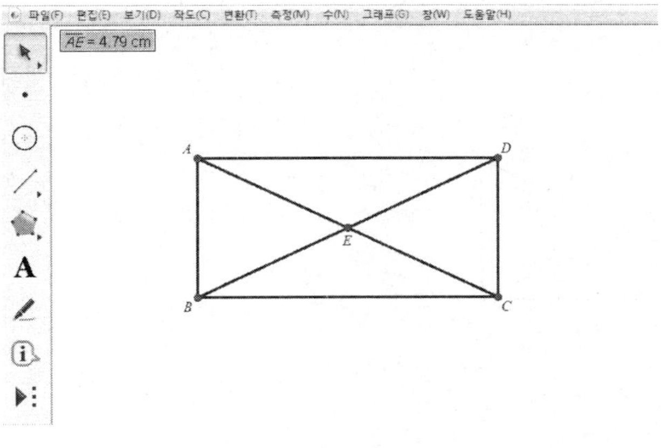

화살표 도구를 이용하여 선분 AE를 선택한다. 측정(M) 메뉴의 길이(L) 를 선택한다.

Step 12

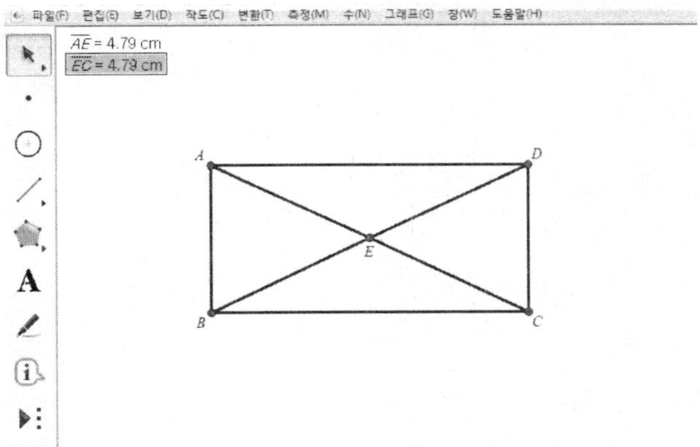

화살표 도구를 이용하여 선분 EC를 선택한다. 측정(M) 메뉴의 길이(L) 를 선택한다.

Step 13

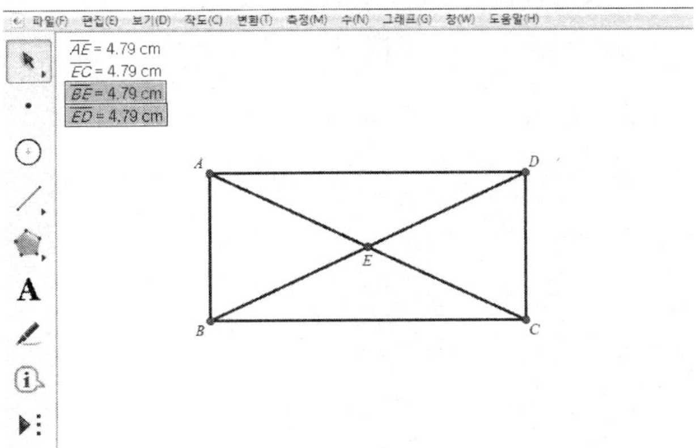

같은 방법으로 선분 BC, 선분 ED의 길이를 확인한다.

Step 14

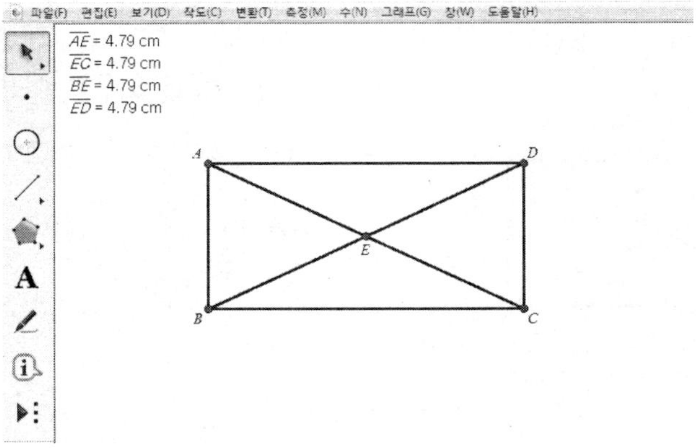

한 대각선이 다른 대각선을 이등분한다는 것을 알 수 있다.

Step 15

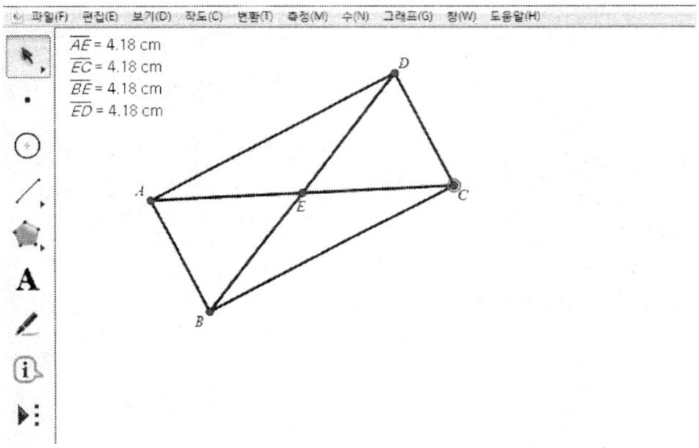

한 점 개체를 끌어서 위치를 변경하여도 직사각형의 대각선의 성질은 유지된다.

방법 4 측정을 이용하여 정사각형의 두 대각선의 관계 알아보기

활/용/기/능

측정(M) 길이(L) 각의 크기(A)

Step 01

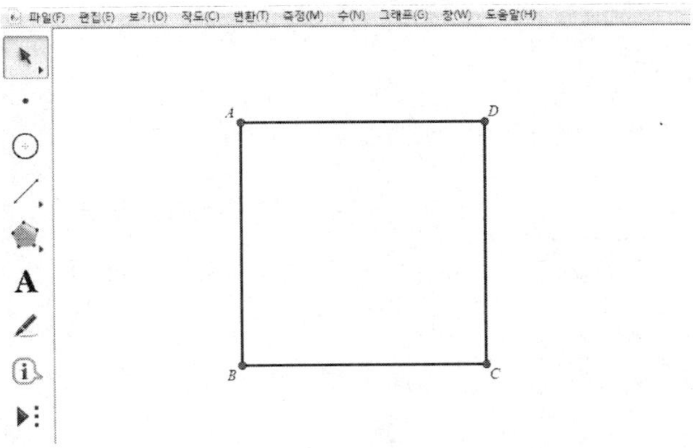

정사각형을 그린다.

Step 02

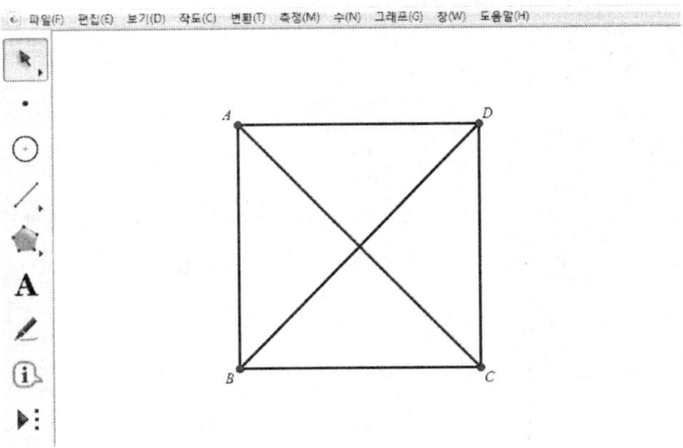

선분 도구를 이용하여 마주 보는 꼭짓점을 이는 대각선을 그린다.

Step 03

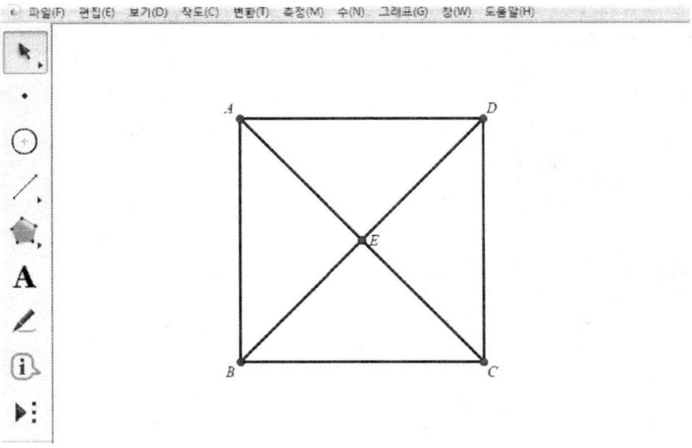

점 도구를 이용하여 대각선이 만나는 지점에 점을 그린다. **글 도구**를 사용하여 이름표를 붙인다.

Step 04

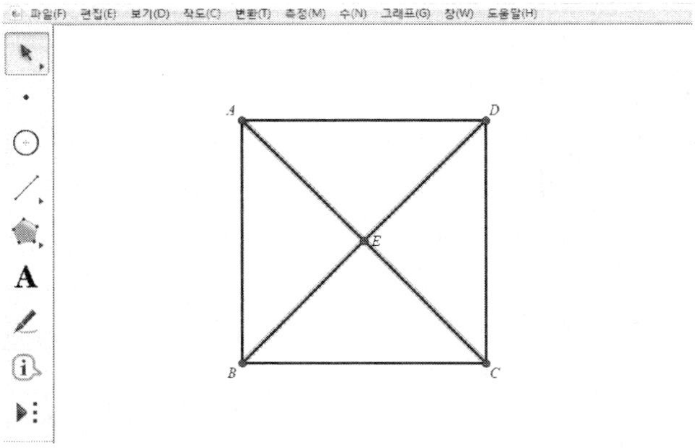

화살표 도구로 두 대각선인 선분 AC, 선분 BD를 선택한다.

Step 05

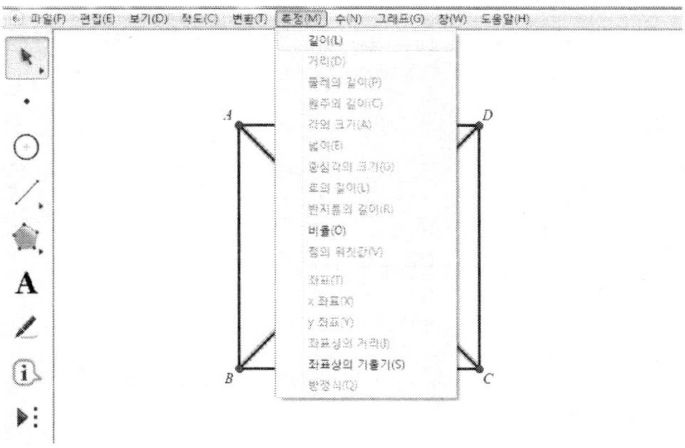

측정(M) **메뉴**의 **길이(L)** 를 선택한다.

Step 06

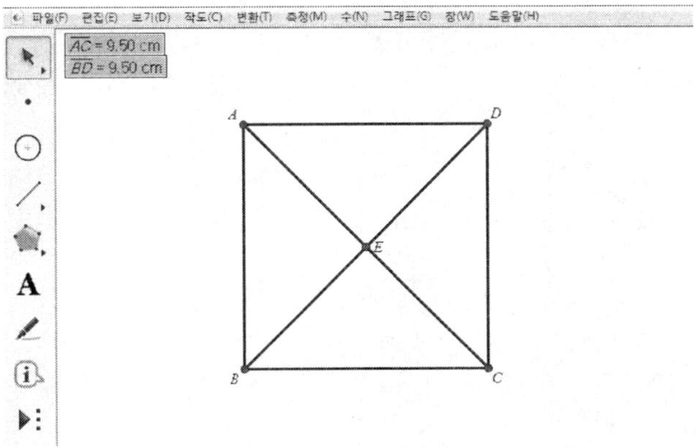

두 대각선의 길이가 같다는 것을 확인할 수 있다.

Step 07

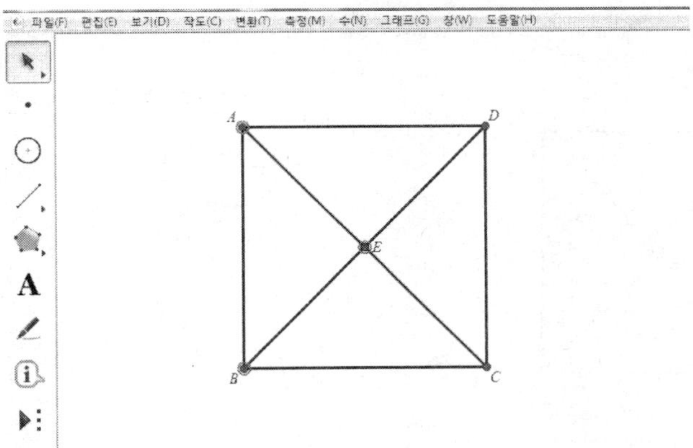

화살표 도구를 이용하여 점 A, 점 E, 점 B를 선택한다.

Step 08

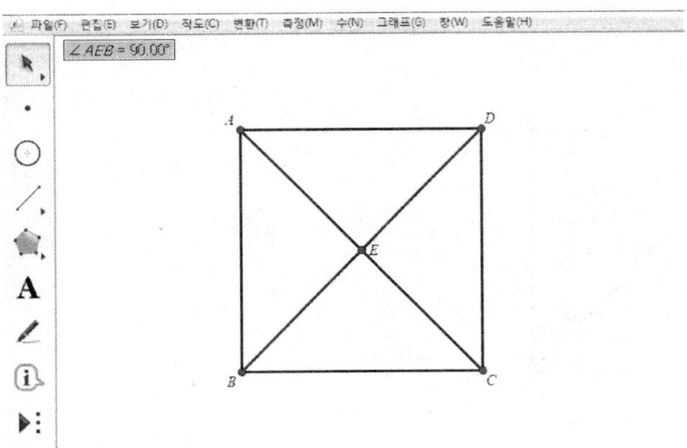

측정(M) 메뉴의 **각의 크기(A)** 를 선택하여 각 AEB의 크기를 측정한다.

Step 09

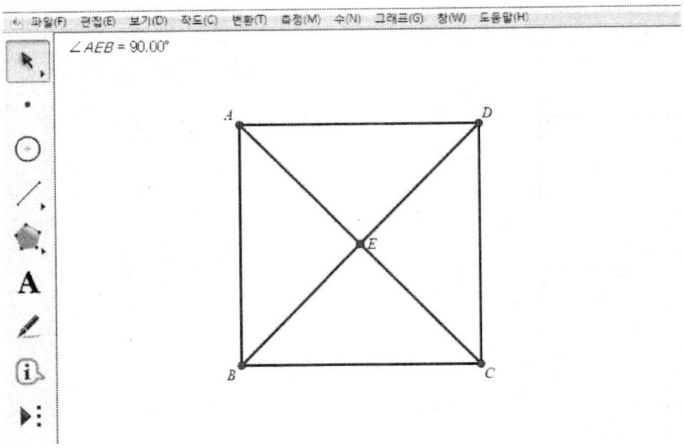

두 대각선이 서로 수직으로 만난다는 것을 알 수 있다.

Step 10

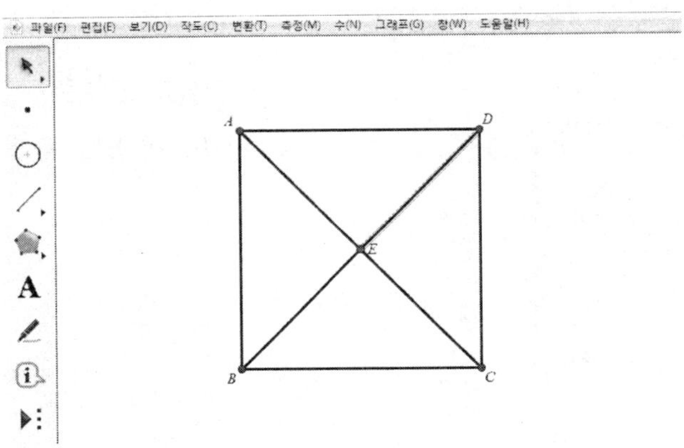

선분 도구를 이용하여 선분 AE, 선분 EC, 선분 BE, 선분 ED를 그린다.

Step 11

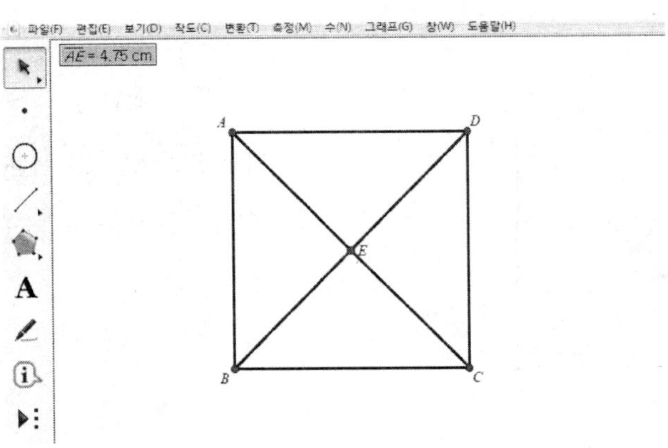

화살표 도구를 이용하여 선분 AE를 선택한다. **측정(M)** **메뉴**의 **길이(L)** 를 선택한다.

Step 12

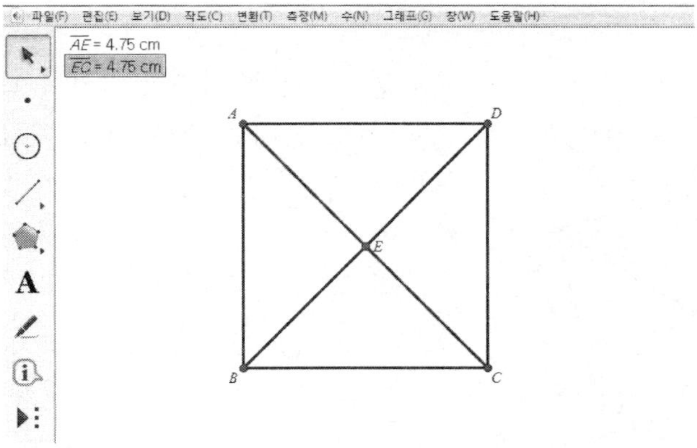

화살표 도구를 이용하여 선분 EC를 선택한다. 측정(M) 메뉴의 길이(L) 를 선택한다.

Step 13

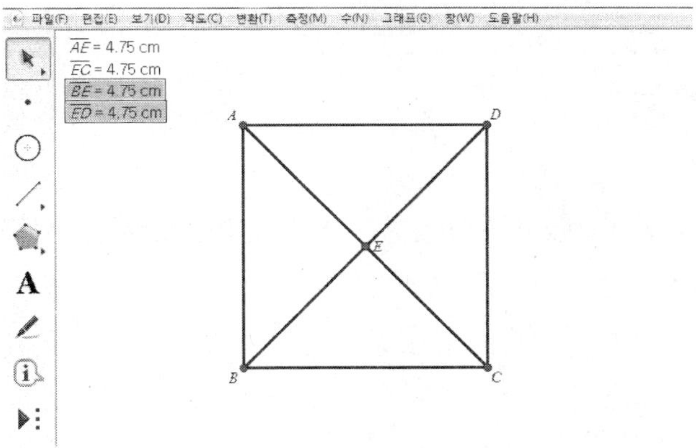

같은 방법으로 선분 BC, 선분 ED의 길이를 확인한다.

Step 14

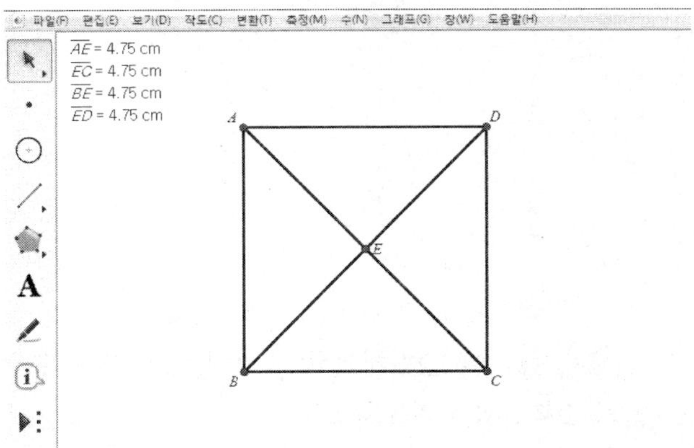

한 대각선이 다른 대각선을 이등분한다는 것을 알 수 있다.

Step 15

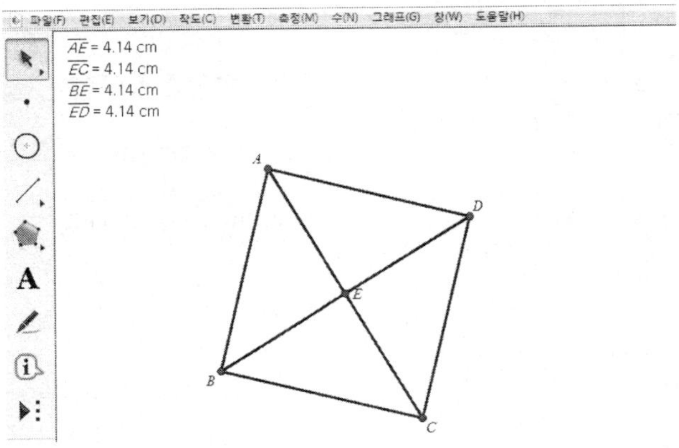

한 점 개체를 끌어서 위치를 변경하여도 정사각형의 대각선의 성질은 유지된다.

대각선이 무엇인지 설명해봅시다.

- 다각형에서 이웃하지 않은 두 꼭짓점을 이은 선분을 **대각선**이라고 합니다.

활용Tip

1. 두 선분 개체가 만나는 점에 정확히 점을 그리기 위해서는 마우스 포인터를 가져갔을 때 두 선분 개체가 모두 빨간색으로 변하는 곳에 점을 그린다.
2. 이름표가 위치를 이동시키고 싶을 때는 마우스 왼쪽 버튼으로 이름표를 드래그 앤 드랍하면 된다.

탐구 과제 다음 도형에 대각선을 모두 그어봅시다.

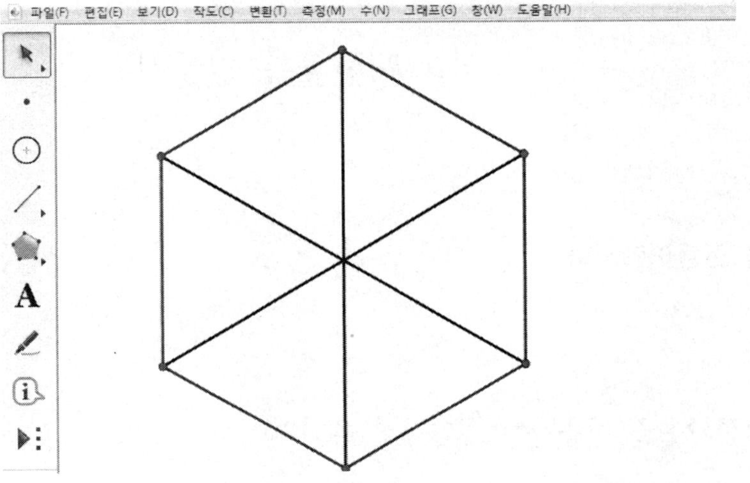

패턴블록을 만들 수 있어요. 학습목표

활동 1 패턴블록 만들기

패턴블록을 만들어봅시다.

방법1 회전이동을 이용하여 정삼각형 그리기

활/용/기/능

중심과 반지름의 길이가 주어진 원(R) · 원 숨기기(H)

Step 01

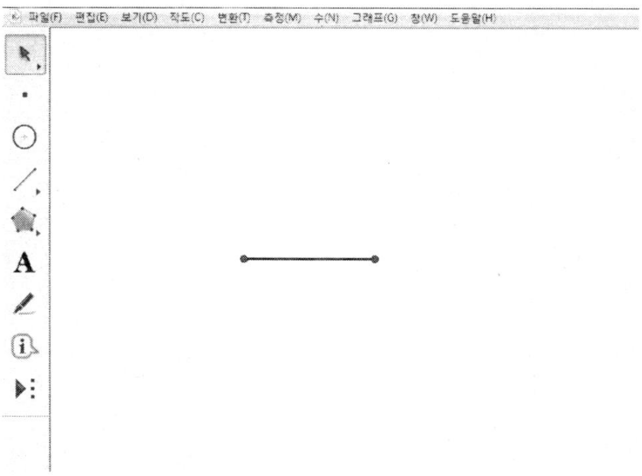

선분 도구를 활용하여 한 선분을 그린다.

Step 02

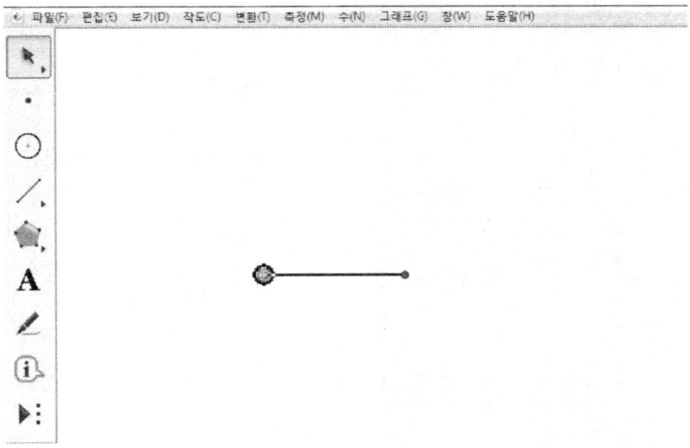

화살표 도구로 선분 위의 왼쪽 점을 선택한다. **변환(T) 메뉴**를 눌러 활성화된 **중심 지정(N)** 을 선택한다.

Step 03

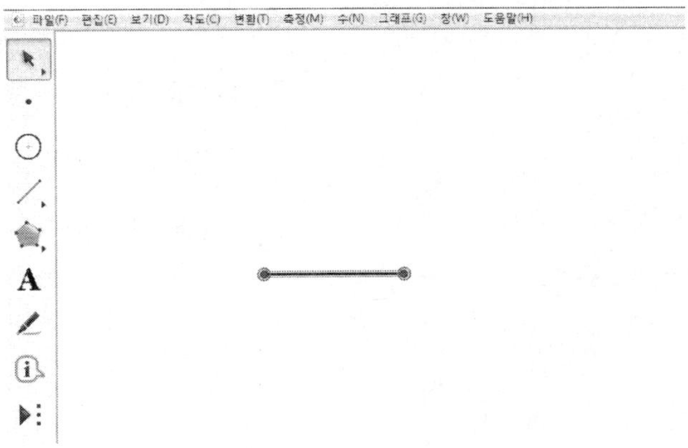

화살표 도구로 선분 전체를 선택한다.

Step 04

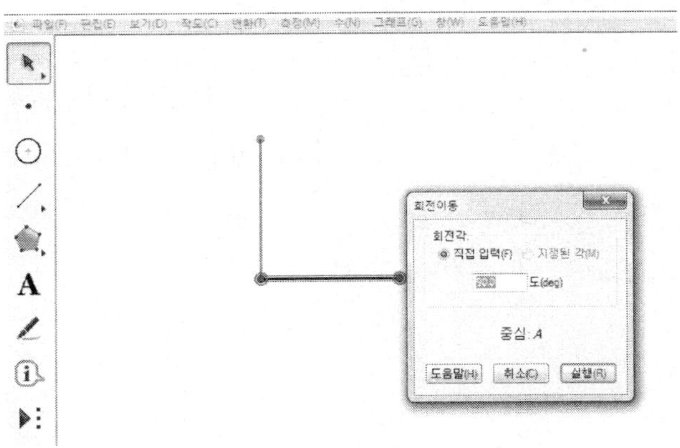

변환(T) 메뉴를 눌러 활성화된 **회전이동(R)** 을 선택한다.

Step 05

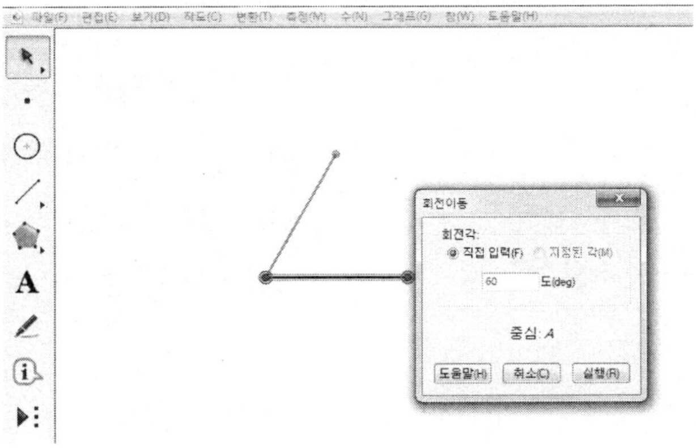

직접 입력(F) 을 선택하고 **60도**를 입력한다. 실행(R) 을 클릭한다.

Step 06

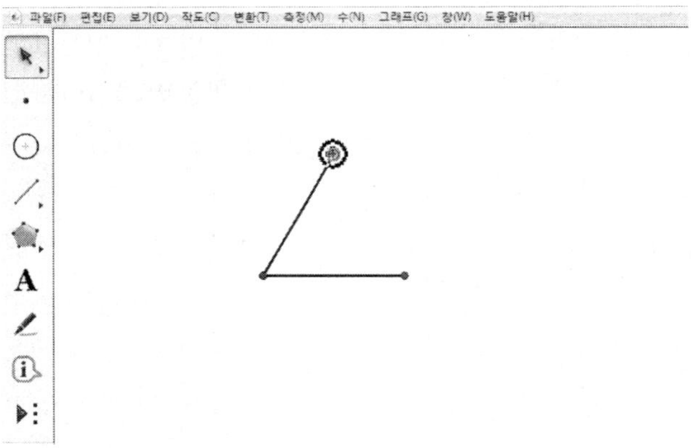

화살표 도구로 위쪽 점을 선택한다. 변환(T) **메뉴**를 눌러 활성화된 중심 지정(N) 을 선택한다.

Step 07

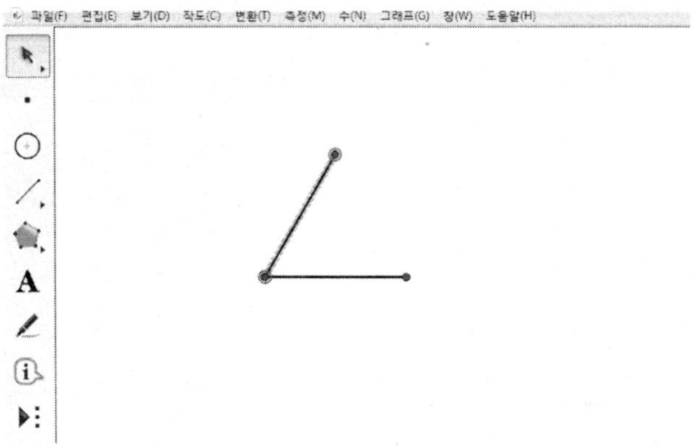

화살표 도구로 두 번째로 그린 선분 전체를 선택한다.

Step 08

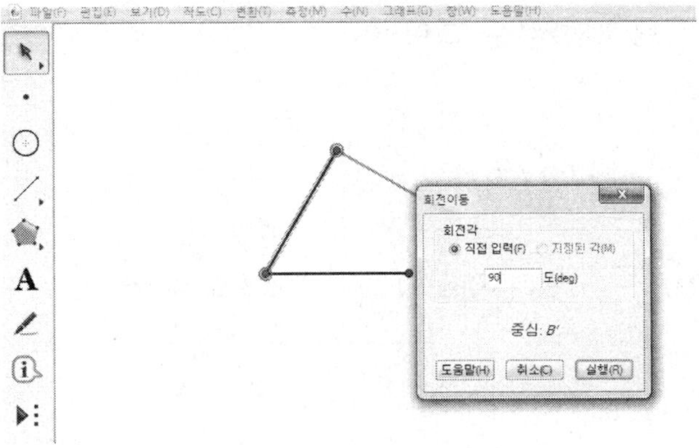

변환(T) **메뉴**를 눌러 활성화된 **회전이동(R)** 을 선택한다.

Step 09

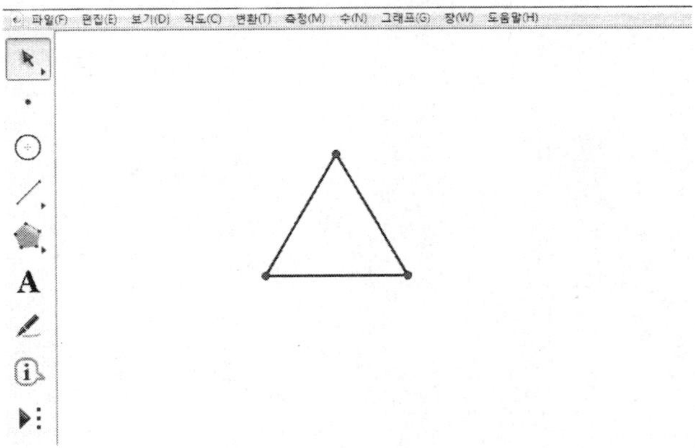

직접 입력(F) 을 선택하고 **60도**를 입력한다. **실행(R)** 을 클릭한다.

Step 10

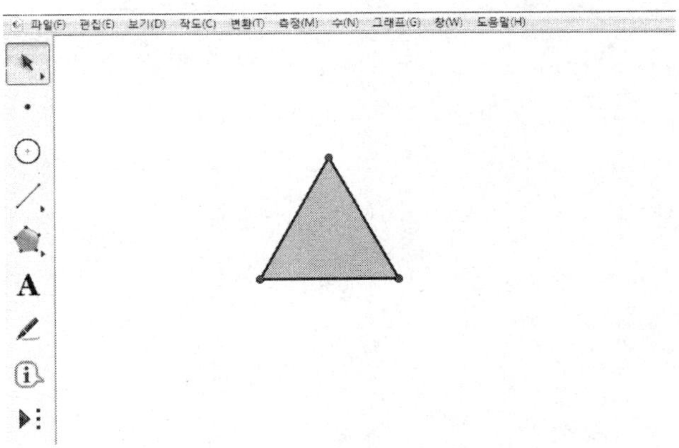

화살표 도구로 정삼각형의 세 꼭짓점을 선택한다.
작도(C) **메뉴**를 선택하고 **삼각형 내부(N)** 를 클릭하여 삼각형을 색칠한다.

방법 2 선대칭이동을 이용하여 사다리꼴 그리기

활/용/기/능

대칭축 지정(M) | 선대칭이동(F) | 개체 숨기기(H)

Step 01

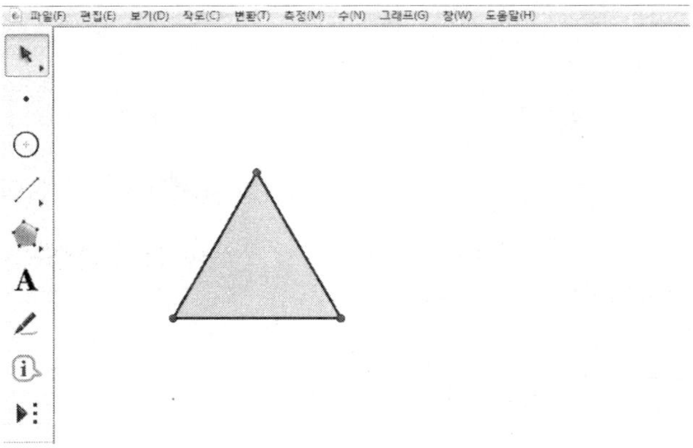

정삼각형을 그린다.

Step 02

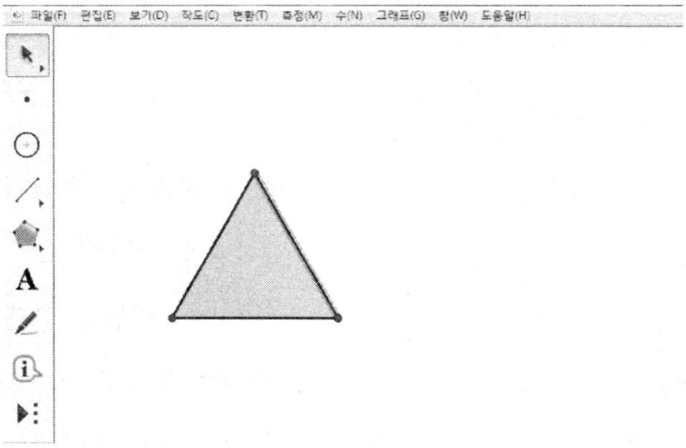

화살표 도구로 정삼각형의 오른쪽 선분을 선택한다.

Step 03

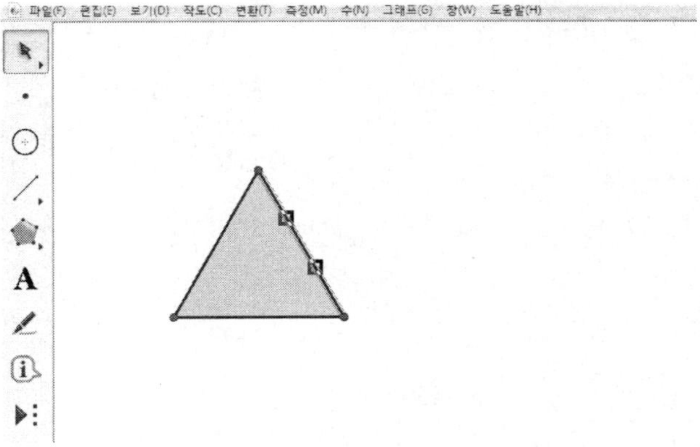

변환(T) **메뉴**의 대칭축 지정(M) 을 선택한다.

Step 04

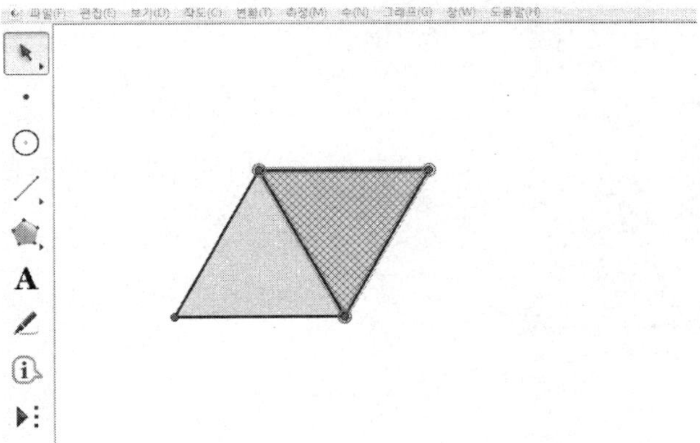

화살표 도구로 정삼각형 전체를 선택한다. 변환(T) **메뉴**의 선대칭이동(F) 을 선택한다.

Step 05

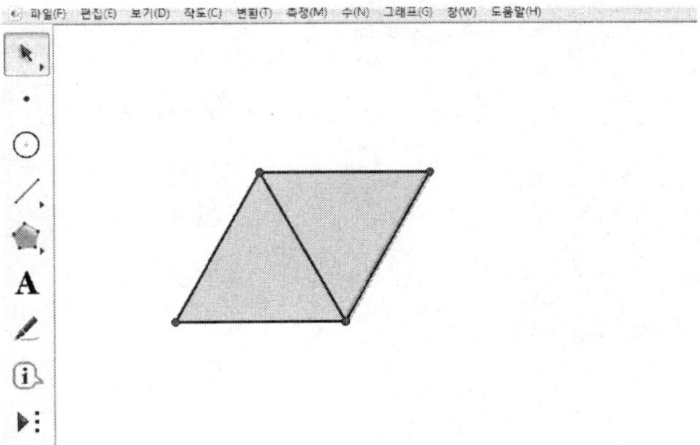

화살표 도구로 가장 오른쪽 선분을 선택한다.

Step 06

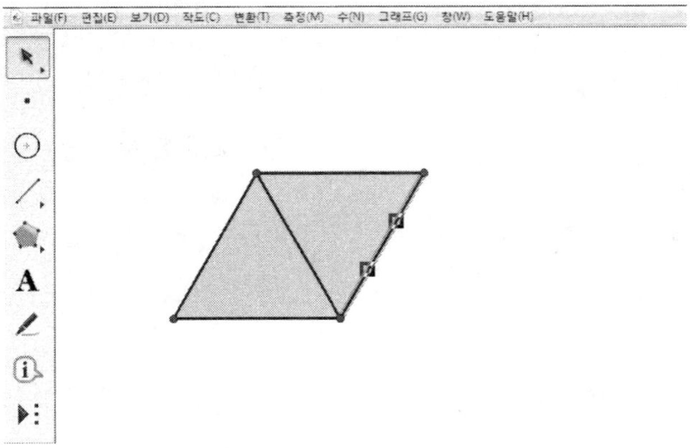

변환(T) **메뉴**의 **대칭축 지정(M)** 을 선택한다.

Step 07

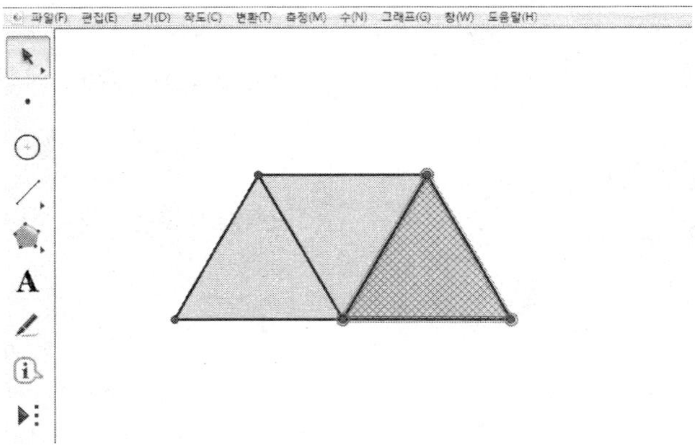

화살표 도구로 두 번째 정삼각형 전체를 선택한다. **변환(T)** **메뉴**의 **선대칭이동(F)** 을 선택한다.

Step 08

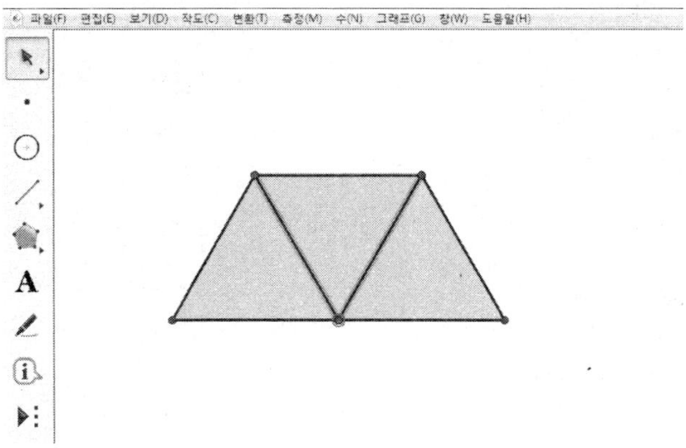

화살표 도구로 사다리꼴 내부의 두 선분과 밑변 위에 있는 점을 선택한다.

Step 09

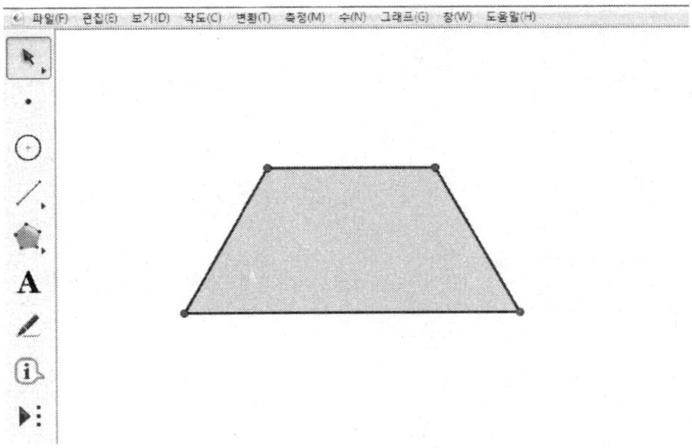

보기(D) 메뉴의

개체 숨기기(H) 를 클릭한다.

방법3 벡터 지정을 이용하여 평행사변형 그리기

활/용/기/능

벡터 지정(V) 평행이동(T) 개체 숨기기(H)

Step 01

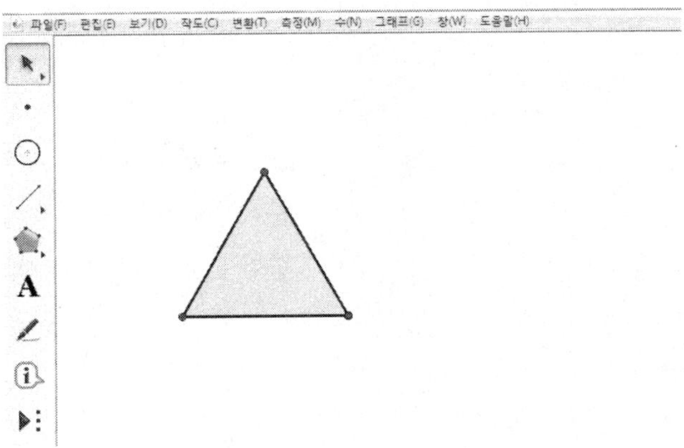

정삼각형을 그린다.

Step 02

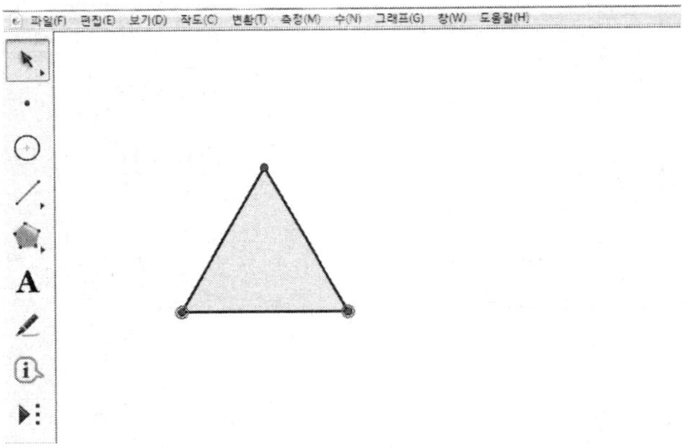

화살표 도구로 정삼각형의 밑면의 왼쪽 꼭짓점과 오른쪽 꼭짓점을 순서대로 선택한다.

Step 03

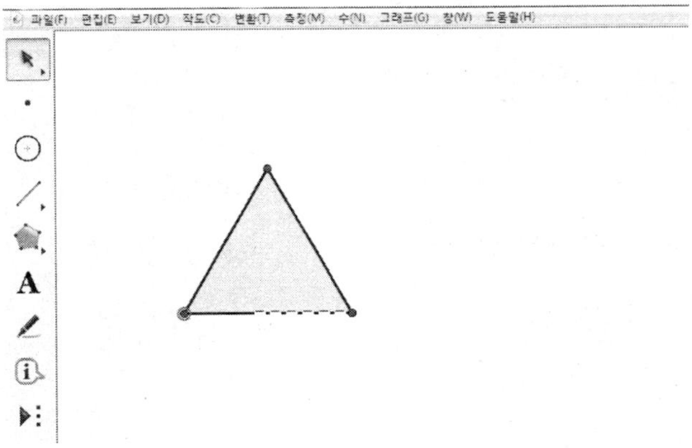

변환(T) 메뉴를 눌러 활성화된 벡터 지정(V) 을 클릭한다.

Step 04

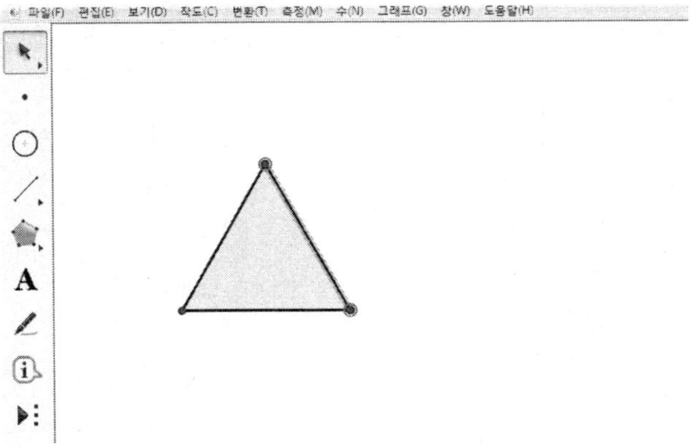

화살표 도구로 정삼각형의 오른쪽 변과 그 위의 꼭짓점을 선택한다.

Step 05

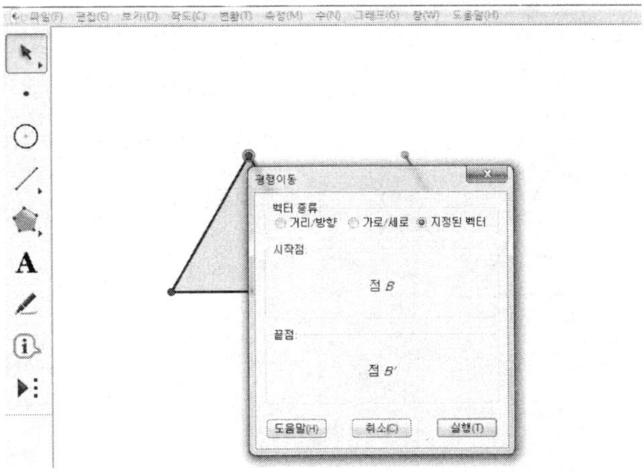

변환(T) **메뉴**를 눌러 활성화된 **평행이동(T)** 을 클릭한다.

Step 06

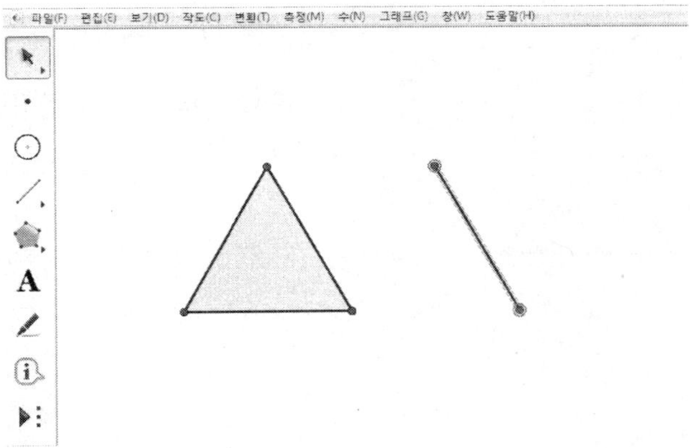

지정된 벡터를 선택한 후 **실행(R)** 을 클릭한다.

Step 07

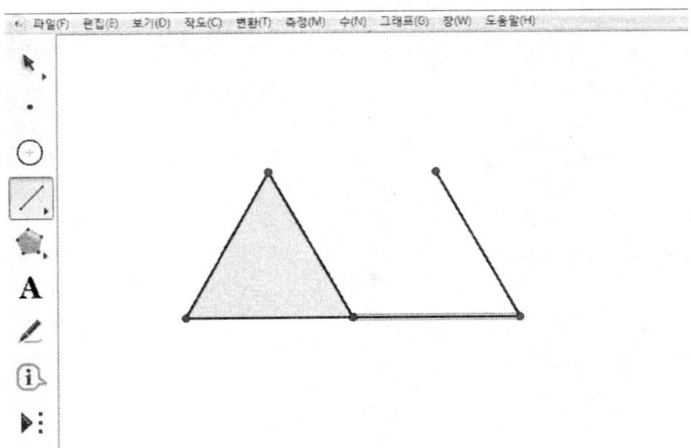

선분 도구를 활용하여 평행사변의 밑변을 그린다.

Step 08

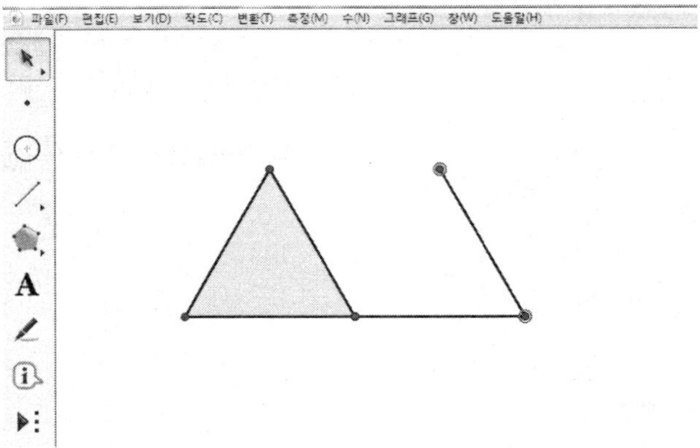

화살표 도구로 가장 오른쪽 선분의 아래쪽 점과 위쪽 점을 순서대로 선택한다.

Step 09

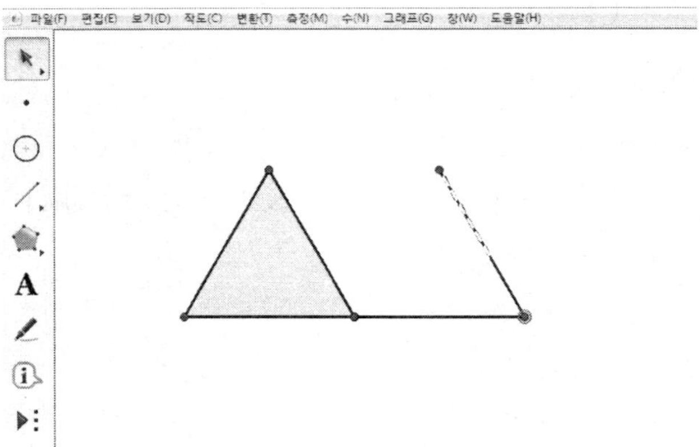

변환(T) 메뉴를 눌러 활성화된 **벡터 지정(V)** 을 클릭한다.

Step 10

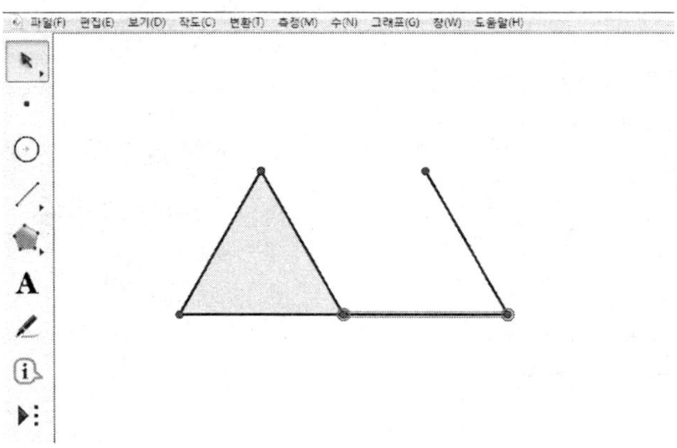

화살표 도구로 평행사변형의 밑변 변과 그 위의 꼭짓점을 선택한다.

Step 11

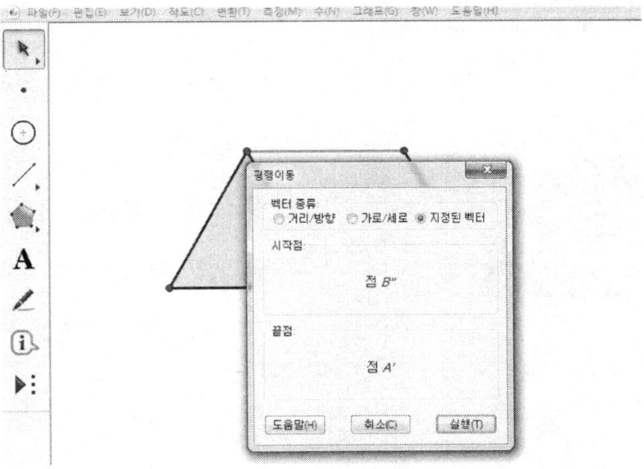

변환(T) **메뉴**를 눌러 활성화된 평행이동(T) 을 클릭한다.

Step 12

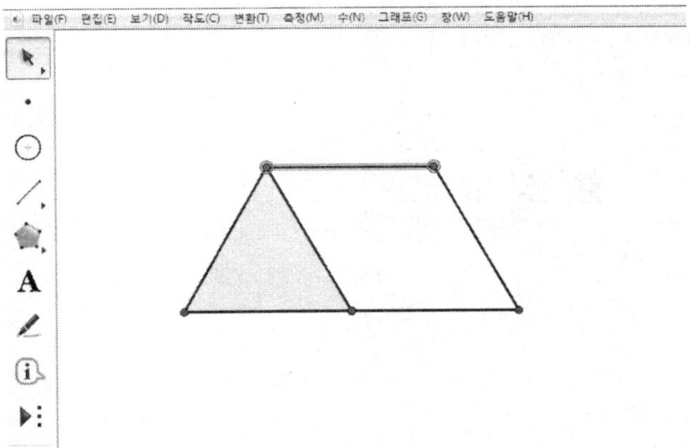

지정된 벡터를 선택한 후 실행(R) 을 클릭한다.

Step 13

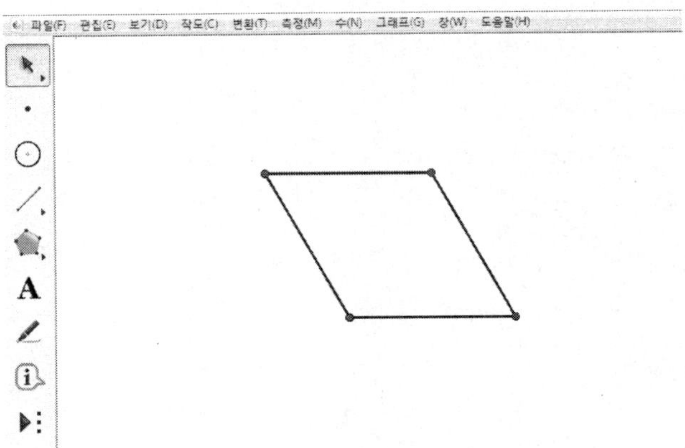

화살표 도구로 기존의 삼각형을 이루는 변과 점을 선택한다. 보기(D) **메뉴**의 개체 숨기기(H) 를 클릭한다.

Step 14

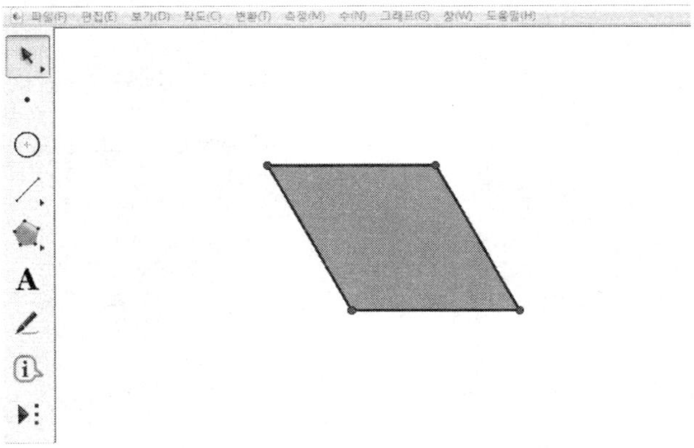

화살표 도구로 평행사변형의 네 꼭짓점을 선택한다. 작도(C) 메뉴를 선택하고 사각형 내부(N) 를 클릭하여 평행사변형을 색칠한다.

방법 4 회전이동을 이용하여 마름모 그리기

활/용/기/능

Step 01

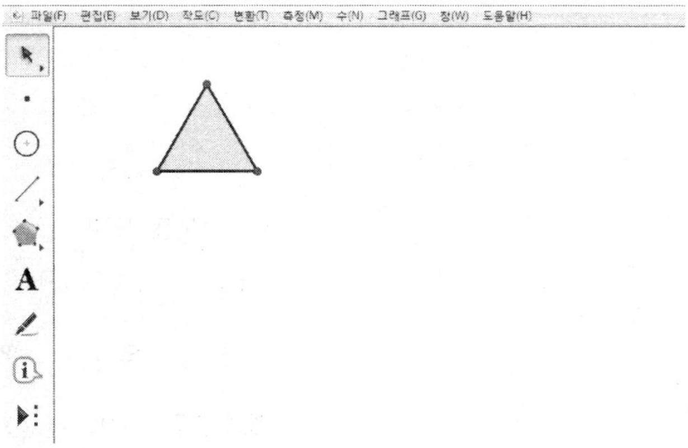

정삼각형을 그린다.

Step 02

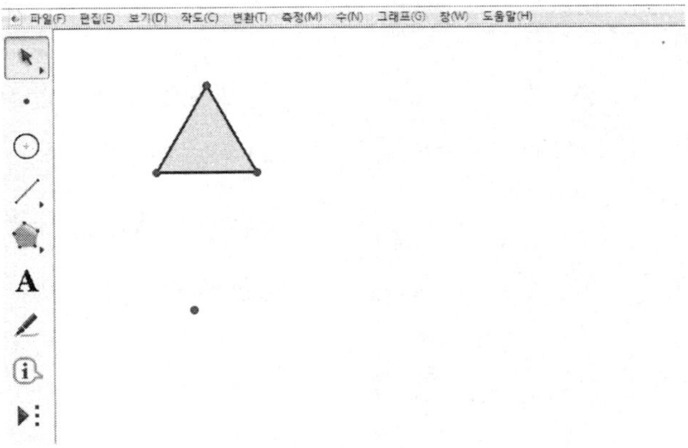

점 도구를 이용하여 정삼각형 외부에 위치하는 점을 그린다.

Step 03

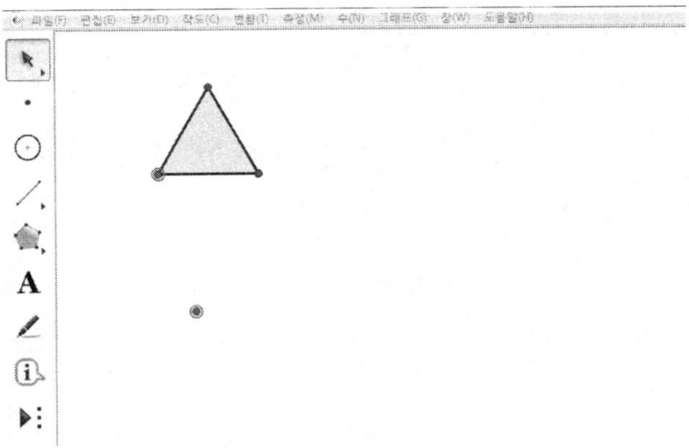

화살표 도구로 정삼각형의 한 꼭짓점과 외부에 있는 점을 순서대로 선택한다.

Step 04

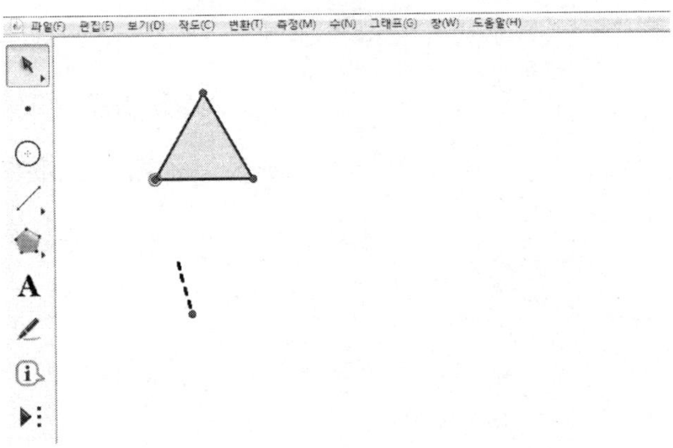

변환(T) 메뉴를 눌러 활성화된 벡터 지정(V) 을 클릭한다.

Step 05

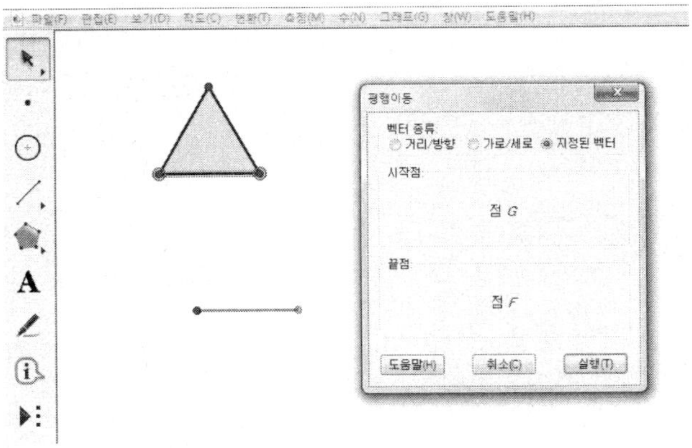

화살표 도구로 정삼각형의 한 변과 그 위의 점을 선택한다. **변환(T)** **메뉴**를 눌러 활성화된 **평행이동(T)** 을 클릭한다.

Step 06

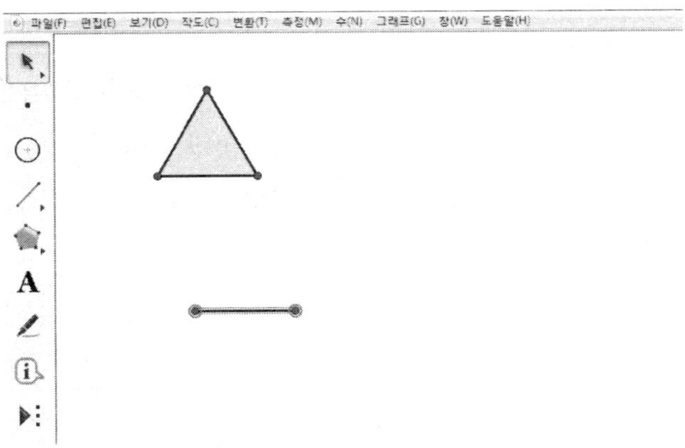

지정된 벡터를 선택한 후 **실행(R)** 을 클릭한다.

Step 07

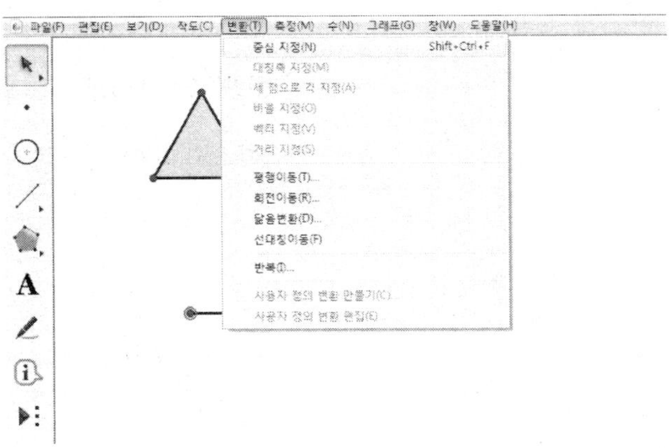

화살표 도구로 선분의 왼쪽 점을 선택한다. **변환(T)** **메뉴**를 눌러 활성화된 **중심 지정(N)** 을 선택한다.

Step 08

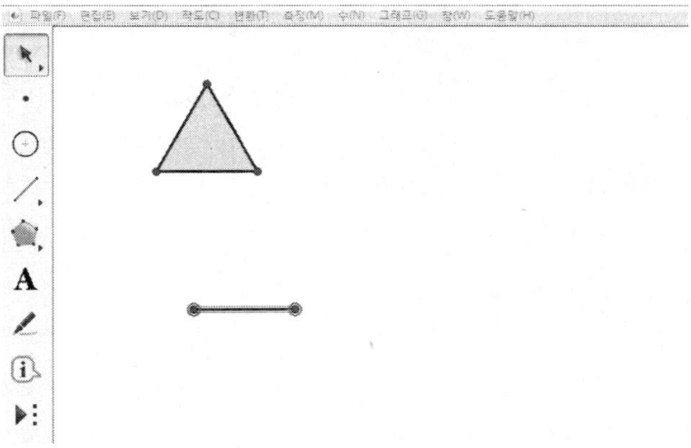

화살표 도구로 선분과 그 위의 점을 모두 선택한다.

Step 09

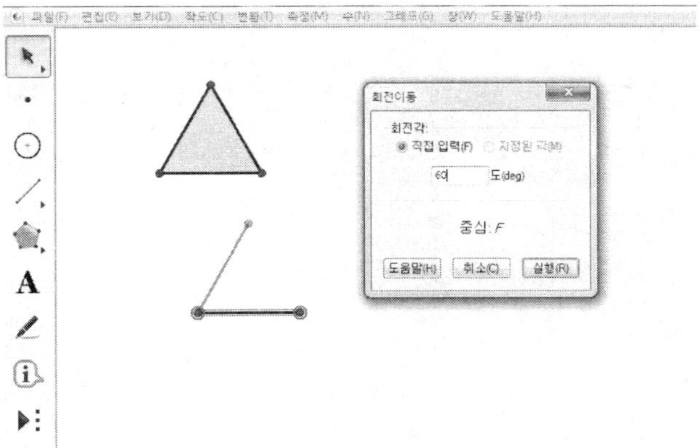

변환(T) 메뉴를 눌러 활성화된 **회전이동(R)** 을 선택한다.

Step 10

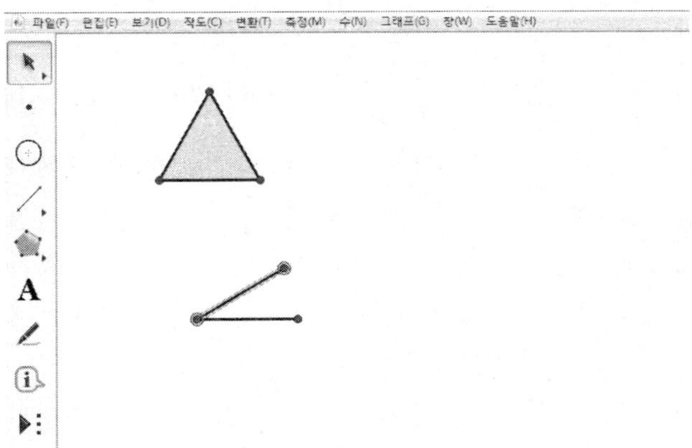

직접 입력(F) 을 선택하고 **30도**를 입력한다. **실행(R)** 을 클릭한다.

Step 11

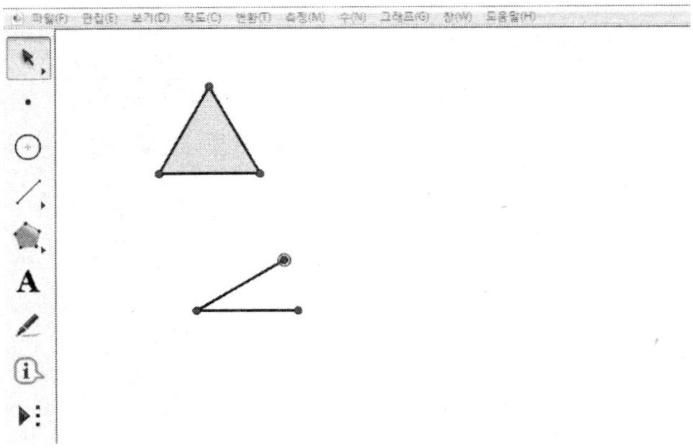

화살표 도구로 회전이동하여 그려진 선분의 오른쪽 점을 선택한다.

Step 12

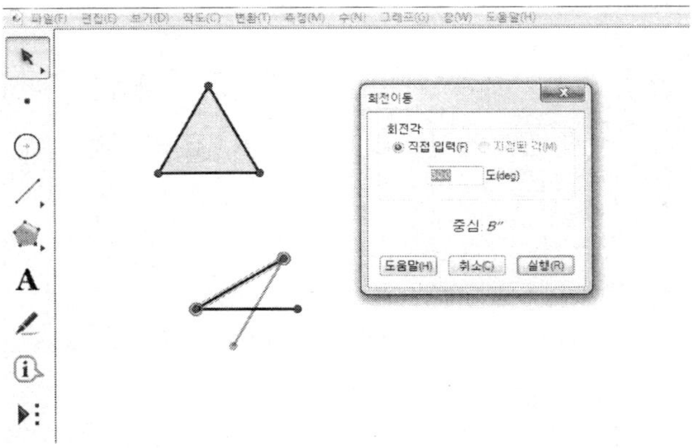

화살표 도구로 두 번째로 그린 선분과 그 위의 점을 모두 선택한다.

Step 13

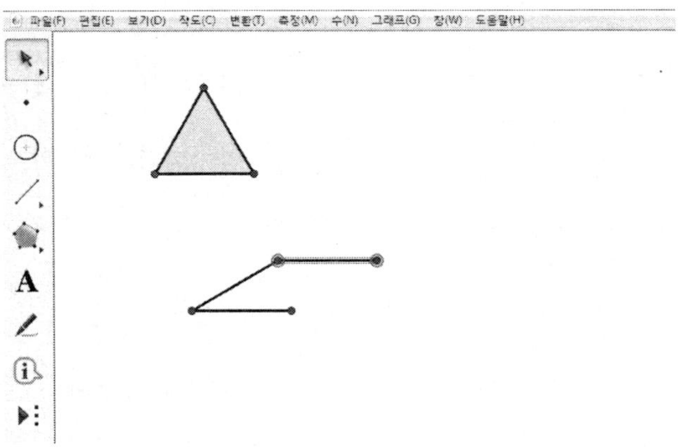

직접 입력(F) 을 선택하고 **150도**를 입력한다. **실행(R)** 을 클릭한다.

Step 14

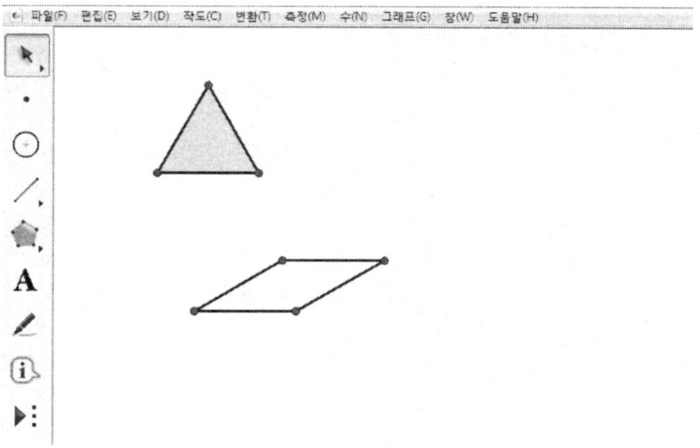

선분 도구를 이용하여 두 점을 잇는 선분을 그려 마름모를 완성한다.

방법 5 중심과 반지름이 주어진 원을 이용하여 정사각형 그리기

활/용/기/능

Step 01

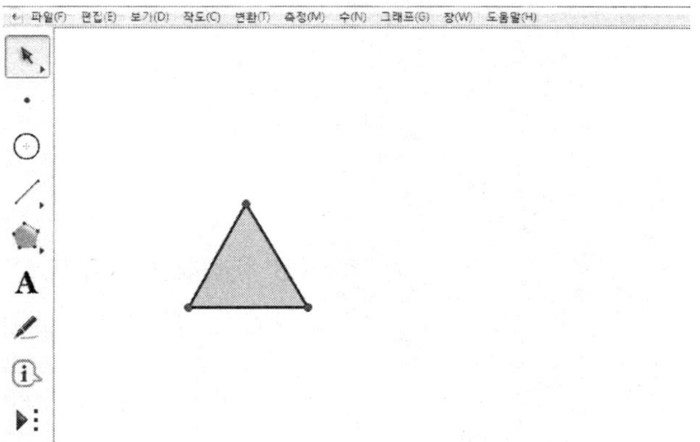

정삼각형을 그린다.

활용Tip

- 패턴블록에 사용되는 마름모의 경우 마주 보는 두 쌍의 각 중 작은 각의 크기가 반드시 30°이다.

Step 02

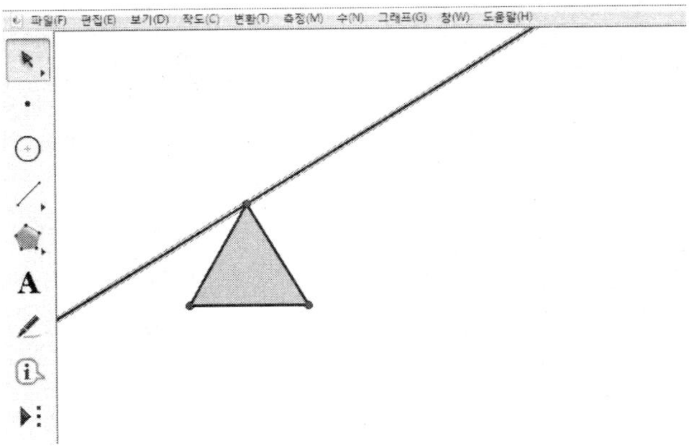

화살표 도구로 오른쪽 선분 위의 왼쪽 점과 선분을 선택한다. **작도(C)** **메뉴**를 눌러 활성화된 **수선(D)** 을 선택한다.

Step 03

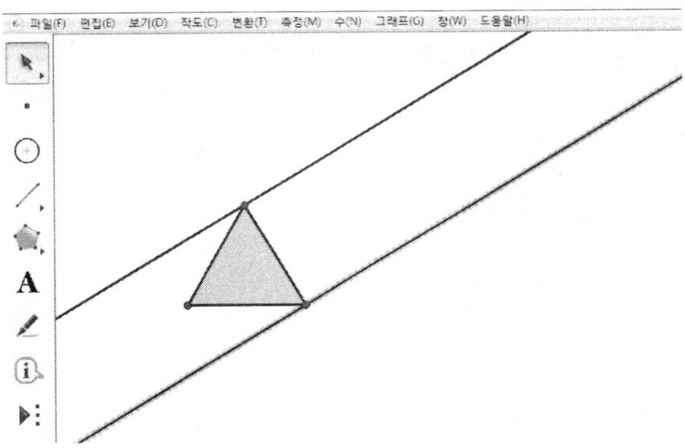

화살표 도구로 선분 위의 아래쪽 점과 선분을 선택한다. **작도(C)** **메뉴**를 눌러 활성화된 **수선(D)** 을 선택한다.

Step 04

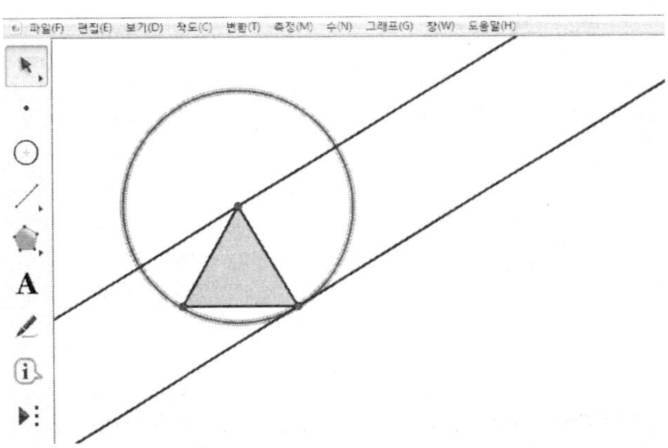

화살표 도구로 오른쪽 선분 위의 왼쪽 점과 선분을 선택한다. **작도(C)** **메뉴**에서 활성화된 **중심과 반지름의 길이가 주어진 원(R)** 을 선택하여 원을 그린다.

Step 05

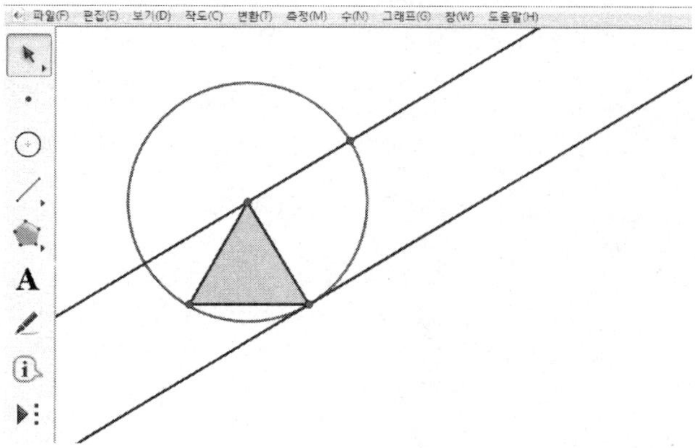

점 도구를 이용하여 수선과 원이 만나는 위치에 점을 그린다.

Step 06

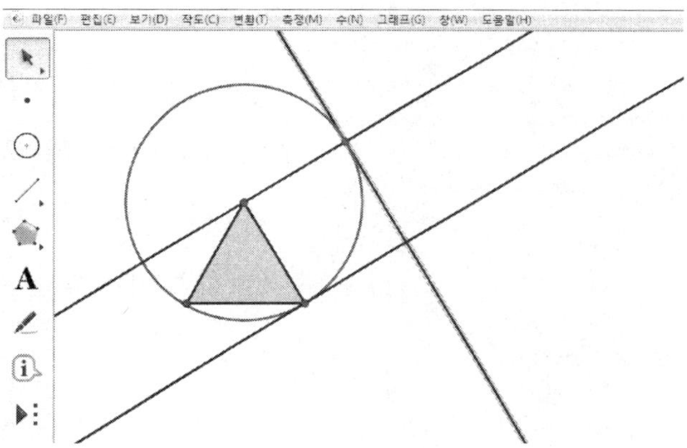

화살표 도구로 원과 수선이 만나는 점과 수선을 선택한다. 작도(C) **메뉴**를 눌러 활성화된 수선(D) 을 선택한다.

Step 07

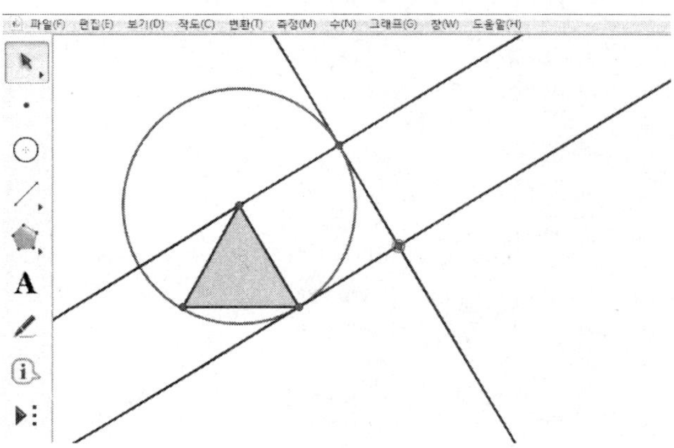

점 도구를 이용하여 두 수선이 만나는 위치에 점을 그린다.

Step 08

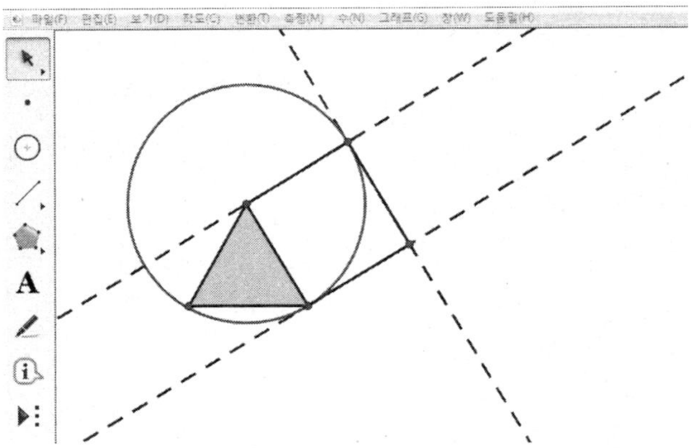

선분 도구를 이용하여 네 개의 점을 잇는 선분을 순서대로 그린다.

Step 09

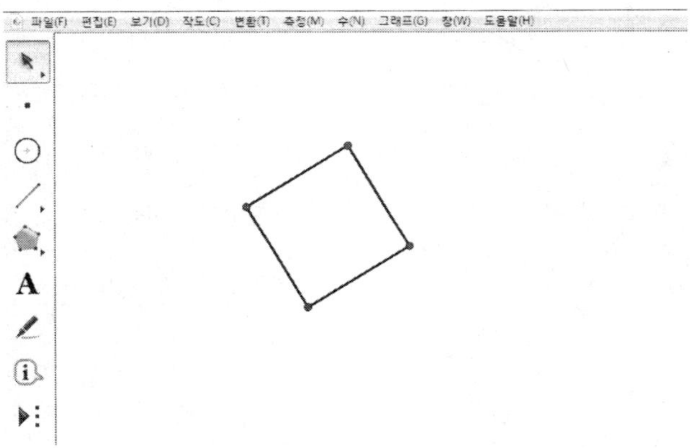

화살표 도구로 정사각형의 네 변과 꼭짓점 이외의 모든 개체를 선택한다. 보기(D) **메뉴**의 개체 숨기기(H) 를 클릭한다.

방법 6 회전이동을 이용하여 정육각형 그리기

활/용/기/능

중심 지정(N) | 회전이동(R) | 개체 숨기기(H) | A

Step 01

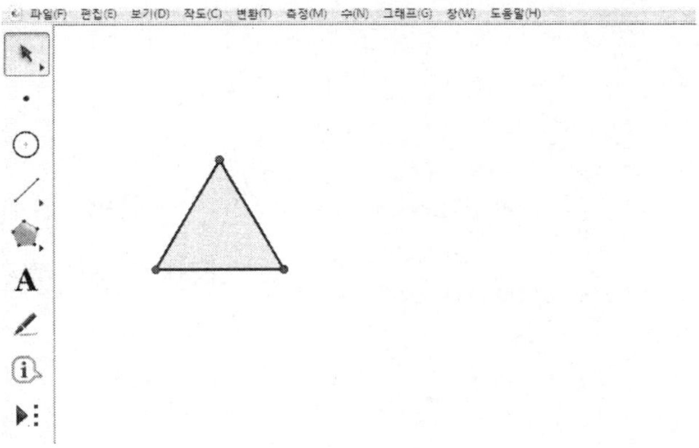

정삼각형을 그린다.

Step 02

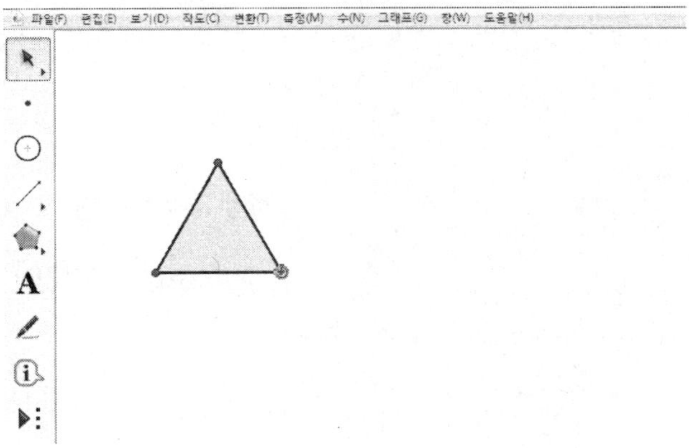

화살표 도구로 정삼각형의 한 꼭짓점을 선택한다. 변환(T) **메뉴**를 눌러 활성화된 중심 지정(N) 을 선택한다.

Step 03

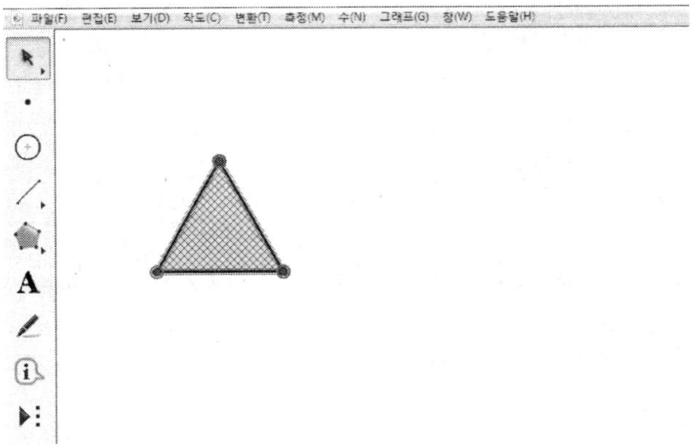

화살표 도구로 정삼각형의 모든 꼭짓점과 변을 선택한다.

Step 04

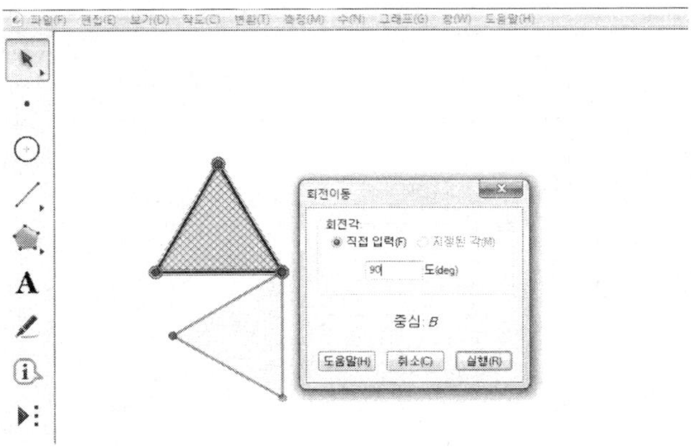

변환(T) **메뉴**를 눌러 활성화된 회전이동(R) 을 선택한다.

Step 05

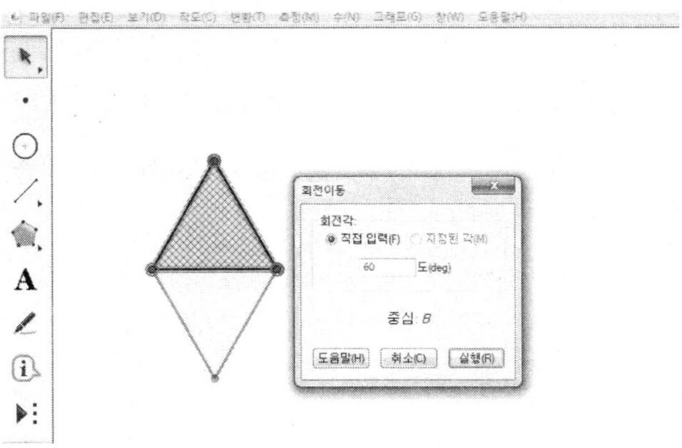

직접 입력(F) 을 선택하고 **60도**를 입력한다. 실행(R) 을 클릭한다.

Step 06

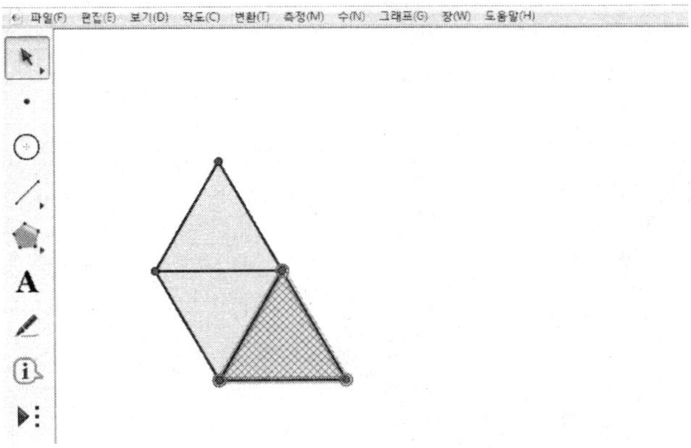

다시 직접 입력(F) 을 선택하고 **60도**를 입력한다. 실행(R) 을 클릭한다.

Step 07

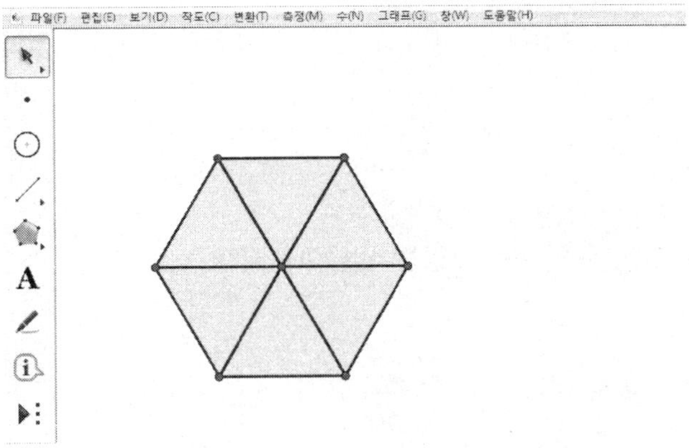

같은 방식으로 회전이동을 세 번 더 실행한다.

Step 08

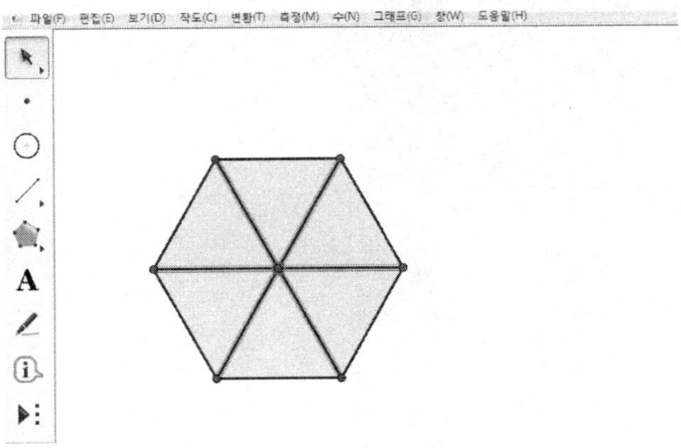

화살표 도구로 정육각형 내부의 선분과 중심에 위치한 점을 선택한다.

Step 09

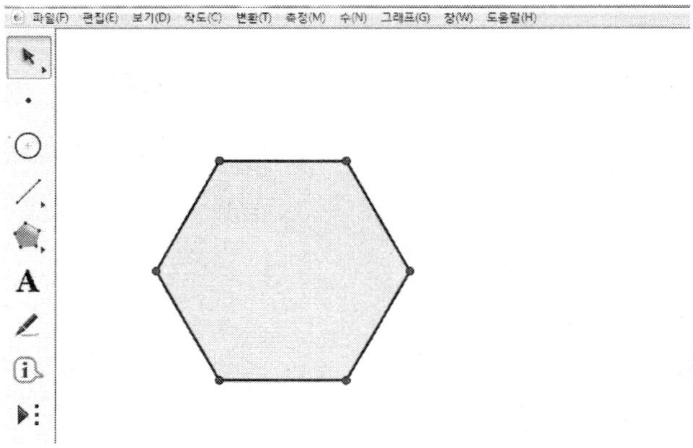

보기(D) **메뉴**의

개체 숨기기(H) 를 클릭한다.

탐구 과제

패턴블록에 사용되는 도형으로 다음 모양을 만들어봅시다.

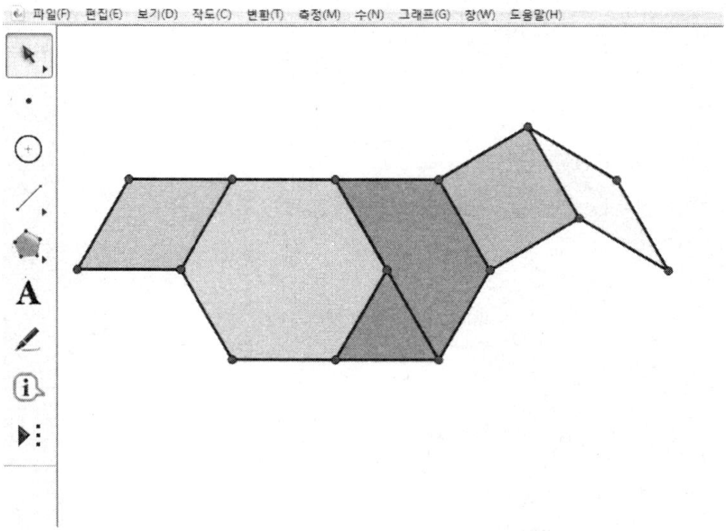

초등교사를 위한

GSP 5.0 활용법 3·4학년 수학

지은이 이종학·류성림·박균철·구정모
펴낸이 조경희
펴낸곳 경문사
펴낸날 2016년 10월 20일 1판 1쇄
등 록 1979년 11월 9일 제 313-1979-23호
주 소 04057, 서울특별시 마포구 와우산로 174
전 화 (02)332-2004 팩스 (02)336-5193
이메일 kyungmoon@kyungmoon.com
facebook facebook.com/kyungmoonsa

값 14,000원

ISBN 978-89-6105-358-7

★ 경문사 홈페이지에 오시면 즐거운 일이 생깁니다.
http://www.kyungmoon.com

한국과학기술출판협회 회원사